[日] 金箱温春 著
钮益斐 高小涵 译
郭屹民 审校

从细部入手的结构设计

Structural Design, Plans and Details

上海科学技术出版社

中文版序

结构设计在世界各国都有在进行，虽然根据各个国家和地区的历史、气候、社会状况的差异而有所不同，但也存在许多共通之处。笔者作为日本建筑结构技术者协会的一员，自 2013 年左右开始参与与中国结构设计师的交流会，在抗震结构、隔震结构的技术性问题，以及作为结构设计师的立场和角色等方面，积极地进行信息交流和意见交换。近年来，笔者还参与了所在的东京工业大学建筑学系与东南大学、华东建筑设计研究院共同设立的“工程建筑学研究中心”（Archi-Neering Design Research Center）持续的学术交流活动，参加了相关的演讲及研讨活动，并在 2018 年和 2019 年接收了来自华东建筑设计研究院 4 名研修生到笔者主理的结构事务所研修。在这些活动中，我们对结构设计的实例和手法进行了交流、讨论了结构设计的魅力和作用，这给我带来了很大的启发，也让我认识到日本和中国在结构设计方面的差异和共通点。

本书讨论的核心话题是“细部”，主题是如何活用构件组建起架构。在这一点上，中日两国有很多共通之处，相信读者也会感到熟悉与亲切。本书的另一个特点是，介绍了在项目推进过程中结构师与建筑师的互动，展示了作为结构师向建筑师提出方案并推进的过程。向中国的建筑相关人士介绍这种建筑师与结构师的合作过程，应该会引起很多人的兴趣吧。在日本的大学，建筑师和结构师在低年级时同班，学习相同的课程。这种独特的教育为建筑师和结构师的沟通奠定了基础，使得这种合作成为可能。据我所知，近年来在中国也开始了这种建筑与结构相互融通的教学。因此，我也衷心希望读者会对本书中涉及的建筑师与结构师的合作过程产生兴趣，并对今后的建筑设计和结构设计有所帮助。同时，我认为本书不仅会吸引结构相关从业者，也会引起建筑师的兴趣。

本书的中文版的出版是在笔者的多年好友、本书的审校者郭屹民老师的推动下实现的。翻译工作是由东京工业大学高小涵女士和钮益斐先生细心完成，并在与笔者的多次讨论后努力达成的。在翻译过程中，华东建筑设计研究院彭超先生和早稻田大学创造理工学部祝盛伟先生也提供了宝贵的意见。对此，我深表感谢。

2024 年 8 月

金箱温春

前 言

本书介绍了笔者40多年来的一部分结构设计活动。结构设计，是从探究建筑设计和结构设计之间的关系开始，将想法具象化并与力学整合，以确定架构、构件和细部的活动。本书着眼于细部，介绍了在每个项目中是如何考虑架构和细部的，通过纵观结构细部的存在形式，试图揭示出普遍的原理。同时，也希望将结构设计的魅力传达给读者。

结构设计在考虑建筑设计的同时，通过构思“架构”和“构件”得以成立。构思“架构”既要考虑力的流动、决定构件的配置和支撑方式，同时也有必要考虑构件的形状和细部。构成架构的构件有线材和面材，确定了组合方式、支撑方式和构件截面，就可以建构模型进行结构计算了。在此过程中，节点被建模为构件集中的点或线，并计算它们之间的相互作用力。然而实际的节点是有体积的，构件之间力的传递现象很复杂。节点的形状以及制作的局限会限制能够传递的力，反之，构件形状也可能会让节点处的力更容易传递。

也就是说，在决定构件形状时需要注意节点处力的相互作用。毫不夸张地说，节点也会影响架构的构成。

虽然节点的设计看上去像是在架构和构件确定后的深化设计阶段的工作，不过优秀的设计师会在结构设计的构思阶段就同时针对架构、构件、细部有一个大致的想法。

节点的设计从对材料特性的理解开始，根据材料的不同，会有必须遵守的有关细部的原理和原则。经常采用的节点都是依据原理的标准化设计的，因此使用起来问题较少。但是，为了拓展结构设计的范围，有必要通过考究细部，获得更加有特点的架构。在这种情况下，尽管可以采用铸件、缆索、预制混凝土等特殊的技术，但并非采用特殊技术才能做出个性化的设计。理解了原理后，采用常规的、普遍的技术也能做出考究的架构和细部。

本书的编写考虑到了对结构感兴趣的建筑从业人员，尤其是刚开始设计工作的年轻人。如果说结构设计是由解析・分析的一面和设计的另一面相互组成的话，那么前者具有通用的手法和大量可供参考的信息，而后者多取决于个别情况，通用的信息较少。不过，结构设计虽说具有个性，但也兼具通用性，因此当总览各个项目的设计时，总能发现共通的原理贯彻其间。结构细部也是如此。对各个项目中经过深思熟虑的细部设计进行总览式的分析，并从通用性的角度进行理解的话，也能有利于在新的项目中创造出个性。

本书按照结构类型分类，对案例进行介绍，但请注意，这并不是一种严谨的分类，而是根据每个建筑有特点的结构类型和细部所进行的分类。

各章的开头记载了各种结构类型的基本概念。尽管是以针对节点的说明作为中心，但是对于每栋建筑的结构设计的整体描述，以及结构师与建筑师的互动如何关系到结构设计的展开也都试图进行了记述。建筑设计和结构设计中数字工具的活用可能会越来越普遍。尽管使用数字工具的研究非常有用，但其也有“黑箱”的一面。如此想来，亲自动脑动手去思考是很重要的，我尝试把这种想法融入本书，如果读者能体会到的话，我将感到十分荣幸。

2021 年 2 月

金箱温春

[目录]

1 钢结构及其细部 … 9

形状各异的构件组合

1_1 漂浮大屋盖形成的工厂建筑风景——Re-Tem 东京工厂 … 13

小型构件的使用

1_2 周末住宅非日常的空间与造型——樱山的住宅 … 20

1_3 与周围美景融为一体的美术馆回廊——福田美术馆 … 25

使用轻型型钢的屋盖

1_4 通过板状梁平缓地分割空间——伊那东小学 … 31

1_5 与功能一体化的站前雨棚——敦贺站站前广场的雨棚 … 36

柱与梁的复杂组合

1_6 最大程度确保歇山顶的内部空间——明治神宫博物馆 … 42

1_7 多面体屋盖下宛如身处林间的阅览室——福田美术馆 … 49

大空间的屋盖

1_8 明亮轻快的台形的体育馆——高知县立须崎综合高中体育馆 … 56

1_9 有流动感的屋盖架构——沼津 Kiramesse … 61

不规则的网格屋盖

1_10 作为景观的屋盖——国营昭和纪念公园花绿文化中心 … 66

复杂空间的组合

1_11 在挖掘沟渠和上方覆盖的构筑物间隙中形成的展览空间
——青森县立美术馆 … 73

1_12 容纳各种活动的弧形玻璃幕墙空间——钏路市儿童游学馆 … 79

1_13 让箱状的汽车展览空间漂浮起来—— ISUZU PLAZA … 85

2 钢筋混凝土结构及其细部 … 91

由墙体构成的结构

2_1 拥有大通高空间和错层的钢筋混凝土住宅——内之家 … 95

2_2 在狭窄场地建造的钢筋混凝土住宅的隔震结构——LAPIS … 99

框架结构

2_3 带有架空层以应对水灾的多功能会堂——三次市民中心 kiriri … 103

预应力

2_4 采用独立墙体和大屋檐的清水混凝土立面——东京大学信息学环福武会堂 … 109

2_5 由 L 形平面组合而成的教室组团
——工学院大学 125 周年纪念八王子综合教育楼 … 113

2_6 用客房覆盖温泉空间的疗养所——热海疗养中心 … 119

曲面屋盖

2_7 被草坪覆盖的山丘，绿树掩映的博物馆——若狭三方绳文博物馆 … 123
2_8 由拱形屋盖的错动营造出的优质环境——宇土市立网津小学校 … 128
2_9 由四个波浪创造的景观和建筑——小松科学之丘 … 135

3 木结构及其细部 … 141

使用小截面构件的传统木结构

3_1 具有和小屋氛围的集会设施——薮原宿社区广场笑馆 … 145
3_2 将光线引入封闭的礼拜空间——骏府教会 … 150

使用胶合木的建筑

3_3 使用简洁的木结构建造作为当地核心的综合设施——盐尻市北部交流中心 En Terrace … 153
3_4 带有象征性圆形大厅的地域交流中心——上士幌生涯学习中心 Wakka … 159

叠合梁

3_5 屋盖架构将内部和外部空间连接起来——八代的托儿所 … 163

网架

3_6 暴雪地区的木结构大屋顶——Moya Hills … 168

空腹桁架

3_7 综合设施中使用木结构屋盖覆盖的体育馆——鸿巢市川里馆 … 172

张弦梁

3_8 具有木结构膜形象的体育馆——新潟市立葛琢中学校体育馆 … 175

4 混合结构及其细部 … 179

钢结构 + 钢筋混凝土结构

4_1 漂浮于室内游泳馆大空间的贯穿通道——游泳馆 … 182

木结构 + 钢筋混凝土结构

4_2 屋盖缓缓弯曲的开放的研修设施——南飞驒健康促进中心 … 187
4_3 用当地木材覆盖的开放式社区设施——丰富町居民支援中心 Furatto-Kita … 192

预制混凝土结构 + 钢结构

4_4 短工期建成形态丰富的体育场——广岛市民球场 … 196

钢骨混凝土结构 + 钢结构

4_5 有底层架空的不规则形态的建筑——Minato 交流中心 … 202

木结构 + 钢结构

4_6 具有和式风格屋盖架构的武道馆——长野县立武道馆 … 207

木结构 + 钢结构 + 钢筋混凝土结构　4_7　用钢筋混凝土墙不对称地支撑木结构坡顶屋盖——福井县年缟博物馆 ··· 212

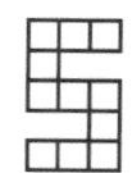

抗震加固及其节点 ··· 217

翻新改造　5_1　将现代建筑改造成新地标——滨松 Sala ··· 220

部分拆除　5_2　环境改善与抗震加固的整合——黑松内中学 ··· 224

维持内部与外部的形象　5_3　具有大型内部空间与开口的木结构历史建筑——自由学园女子部讲堂 ··· 228

保留外观　5_4　帝冠样式的政府大楼在保留外观的基础上改建成图书馆——北九州市立户畑图书馆 ··· 233

◆ 发表作品数据 ··· 240

◆ 后记 ··· 241

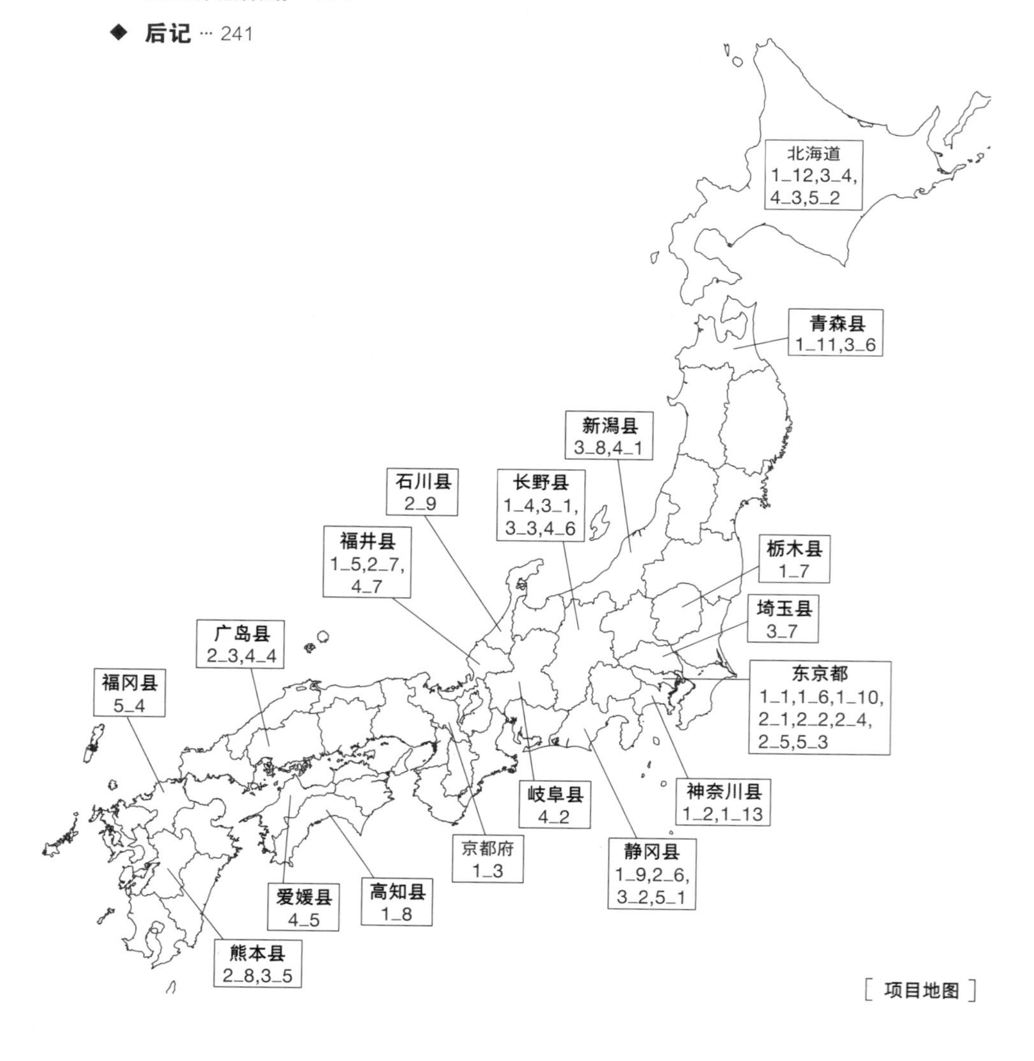

[项目地图]

1

钢结构及其细部

钢结构的特点

钢结构的特点是构件具有高强度和高刚度，可以广泛地应用于从低层到超高层的各种建筑，以及大空间建筑中。此外，它还是一种可以应对复杂形态建筑的优良材料。钢结构作为构件使用时多为线材，也可用作面材，工厂加工后的钢结构构件可以在现场组装。由于在钢结构工厂的组装需要使用焊接，因此有必要考虑能应用于焊接的细部做法。在施工现场，选择螺栓连接还是焊接连接则需要根据每个建筑的情况来决定。由于现场焊接比工厂焊接需要更高的技术工艺，所以需要考虑施工环境的配备及造价等施工相关的条件。

通过面内力进行力的传递的细部

即使是轴向受力构件，钢结构构件在局部也是由面材构成的，细部的设计需要考虑作用于面材的力的方向。当力作用在面外方向时，因为通过弯矩传递，所以其刚性和强度要比面内方向小得多，毋庸置疑，力在面内方向的传递效率显然更高。钢结构细部的基本原则是通过面内力（面内轴力和面内剪力）来进行力的传递，可以充分利用这些力来进行细部的确立。

图 1 所示的常用工字钢和梁的节点，在宏观的应力状态下，柱和梁的端部弯矩达到力的平衡。从微观上看，弯矩通过上下翼缘以面内力传递，剪力通过腹板的面内剪力传递。因为柱和梁垂直相交，梁翼缘的轴力对于柱翼缘来说是面外方向的力，于是设置水平的肋板，通过焊接部分从翼缘向肋板传递面内轴力，使得柱和梁的面内轴力在节点域内部作为面内剪力达到平衡。然而，并不是所有的细部都只通过面内力进行传递的，也有很多细部会容许部分面外力（面外弯矩，面外剪力）的存在。图 2 是钢结构柱脚的图示，宏观的弯矩通过锚栓的拉力和底板与混凝土之间的压力进行传递。因为锚栓产生的集中荷载或来自混凝土的分布荷载，柱底板可能会产生面外弯矩，为了抵抗该弯矩，底板需要有一定的厚度来确保足够的刚度和强度。照片 1 是在国外发现的钢结构构筑物，从力的传递角度看，工字钢的柱和梁的交接显然存在问题。

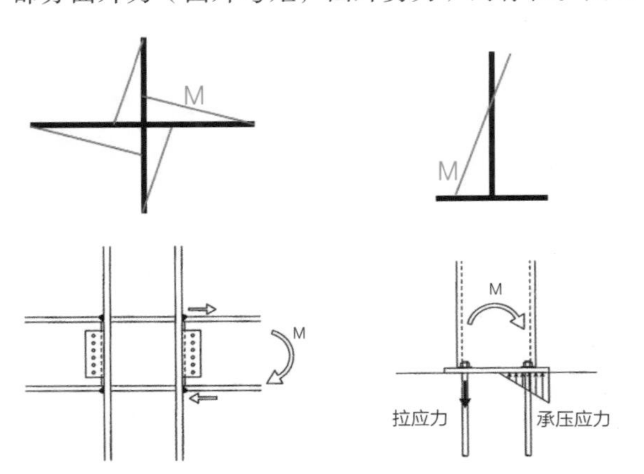

图 1（左） 工字钢的柱和梁节点处的力的传递通过肋板以面内力的形式进行

图 2（右） 钢结构柱脚的力的传递通过面外力的形式进行

说明：本书中未特别标明的数值单位为 mm。

工字钢及方钢管的节点

在将工字钢用于斜撑或网架斜杆的时候，需要注意将作用在构件上的力以面内力的形式进行传递。考虑一下在工字钢的柱梁上加斜撑的情况，或是用工字钢构成网架的情况。如照片 2 所示，工字

照片 1 翼缘的力无法进行传递的不良钢结构细部

照片 2 工字钢的斜撑以常规方向使用会导致力的作用变得复杂

钢的柱梁和斜撑以相同的强轴方向进行交接时，翼缘的力通过肋板（加劲板）传递为腹板的剪力。又如照片 3 所示，可以将工字钢的力传递至板上，然后传递到柱和梁的腹板上。无论哪种情况，轴力都是通过剪力进行面内力的传递，但因为力会暂时在腹板上集中，所以需要对腹板进行补强。再如照片 4 或图 3 所示，将工字钢的斜撑旋转 90°，使其翼缘和柱的翼缘位于相同平面，则可以实现翼缘间的直接传力，而无须肋板。图 3 是以上 3 种模式的图解。这些做法也适用于网架结构。

方钢管柱和工字钢斜撑相接时的情况类似，工字钢斜撑的翼缘与方钢管柱的交接部分需要水平肋板，并且需要在方钢管柱的内部设置内隔板，或将柱切断置入水平隔板。

钢管的节点

钢管构件与其他构件的连接，也应尽量考虑将力以面内力的方式传递。钢管之间直接焊接使其一体化的连接方式看起来简洁，但加工复杂。常用的方法是，在主体钢管上安装板片，将次级构件的端部板片与钢管板片相接，节点板片之间用螺栓紧固（照片 5）。由于作用于板片上的轴力和剪力会导致钢管的局部弯曲，因此需要根据安装状况和力的大小进行补强。沿钢管轴线方向及垂直钢管方向的节点板片的加固示例如图 4 所示。当钢管与工字钢连接时，通过调整为工字钢翼缘与钢管相接，可以将

照片 3　工字钢的力经由板片向柱和梁的腹板传递

照片 4　改变斜撑的朝向使得翼缘板方向与工字钢一致

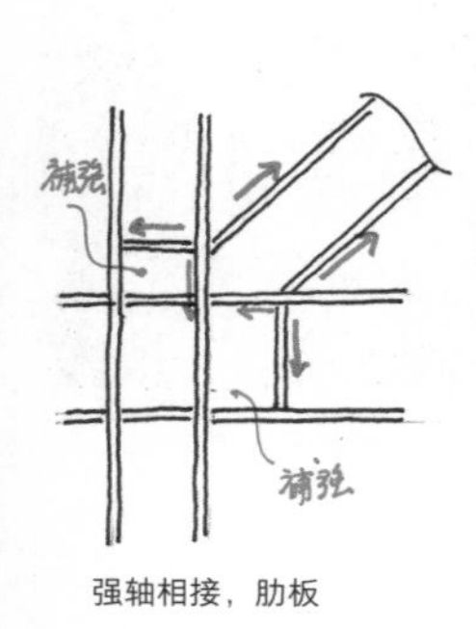

强轴相接，肋板

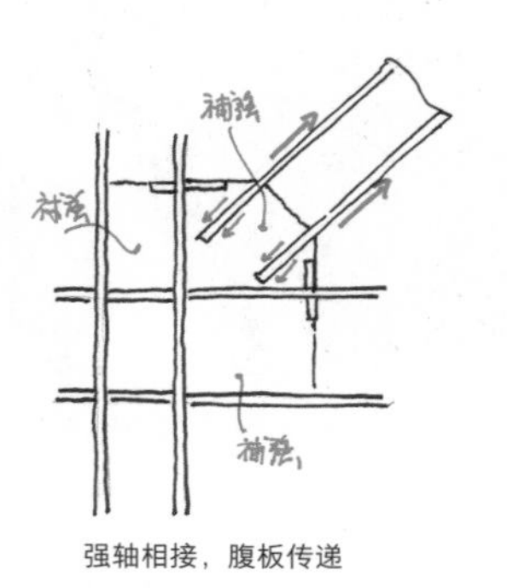

强轴相接，腹板传递

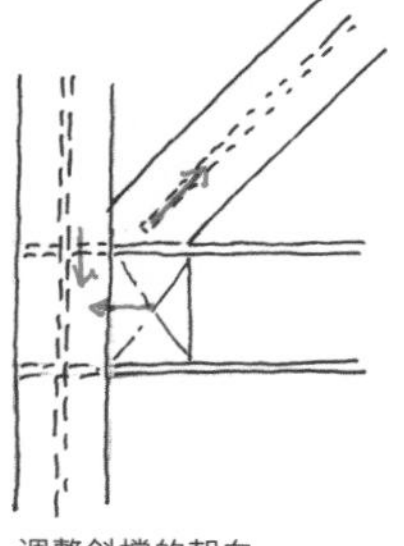

调整斜撑的朝向

图 3　工字钢的柱、梁、斜撑的节点的形式和力的传递方式

照片 5　斜杆通过节点板安装的钢管网架节点的例子

照片 6　钢管柱和工字钢斜撑的节点细部，将斜撑工字钢的翼缘面与钢管的外周面对齐

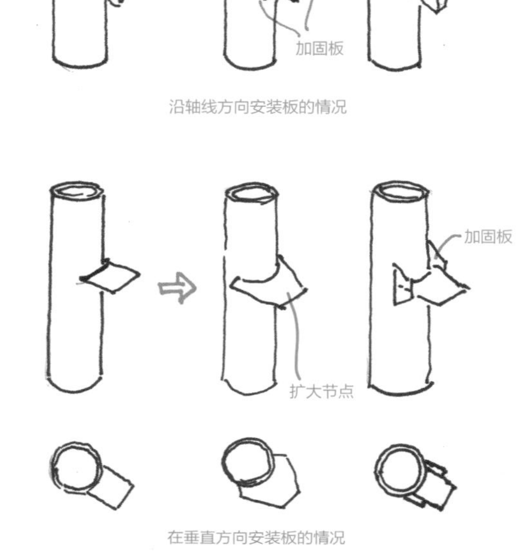

图 4　在钢管上安装节点板的加固做法

力作为面内力使用，以达到理想的细部（照片 6）。

复杂的节点

设计各种形状的构件以不同角度交接的节点，需要更高超的技巧。通过巧妙地布置肋板，使力的传递能基本通过面内力进行。但是当肋板材变多时，在间距狭窄或两肋间角度较小的部分，采用焊接会变得困难。必须要避免这样的情况，也是钢结构细部中最为困难所在（照片 7）。

照片 7　各种形状的构件交接节点的例子

Re-Tem 东京工厂

设计师：坂牛卓 +O.F.D.A.
所在地：东京都大田区
竣工时间：2005 年 5 月
结构 · 层数：钢结构，地上 3 层
建筑面积：3 994 m^2

照片 1
由钢筋混凝土墙体上的支撑柱和内部的独立柱一同支撑的场院的钢结构屋盖（提供：O.F.D.A.）

1_1 漂浮大屋盖形成的工厂建筑风景

由斜柱和斜交井格梁组合成的漂浮屋盖

形状各异的构件组合

项目的挑战——漂浮大屋盖的意义

工厂建筑优先考虑功能性和经济性，此外，这些工厂建筑的聚集也会煞风景。该设施的目的，是要从通常封闭的工厂空间中，显露其功能、劳动者及产品。室外设置有大型回收机械，建筑群中包括一座扭曲的箱形办公楼，一座有着简单支撑结构的车间，以及一个有顶棚的场院（作业区）（照片 1、照片 2，图 1）。场院的规模从平面看，长边约 48.6 m，短边约 32.1 m，宽 14 ~ 15.6 m。为了存放回收材料，场院周围必须设置高 7 m 的围墙，还需有屋盖遮蔽。通常情况下，构筑物会如图 2 左图所示，但如右图所示，坂牛卓决定将屋盖抬高到 8 m，使其与相邻车间的屋盖高度相吻合，通过这一操作使工厂建筑整体获得连续性。因此，高 7 m 的钢筋混凝土墙体围成“コ”字形，在上空 15 m 的高度处设置钢结构屋盖，以一个漂浮的屋盖创造出象征性的风景，并以此成为该项目的主题。

架构——网格和桁架组成的大屋盖一体化呈现

场院屋盖的平面呈 L 形，场地外周有 3 侧可以依托钢筋混凝土墙体设置支撑柱，与作业楼相接的一侧可以由作业楼的结构体提供支撑。考虑到使用方式，场院内最好没有柱子，但实现起来需要大规模的结构及成本。从经济性与高效结构的角度来看，在内角处设置柱子是有效且必要的条件。比起 1 点支撑，在尽可能大的范围支撑屋盖会更有效，因此我们决定从独立柱分出 4 根支柱来支撑 4 点。

照片 2 左侧是工作楼，右侧是大型机械，最里侧配置有带漂浮大屋盖的场院

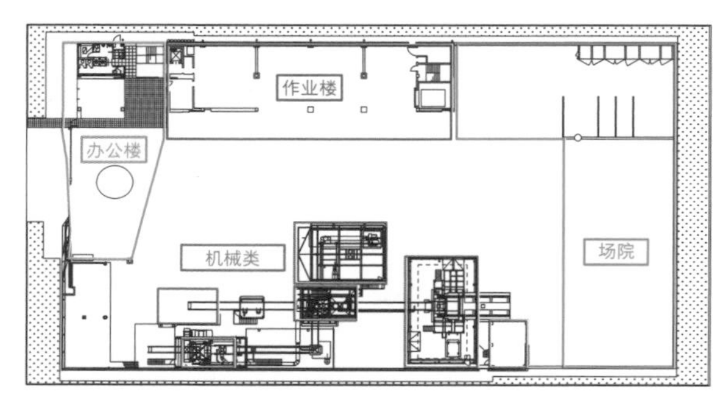

图 1 建筑群和机械的配置

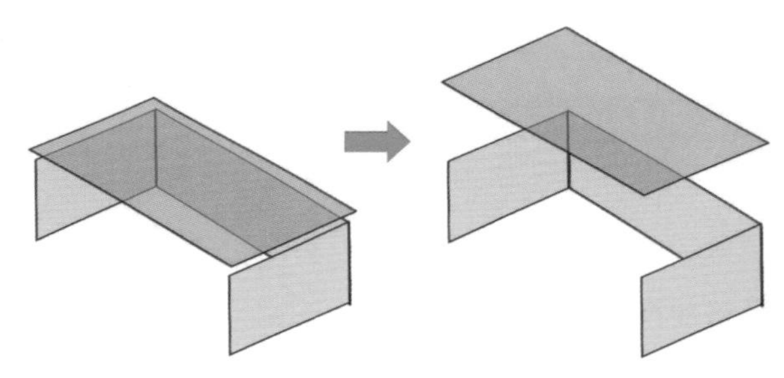

图 2 场院的屋盖的构成

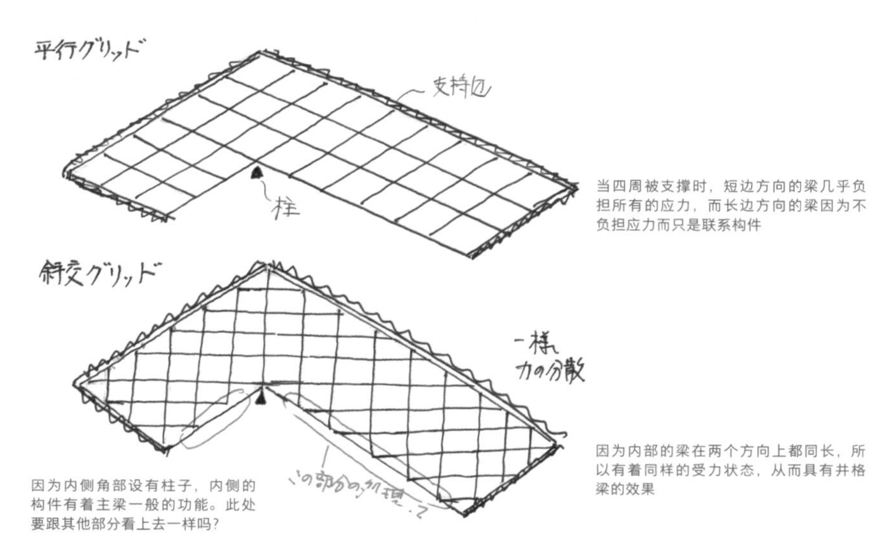

图 3 平行井格梁和斜向井格梁的力学差异

基于这样的支撑条件，可以考虑将屋盖的架构呈现为如同一整块板片那样的漂浮设计（照片 1）。

为了将作为框架构件的钢结构梁表现为一整块板片的状态，可以采用在两个方向一致的构件均匀布置成正交的井格梁，而非使用单方向的梁或是有主次层级的梁。井格梁的网格可以与边缘平行或成 45° 角，但在像本项目这样长短边尺寸不同的平面形状中，平行网格的短边方向和长边方向的梁承担的应力不均，井格梁的效果也就不存在了，而旋转 45° 的网格则更容易使构件的应力均匀分布（图 3）。但是，只支撑场地内侧的角部的话，边缘的部分会产生应力集中现象。这部分必须得确保力学的高强度和高刚度，于是我们开始寻找一种强度、刚度高，同时在视觉上与内部构件相似的架构。

按照倾斜网格布置梁的做法，考虑采用该网格作为腹杆构成的桁架。沿着边缘设置上弦杆 2 根，下弦杆 1 根，上下弦杆错开，并且直接与斜向的井格梁相交，这样它们将起到桁架腹杆的作用。如果只有梁作腹杆的话，由于无法构成完整的三角形，因此需要添加小截面腹杆，以形成倒三角形截面的桁架（图 4）。从力学上看，它们被布置成桁架和梁这种有层次的构件，通过用钢管做弦材和小截面腹杆，可以在视觉上将它们与井格梁区分开来，这样可以使桁架的存在感降低，从而让整体显得更加统一。在两排桁架中，较短的桁架仅在单侧设置钢管腹杆，由此减少了构件的数量，并增强了井格梁的印象（图 5）。

另一方面，支撑屋盖四周的架构采用了倾斜的柱子，它们作为轴力构件可以抵抗垂直荷载和水平荷载，并使构件截面最小化，以实现视觉上具有轻透感的架构（图 5）。

细部——使形状各异的构件呈现出整体感的节点

因为井格梁受弯，所以采用工字钢构件是高效的选择。我们从成品中选用了具有所需刚度和强度 H–500 × 200，交叉部位的构件则通过工厂焊接一体化处理。斜柱在中间交叉，因此结构面的面内方向和面外方向对压力的屈曲长度会有 2 倍的差异。考虑到这一点，采用具有强轴和弱轴的工字钢在力学上是合理的选择，并且由于加工方便，我们选用了成品 H–200 × 200 构件，构件之间的交点通过工厂焊接成整体，并在现场用高强度螺栓

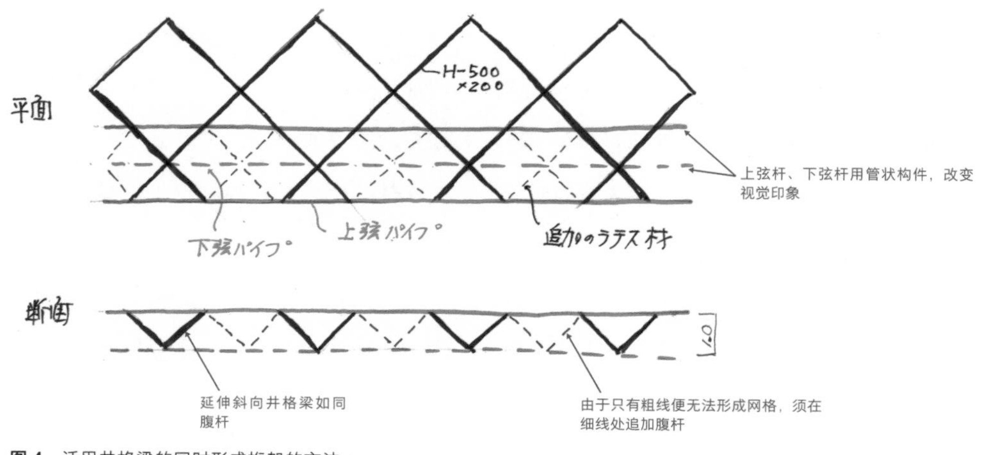

图 4 活用井格梁的同时形成桁架的方法

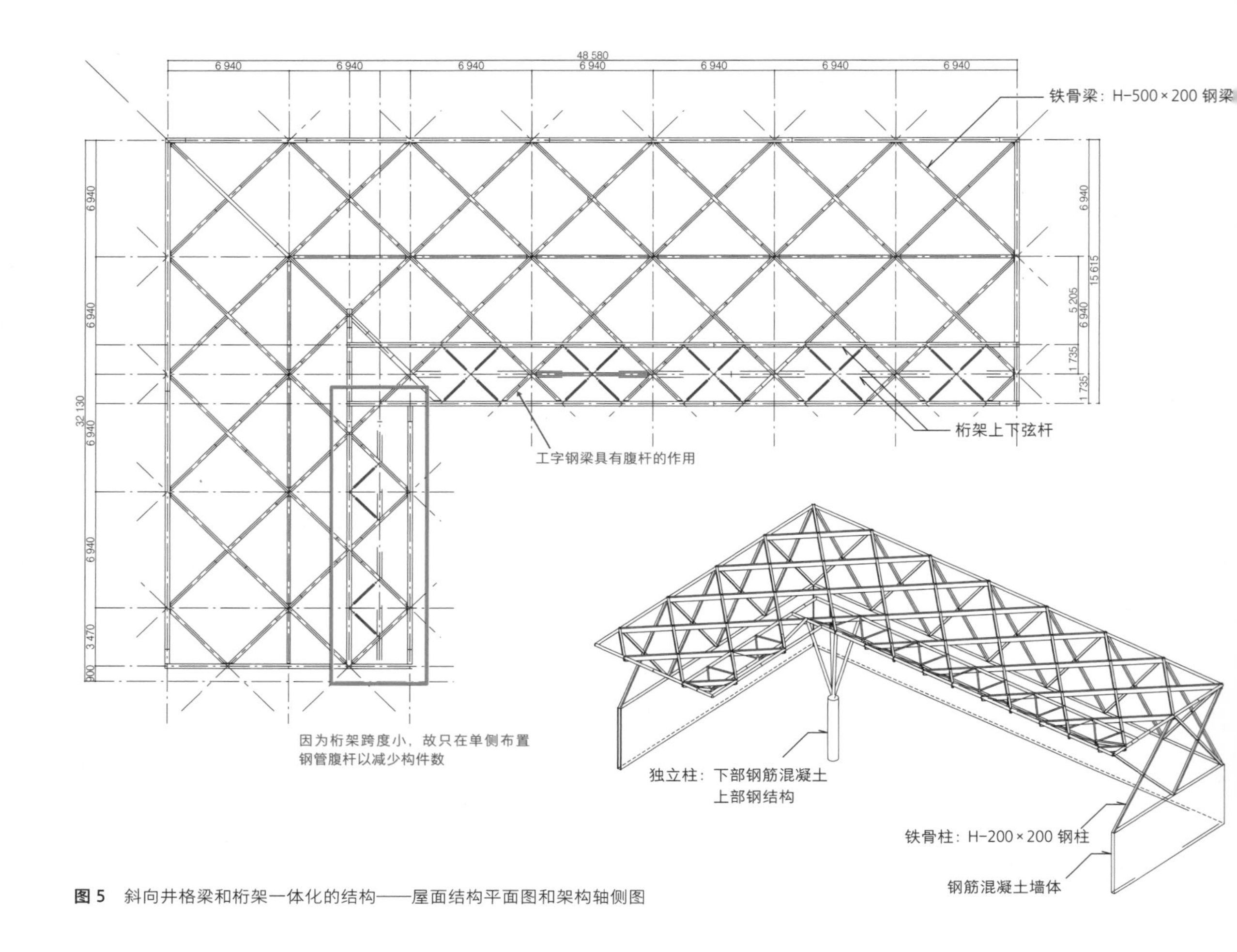

图 5 斜向井格梁和桁架一体化的结构——屋面结构平面图和架构轴侧图

进行连接（图 6）。

屋盖周围考虑到柱和梁的交接，选用了 ϕ216 钢管，将 H-500×200 的钢梁端部的宽度收窄至 200mm，以便与钢管宽度相一致。将它们与钢管铰接，以形成连续感（照片 3）。由于外围梁和斜柱在外形上基本相同，因此将工字钢的翼缘直接与钢管通过焊接相连接。在这个细部中，工字钢翼缘的力以面内力的形式传递给钢管，因此它们之间是极其明快的节点做法（图 7，照片 4）。

由于桁架是受轴力构件，所以使用了成品钢管，上弦杆采用 ϕ267、下弦杆采用 ϕ356 的钢管，并通过焊接将桁架弦杆如同嵌入钢梁一样整体化。弦杆与 H-500×200 钢梁相比，具有较小的截面。从视觉上看，井格梁会显得更突出（照片 5、照片 6）。其他的腹杆构件选用了 ϕ114 的尽可能小的截面，并在端头处插入板材，通过螺栓固定在与弦杆钢管相交接的节点板上（图 6）。桁架在内角处垂直相交，通过 4 根柱子支撑，支点的位置确定于桁架上弦杆的交点处，因此与井格梁的交点有半个网格的偏移（照片 7）。

考虑到项目位于沿海岸的区位，我们的目标是能够实现结构免维护，因此构件全部采用热浸镀锌处理，在现场用镀锌高强度螺栓进行连接。钢管之间的连接可以在现场焊接并进行镀锌修补，但该做

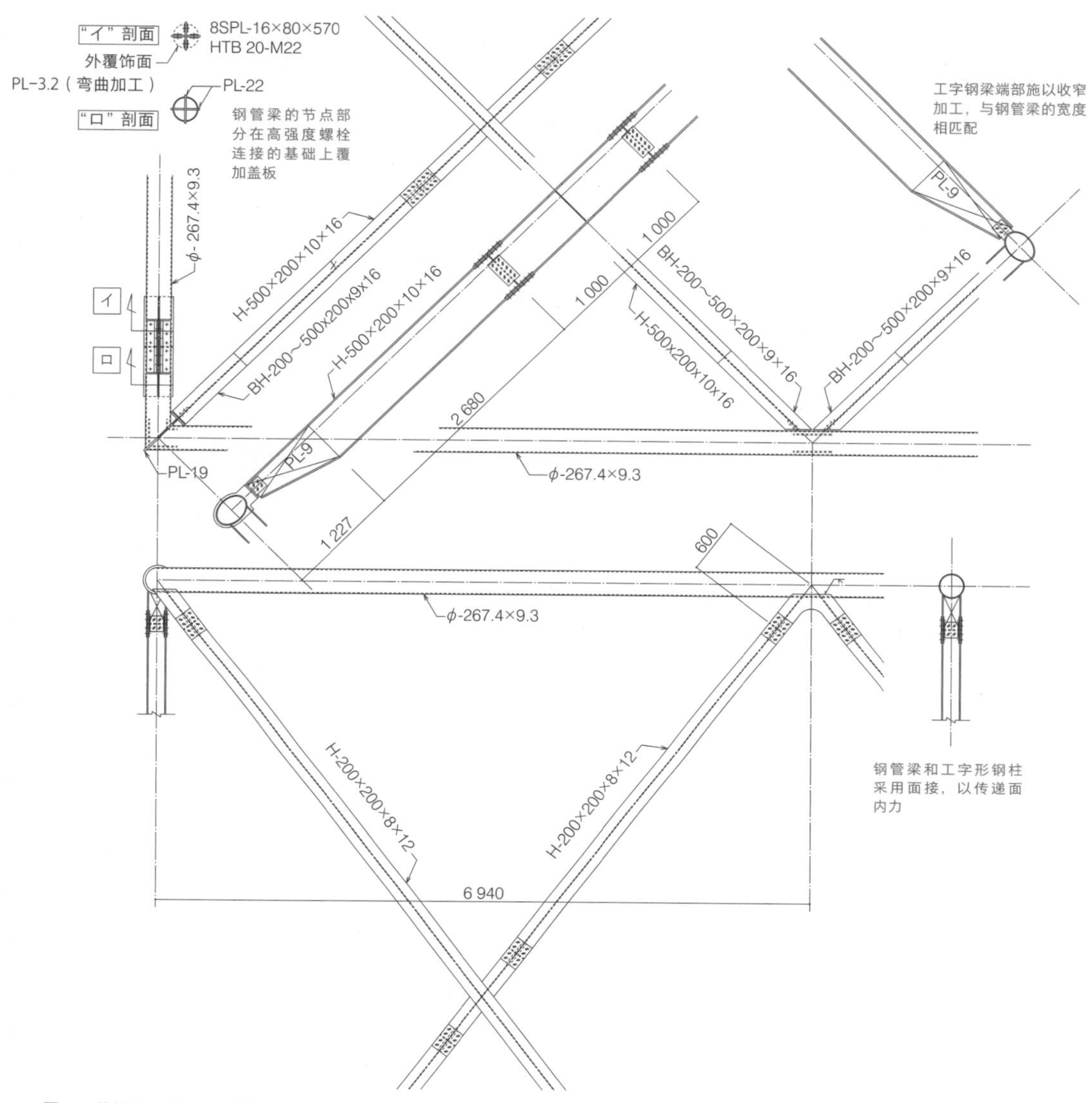

图 6 井格梁和斜柱的细部（S=1/80）

照片 3 将井格梁 H–500 × 200 的端部缩小，以匹配外围钢管梁的大小

照片 4 将斜柱 H–200 × 200 的翼缘与同一面上的钢管梁表面焊接成为整体

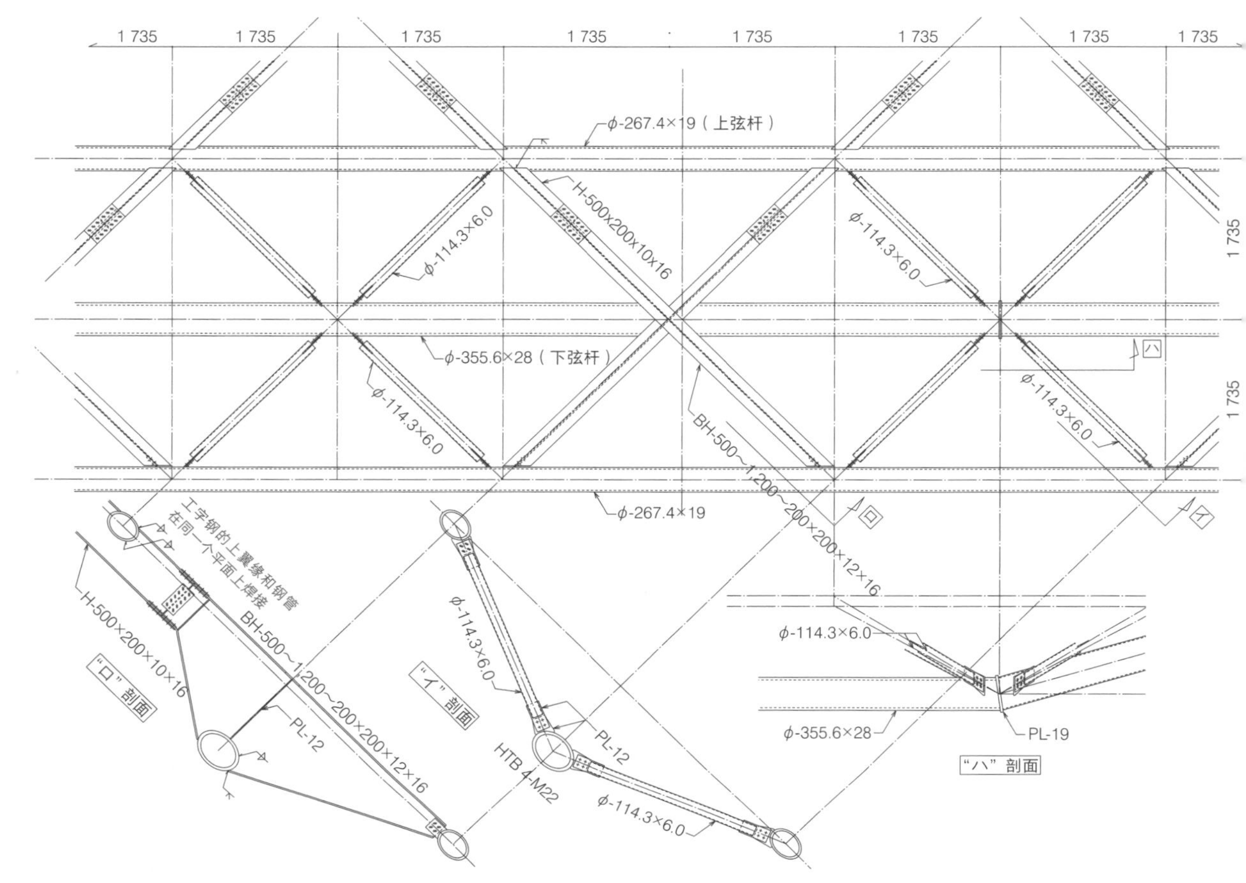

图 7　桁架的细部（S=1/80）

照片 5　井格梁和桁架的外观

照片 6　井格梁和桁架弦杆通过焊接整体化

法的耐久性不尽如人意。由于它们是受轴力构件，我们通过设置十字板节点并用螺栓连接，通过在其上覆加盖板，以便优先确保其耐久性（图6“イ”剖面）。

照片 7 桁架的交叉部分和钢柱的支撑方式

照片 1
从前方看建筑物的外观（摄影：藤塚光政）

樱山的住宅

设计师：仙田满 + 东京工业大学仙田研究室、环境设计研究所
所在地：神奈川县逗子市
竣工年：2001 年 12 月
结构 · 层数：钢结构，地上 3 层
建筑面积：159 m²

1_2 周末住宅非日常的空间与造型

支撑不规则体量的小口径钢管斜柱

小型构件的使用

项目的挑战——建在通路狭窄的场地上的不规则形状的建筑

这是一个三层周末住宅的设计方案，场地位于可以眺望富士山的山谷间（照片 1）。考虑到对非日常空间的需求、场地的条件和景观眺望，我们获得了这样的建筑设计策略：1 层架空作为停车场，2 层、3 层作为居住空间的不规则形状体量，如同飘浮在空中（照片 2）。场地位于山谷的深处，进入的道路仅勉强够一辆小汽车通过，建材的运送也受到路幅的限制（照片 3）。本项目的挑战在于需要考虑构件的运送，并采用小截面构件来构建适合不规则形态的结构。

适合不规则形态的架构——小直径钢管斜柱的架构

仙田满建议，为了表现不规则形状的体量和非日常的空间，不采用规整的结构，而是将柱全都做成斜柱且随机排布，并且考虑在随机中又能包含结构的规则（图 1）。如是只是组合采用斜柱的话，连接柱子的梁会产生弯矩，成为变形的框架结构。将 2 根柱子通过屋盖面形成一体的、呈倒 V 字形结构的话，柱子会成为轴向受力构件，梁和柱也不需要刚接即可连接，构件的加工也会变得容易。将 5 对双柱组合并布置在各个方向，可以满足随机排布的条件，同时可以像斜撑一样抵抗来自任何方向的水平力（图 2）。

照片 2 1 层为停车场，2 层、3 层为不规则形态的居住空间

照片 3 在仅能通过小汽车的道路尽头可以看见住宅

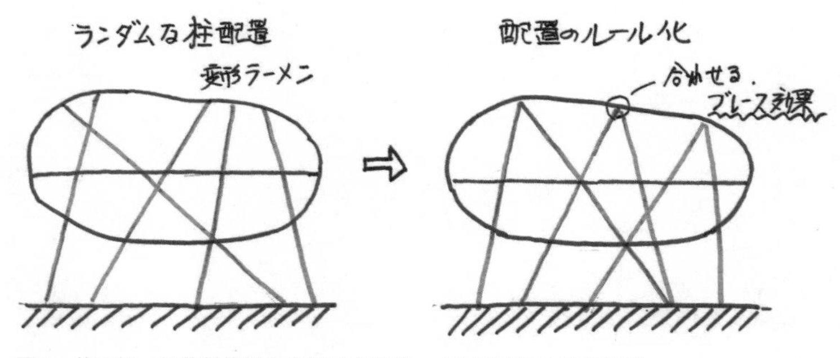

图 1 将 2 根一组的斜柱组合为倒 V 字形柱，从而在结构上变得有利

图 2 由 5 组倒 V 字形柱组成的架构图

然而，虽然顶部相交的倒 V 字形结构的屋盖侧向变形较小，但 2 层、3 层的侧向变形较大，柱子会对 2 层楼板和 3 层楼板的水平力产生弯矩，导致结构效率降低。为了解决这个问题，在 1 层增加了 4 根斜柱。1 层是停车场，在功能方面也不会出现问题（图 3，照片 4）。斜柱通常会对平面规划产生较大影响，但在该项目中，柱子的位置是在确保与建筑设计的整合性的同时来确定的，它们也决定了楼板的范围和通高的位置（照片 5）。2 层、3 层、屋盖的梁架各不相同，但在平面上都构成三角形，从而确保了楼板的刚性（图 4 ~ 图 6）。

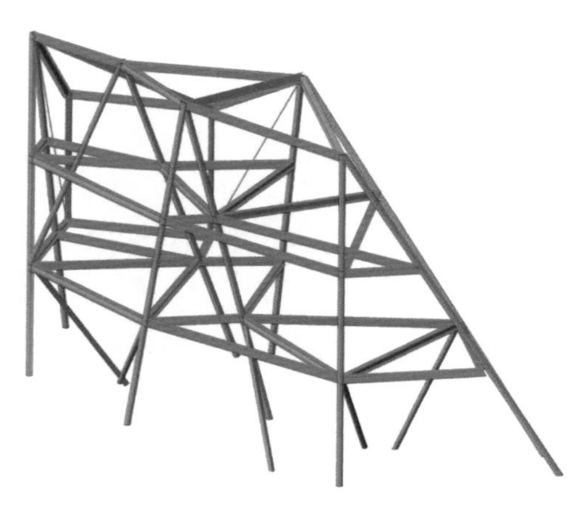

图 3 在 1 层追加 4 处斜柱的架构图（最终方案）

照片 4 1 层停车场附加的斜柱裸露在外

照片 5 内部通高处设置的楼梯

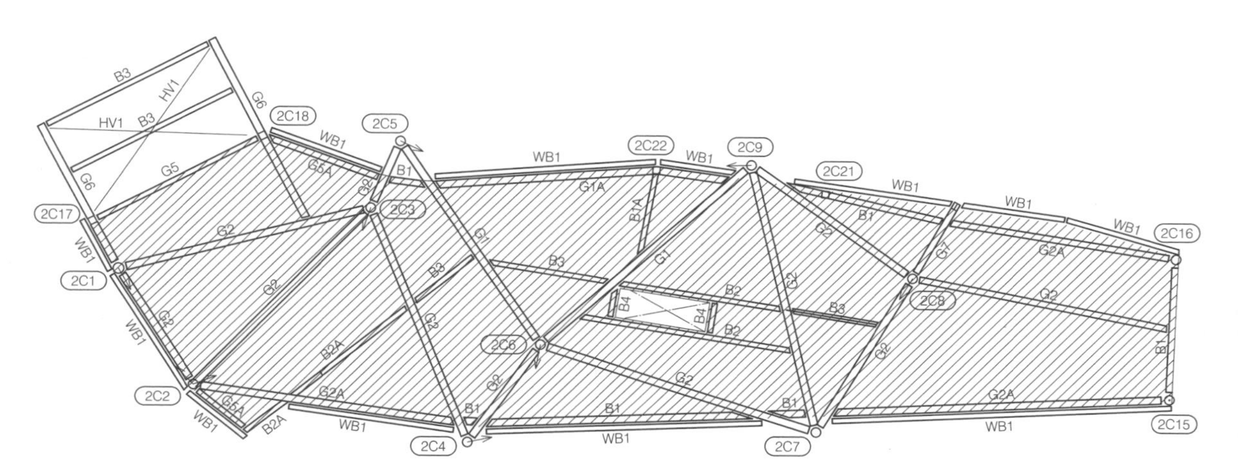

图 4 2 层结构平面图（S=1/150），斜线部分表示复合楼板

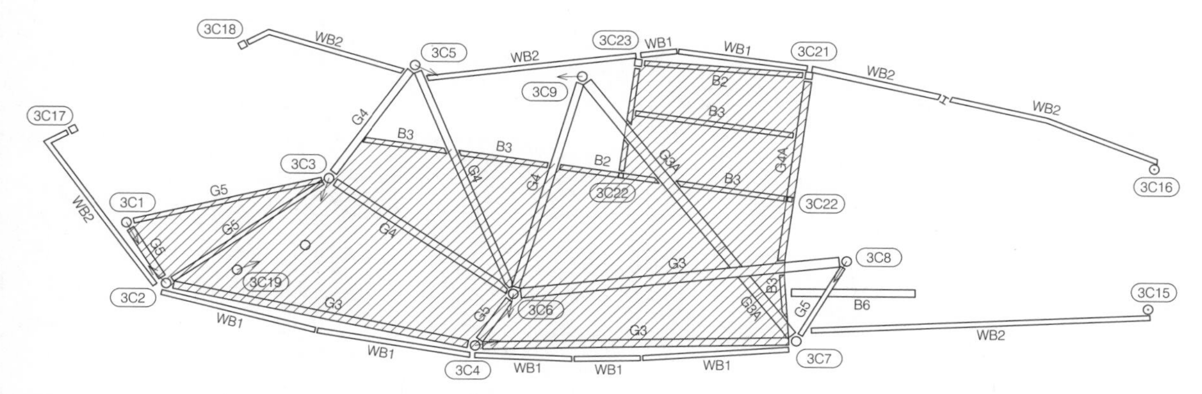

图 5　3 层结构平面图（*S*=1/150），斜线部分表示复合楼板

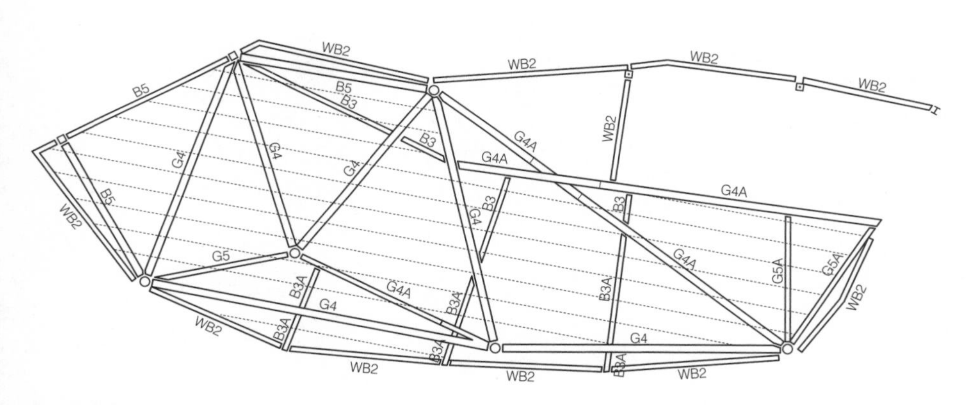

图 6　屋面结构平面图（*S*=1/150），点线表示檩条

构件和节点——平面上呈一定角度的梁构件和斜柱相交的节点细部

柱和梁的尺寸都必须是人力可以搬运的，因此柱选用 ϕ139 钢管，梁选用 H–244 × 175 或更小截面的构件。柱和梁的节点使用铰接，因为柱是倾斜的，并且梁在平面上的位置不规则，因此如果采用常规的腹板连接，柱上节点板的细部会变得复杂，因此我们考虑将其简化。2 层、3 层的楼板是水平的，在细部上，钢管柱外侧水平插入圆盘状板，将梁端部的下半部分切断，并在中间安装了水平板片，水平板片之间通过高强度螺栓连接（图 7）。平面上角度的微调可以通过调整螺栓的间距来实现，这是该细部的特征（照片 6）。由于屋盖的梁有坡度，同样的细部无法适用，因此在顶部设置水平板片，并在其上安装一块板片，将其仅与各方向梁的腹板通过高强度螺栓进行连接。仅存在于 1 层的斜撑与贯通钢管柱的板片连接，将使得该处的细部变得有些复杂。在设计时，预想使用简单的重型机械进行人工搭建，但在施工时，由于通路被拓宽，起重机得以入场进行了搭建（照片 7）。

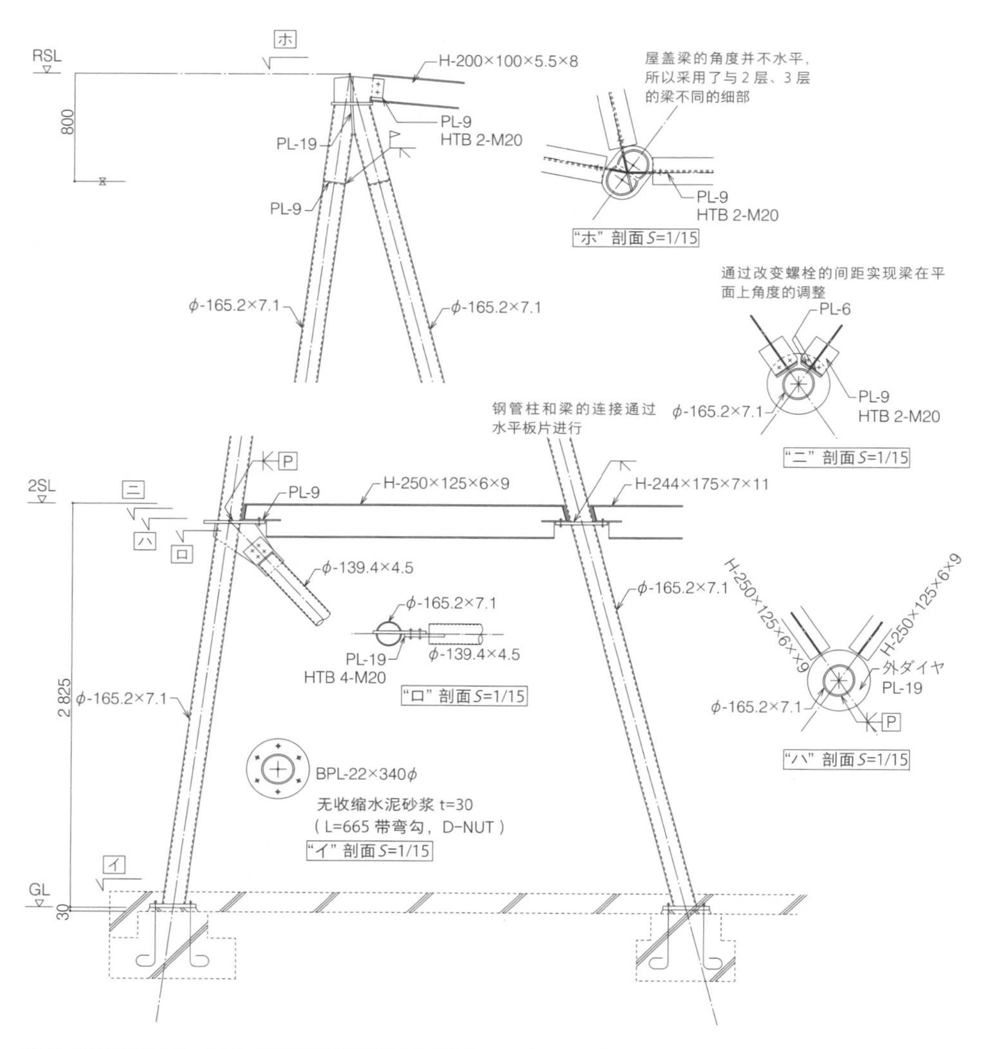

图 7 在屋盖及2层、3层，不同角度梁的连接技巧各有不同（S=1/50）

照片 6 2层楼板梁的节点

照片 7 在现场组装结构构件的全景

福田美术馆

设计师：安田 atelier
所在地：京都府京都市
竣工年：2019 年 2 月
结构 · 层数：钢筋混凝土结构 + 钢结构，地上 2 层、地下 1 层
建筑面积：1 193 m²

照片 1
回廊的屋盖由扁钢的柱与梁支撑，实现与庭院的整体感

1_3 与周围美景融为一体的美术馆回廊

用扁钢和钢板做出有效且克制的节点

小型构件的使用

项目的挑战——追求扁钢和钢板的结构

美术馆建在历史悠久的风景名胜地，带有一个可以借景的壮丽庭院（照片 1）。作为仓库的混凝土盒子展厅和庭院之间围合出称为“缘侧（檐下空间）”的回廊，建筑由钢结构的架构所覆盖，从回廊一直延伸到展厅的屋盖。为了营造出回廊和庭院的一体感，我们使用了扁钢柱来消解结构体的存在感，扁钢继续延伸构成了 2 层展厅的屋盖结构。此外，为了将屋盖的檐口做薄，我们采用了钢板，并使钢板从檐口一直连续到展厅屋盖。该建筑探索了使用扁钢和钢板的薄型钢构件设计的可能性。

照片 2　两段屋盖由弯折的扁钢柱支撑

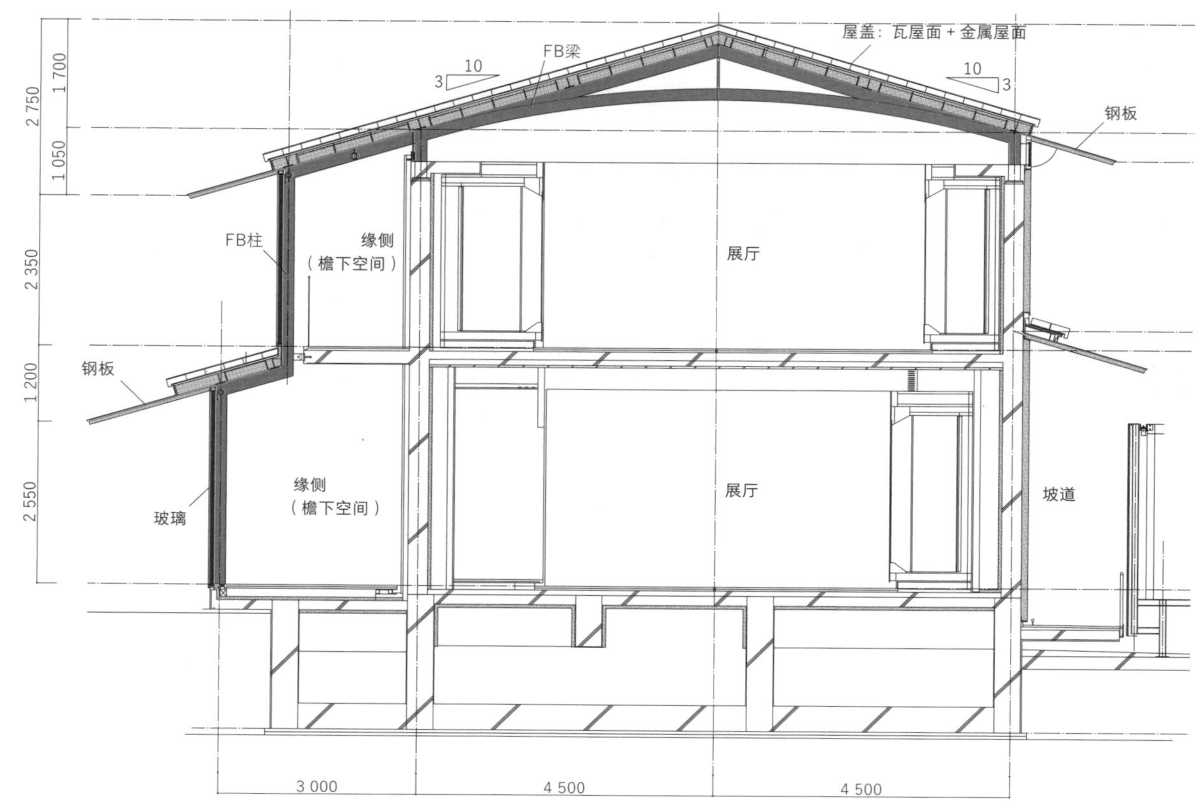

图 1　轻盈的钢结构从缘侧连续至屋盖，包裹住了钢筋混凝土主体结构

展厅部分的钢筋混凝土结构墙是建筑的主体结构，钢构件是添附在其上的，因为只需承载有限的力，所以可以采用小截面的钢构件（照片 2，图 1）。正如我们之前设计的京都站大楼的大厅一样，在小构件构成的架构中，我们希望没有显眼的节点，构件之间能不动声色地连接。此外，使用钢板的结构还必须思考加工和组装方法，以考虑面外变形、屈曲，以及防止因为焊接产生热应变和变形。如何解决这些问题是该项目的挑战。

隐藏扁钢柱 · 梁的屈曲约束构件和节点

在与安田幸一的讨论中，决定将扁钢从回廊的一层楼板开始立起，向上到檐口的高度后弯折，之后变成 2 层的竖直构件，然后继续延伸至支撑 2 层屋盖的梁构件。由于扁钢柱也兼作承接玻璃的竖梃，其间距根据玻璃的尺寸确定为 2 m。扁钢的作用是承担垂直荷载和风荷载，在符合应力条件的情况下选用正面看上去小的截面。在通高部分会有相当于 2 层的 7.2 m 层高，如果不在中间对屈曲进行约束的话，构件截面无法变得纤细。目标是将受压构件的长细比控制在 200 以下，对扁钢的弯曲部分进行屈曲约束的话，使用 60 mm 厚扁钢的情况下最长部分作为受压构件的长细比约为 190，恰到好处。扁钢也是承担风荷载的构件，考虑将水平位移控制在 2 cm 以下的话，就需要截面为 60 × 180 的截面。屈曲约束构件可以作为扁钢间的联系构件，但我们想尽力减小其大小，甚至最好不加约束构件，以便凸显扁钢的存在（图 2）。

这个问题仅靠研究扁钢的节点无法解决，但我们通过结合思考钢板的结构实现了目标。钢板作为屋檐和屋盖的结构体，设置在扁钢的上方，钢板上方有设置隔热材料和屋面材料的空间，钢板间的连接用肋板构件也收纳在这个空间内，于是我们考虑在这一区域设置扁钢的屈曲加劲构件。钢板上方的正交方向上设置 CT 钢的联系梁，CT 钢与钢板一起用螺栓连接到扁钢上开好的螺纹孔中。也就是说扁钢的加劲构件位于其外侧，即所谓“偏心加劲”的屈曲加固（图 3，照片 3）。

另一个问题是需要将外立面的地震力传递到主体结构上。考虑到通高部分有 2 层高，扁钢的弱轴方向的位移会过大，但因为回廊的内侧有连接在 2 层楼板上的钢筋混凝土结构的悬臂板，所以我们在这个部分将扁钢与 2 层楼板紧接来解决这一问题。所有的扁钢都通过 CT 钢连接件以及 2 层楼板高度的钢板屋盖联系在一起，实现了扁钢的屈曲约束和向钢筋混凝土结构的地震力的传递。

屋盖梁的话，是从柱开始连续的扁钢，是坡顶屋盖上部的梁构件，虽然在设计上我们希望连续使用相同的构件，但因 9 m 跨度产生的挠度过大而无法应对。于是我们在下部设置了拉结用构件，使其具有合掌构件（注：日文即“合掌材”，指用于构成并维持坡屋盖坡度的构件）的效果，该构件也使用了相同形状的扁钢（照片 4，图 4）。由于下部构件受轴力作用，在力学上使用直线形式更好，但考虑到设计采用了弯曲的形式。屋面梁的扁钢部分也采用和 2 层部分同样的细部，在正交方向上设

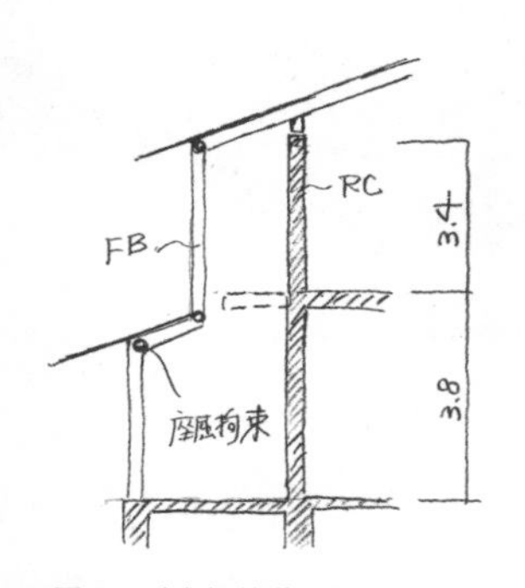

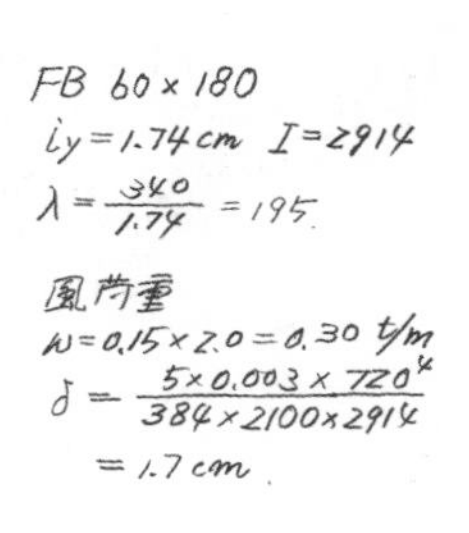

图 2　对扁钢柱截面的研究

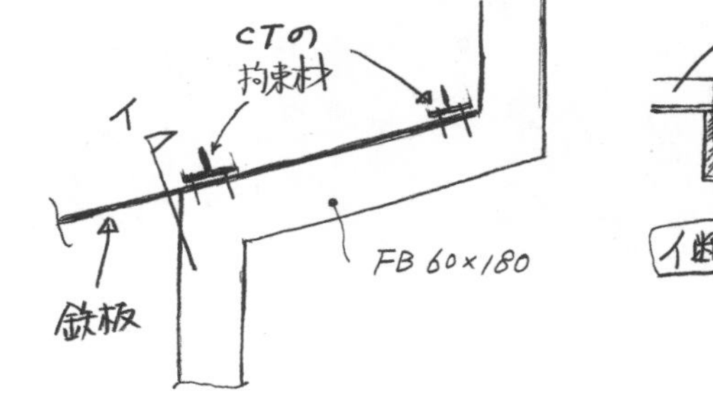

图 3　通过偏心加劲对扁钢进行屈曲约束的提案

照片 3　将屈曲加劲构件隐藏以强调扁钢的连续性

照片 4　从柱延伸至屋面梁的扁钢构件和支撑它们的钢筋混凝土结构

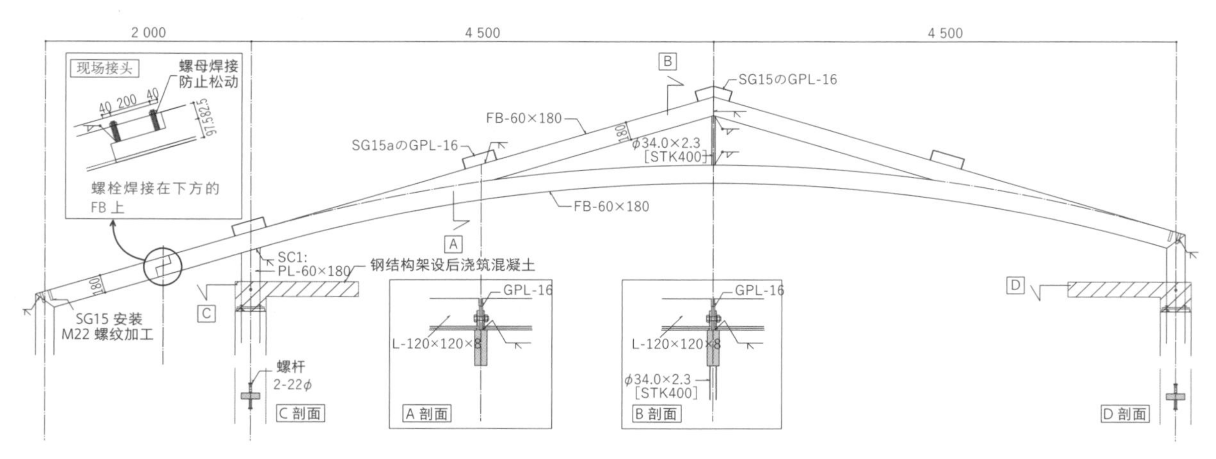

图 4 屋盖扁钢由钢筋混凝土梁支撑，并在下部设置拉结件

照片 5 扁钢的现场连接是使用螺栓将嵌接的构件一体化

照片 6 构成吊顶面的钢板和扁钢构件

置 CT 钢的联系梁，并在钢板的上方通过螺栓连接，因此联系梁是看不见的。

虽然扁钢是从 1 层到屋盖连续的构件，但它当然是需要分段连接的。考虑到因热应变产生的弯曲和焊接后的完成面处理等问题，我们决定不在现场焊接，而是通过螺栓进行连接，并尽力将接合处做得不显眼。弯折部分在工厂焊接做成整体，现场则在屋盖梁的中间部位将扁钢嵌接，从上方使用螺栓连接（照片 5）。将与扁钢梁一体的扁钢竖直构件埋入钢筋混凝土结构中，实现连接扁钢与主体钢筋混凝土结构的简单细部。

钢板的结构——肋板的灵活使用，对热变形的应对

使用钢板的原因是为了做出纤薄的檐口，并实现从檐口到吊顶面的连续性（照片 6）。檐口部分仅为钢板的悬臂结构，所以结构上需要有 16 mm 的厚度，通过在内部的屋盖面配置肋板，使面外的弯曲变形及弯曲应力变小，钢板的厚度得以薄至 9 mm。然而，虽然厚度变小了，但肋板与钢板的焊接有可能导致板的翘曲，还可能留下显眼的焊接痕迹。经过对等比例模型的讨论，最终决定全部用 16 mm 的钢板建造。

通过使用加肋钢板，可以在现场使用螺栓连接

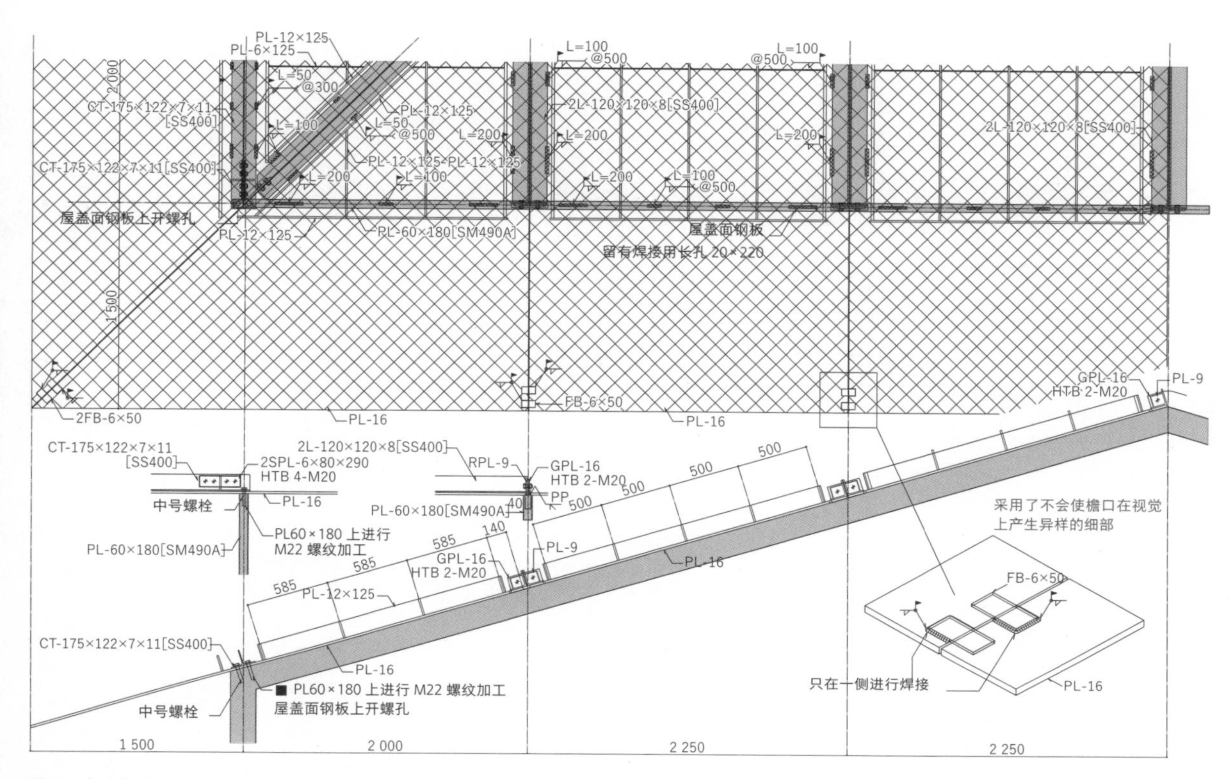

图 5 在现场进行钢板和肋一体化的组装并将其固定在扁钢上

进行组装，而无须焊接。四周带有扁钢或角钢的钢板在工厂制作，板与板的连接及板与扁钢的连接在现场进行（图 5，照片 7）。板的分段需要考虑运输问题，通用部宽 2.0 m、从檐口到屋脊之间分割为 3 个单元，而转角部为两边分别长 3.75 m 和 3 m 的三角形板，朝两个方向出挑（图 6）。

为了尽量减少由肋板和钢板的焊接造成的热变形的影响，需要将焊接量控制在最小限度。为了确保屋面的水平刚度，考虑使钢板达到与水平支撑类似的效果，重点对被肋板包围的四边形的 4 个角进行焊接并在中部进行间歇焊接，以实现最少焊接量。我们用不同的焊接尺寸和长度、钢板的厚度等制作等比例模型，以确认变形不会在视觉上造成影响（图 7）。

由于室内的钢板上部设有隔热材料，所以钢板受温度变化的影响较小，而屋檐部分的钢板受室外

照片 7 钢板的安装

气温变化的影响较大，于是我们考虑在建筑长边方向上设置钢板间的缝隙，将他们分隔开来（图 5）。我们设想会有 ±30 度的温度变化、设置了 5 mm 的缝隙，但仅仅设缝的话钢板仍然可能在垂直方向上偏移，因此我们在钢板的端头各设置了两块钢片，分别只与一侧的钢板焊接固定，该细部使得钢板在水平方向可以移动但在上下方向上能够受到约束。

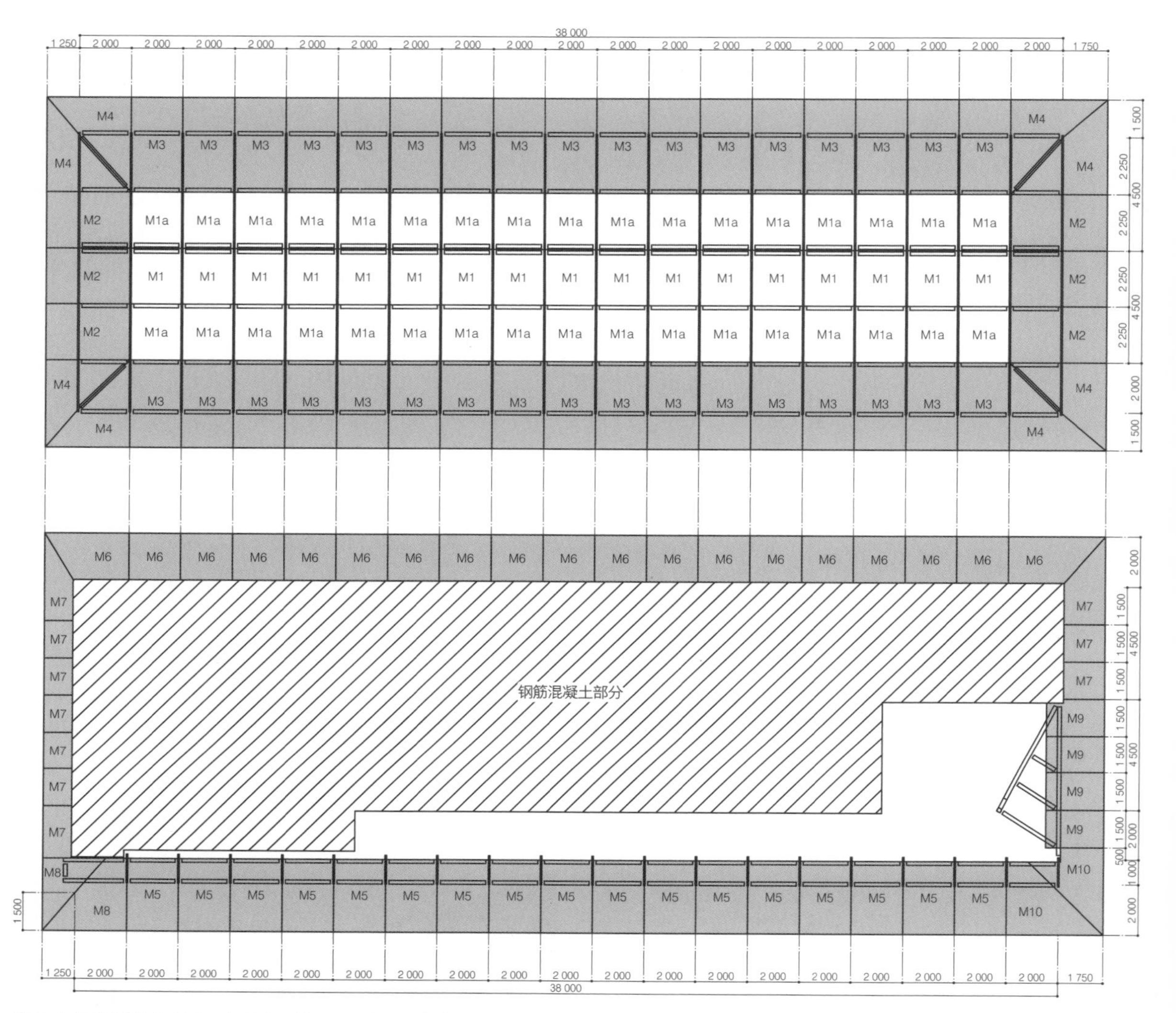

图 6 屋面钢板的分布图。上图为屋盖，下图为 2 层高度的出檐

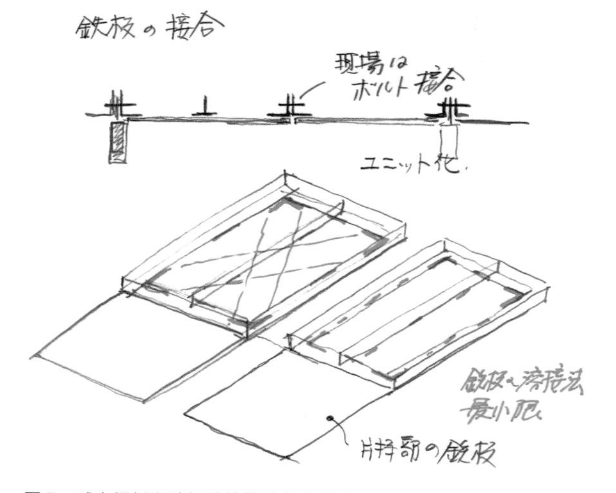

图 7 减少钢板和肋板连接焊接量的技巧

伊那东小学

设计师：MIKAN

所在地：长野县伊那市

竣工年：2008 年 3 月

结构 · 层数：钢筋混凝土结构 + 钢结构，地上 2 层

建筑面积：4 762 m^2

照片 1
由高度变化的细长梁覆盖的图书室（提供：MIKAN）

1_4 通过板状梁平缓地分割空间

采用轻型 C 型钢的高度变化的网架结构

使用轻型型钢的屋盖

项目的挑战——轻型型钢的屋盖结构

这是一座 2 层高的小学教学楼，共有三个年级 12 间教室和 1 间特别教室（照片 1）。外观来看采用了有序的形式，但内部有各种各样空间形态的教室，这是其设计的特点（照片 2）。1 层是钢筋混凝土结构，根据空间的不同形态，选用了薄壁框架结构、附有结构墙的框架结构和井格梁等结构。2 层为钢构件的支撑结构，形成了较 1 层更加开敞的大空间（图 1）。2 层的特别教室和图书室是一个连续的大空间，通过吊顶的高度变化，划分不同的区域，我们考虑通过结构来实现这一设计意图。

照片 2 具有宽大平缓坡顶屋盖的有序的外观（提供：MIKAN）

屋盖整体为坡度较缓的坡顶形式。通过摸索屋盖结构自然地分割空间的方法，最后决定采用 3.9 m 网格宽度的薄板状井格梁，通过改变梁高来形成场所性格的变化。建筑上看是薄薄的整体式梁，从结构上看则是网架结构，将网架梁高与应力相对应的话将是合理的结构。轻型 C 型钢常常被选作网架构件。本项目的同一设计团队曾设计了 2005 年爱知

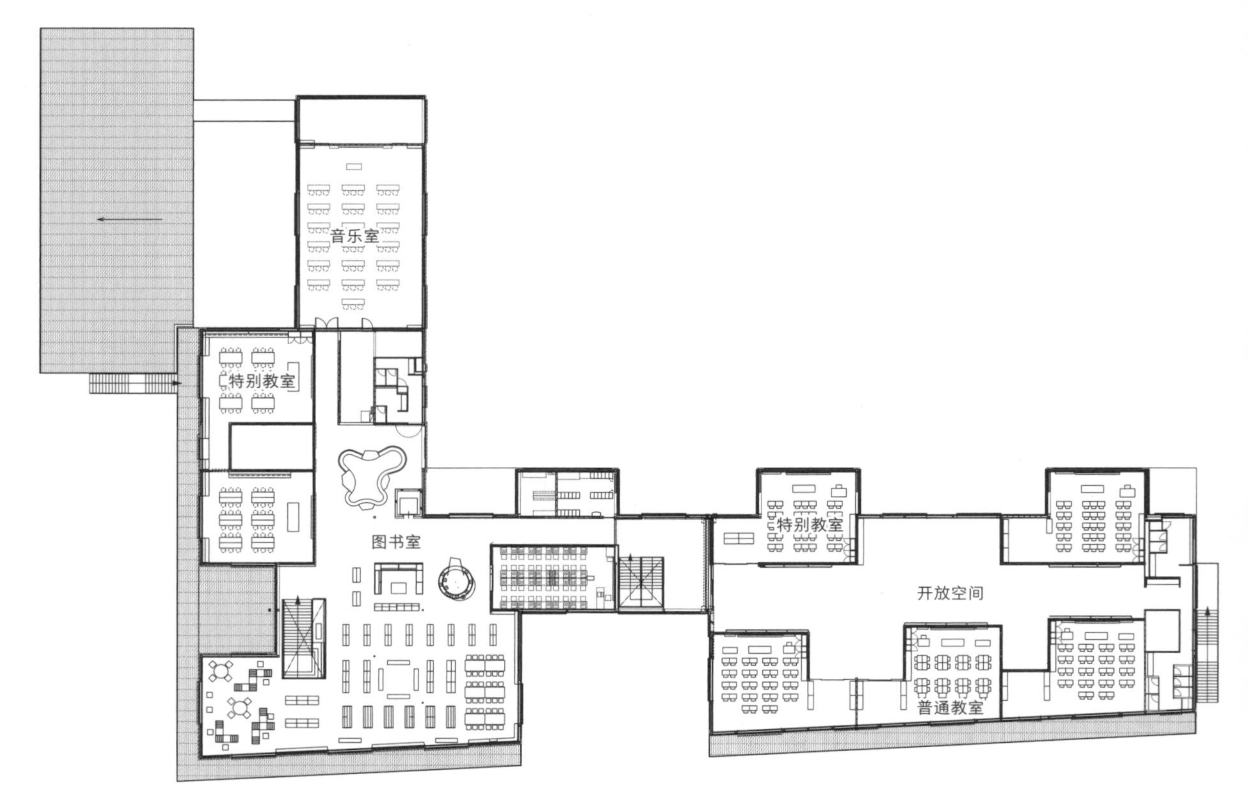

图 1 以图书室为中心、让人感到整体感与连续感的 2 层平面（S=1/600）

世博会的丰田集团馆，使用了便于回收的 C 型钢构件。因为本设计开始于世博会结束的时期，条件允许的话，将丰田集团馆中的 C 型钢拿来使用也是可能的，我们试着考虑了使用 C 型钢作为结构构件的可能性（图 2）。从制作薄梁的角度看，采用 C 型钢可以省去次要构件，直接附上饰面材可以变得更薄。最终，在使用 C 型钢的基础上，局部位置采用方钢管，完成了以轻质型钢构成的网架结构，实现了钢结构重量小于 30 kg/m^2 的轻质屋盖。

网架的构成——根据应力改变梁高

构成网架的基本构件，弦杆由高 100 mm、宽 50 mm 的 2 根 C 型钢拼合而成，圆钢作斜腹杆，结构的规则是根据应力大小改变网架高度。2 层空间

图 2 使用 C 型钢的桁架示意图

以图书馆为中心，与其他教室连续相接，但因为柱的位置不规则，根据将网架梁换为受弯构件的模型，求出不同柱位下模型的弯矩分布，对应应力决定网架必要的梁高（图 3）。在此基础上，探讨了室内屋盖面的建筑形式，在必要时对网架高度进行调整（图 4，照片 3）。网架高度最小处为 0.75 m，最大处为 2.8 m。网架为普拉特网架类型，斜腹杆使用圆钢，使其在任何时候都只承受拉力，网架中部的竖杆为 C 型钢，而网架交叉处的竖杆为方钢管。

支撑网架的柱构件中，内部的独立柱为 100 × 100，外围及墙体内的柱为 150 × 150 的小直径构件，并在建筑中的墙体部分设置扁钢的斜撑拉杆，作为负担地震力的要素（照片 4）。

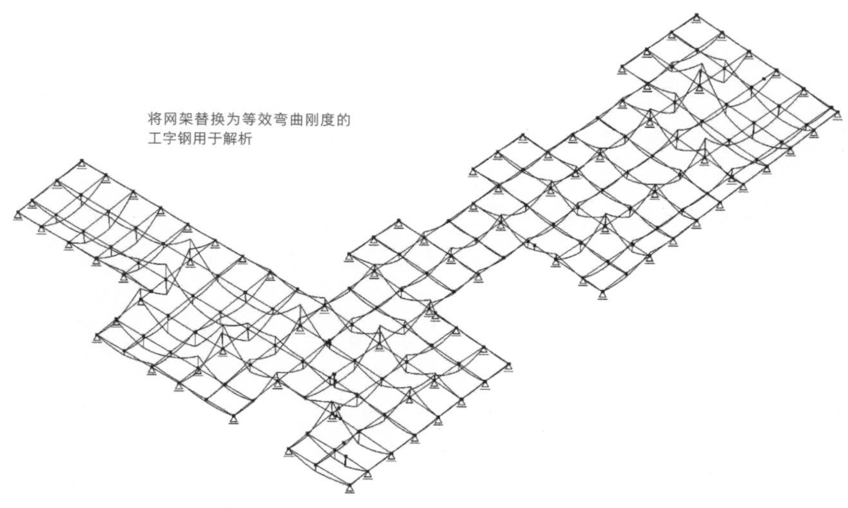

图 3 改变柱位讨论网架应力的模型

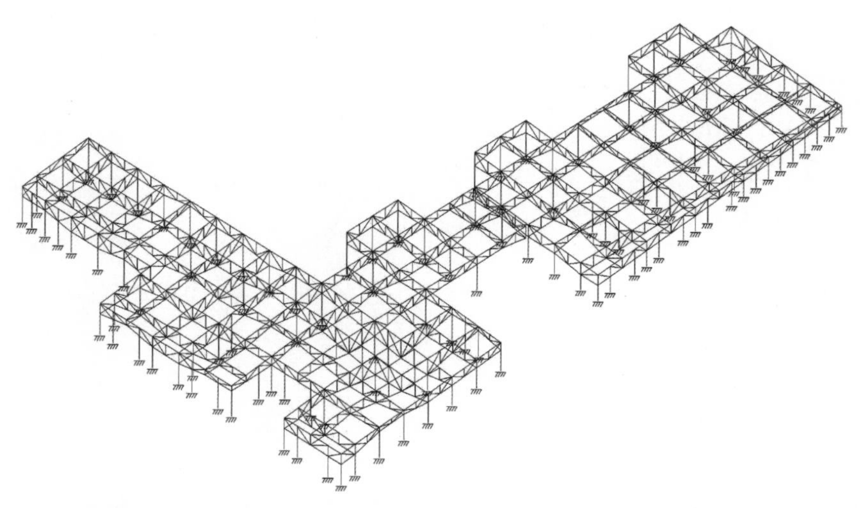

图 4 结合已确定网架的解析模型（垂直荷载研究用）

照片 3　以结构上的所定梁高为基础对建筑设计进行讨论

照片 4　钢结构的架设情形。由网架与支撑构成

细部——将不同形状构件的细部统合起来

网架呈 3.9 m 的网格状，中间设有一处竖杆，因此配置的斜腹杆有 1.95 m 跨度。因为上弦杆和下弦杆在 3.9 m 的跨度内没有屈曲约束，因此需要考虑压力产生的屈曲。试着对网架构件的构成进行了研究（图 5）。由于单个 C-100 × 50 × 3.2 构件的长细比超过 200，因此考虑将两个构件以 60 cm 为间隔连接组成受压构件来增加稳定承载力。考虑到节点的简易性，最好是将 C 型钢的腹板置于内侧、背靠背进行连接，但像这样组装而成的受压构件，长细比约为 140，2 个构件只能承受约 7 kN 的压力。如果将腹板置于外侧进行连接的话，组合成的受压构件长细比能达到 100，因而稳定承载力能增加约 1.8 倍。但是在这种构件的使用方式中，板交叠的接合处需要进行焊接，加工变得复杂。因此，在轴向受力大的部分，组合使用两根 100 × 50 的方钢管构件，节点处在腹板上设孔并插入螺栓紧固，这样，尽管构件的形状不同，构件的外形尺寸和连接细部都是相同的（图 6、图 7）。网架相交叉部分的方钢管的上下装有由板加工成的十字形构件，细部通用（照片 5）。柱使用边长 150 mm 的方钢管，网架端部和柱通过柱上的节点板夹住 2 根弦杆并用高强度螺栓进行连接，斜腹杆的圆钢也接在同一块板上。饰面材料直接固定在网架构件上，实现了具有平缓分割空间效果的不可思议的梁（照片 6）。

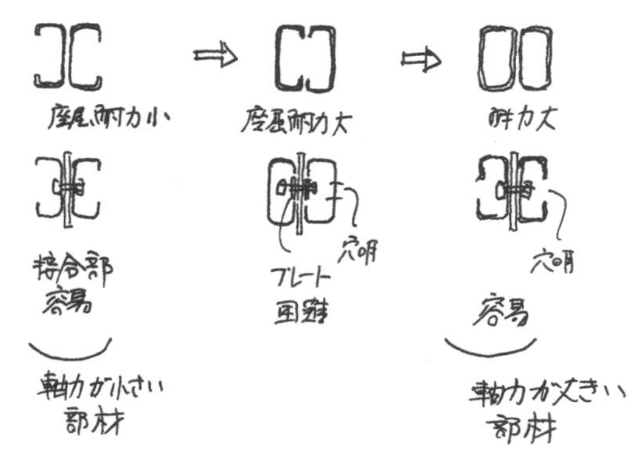

图 5　C 型钢使用方式的研究记录

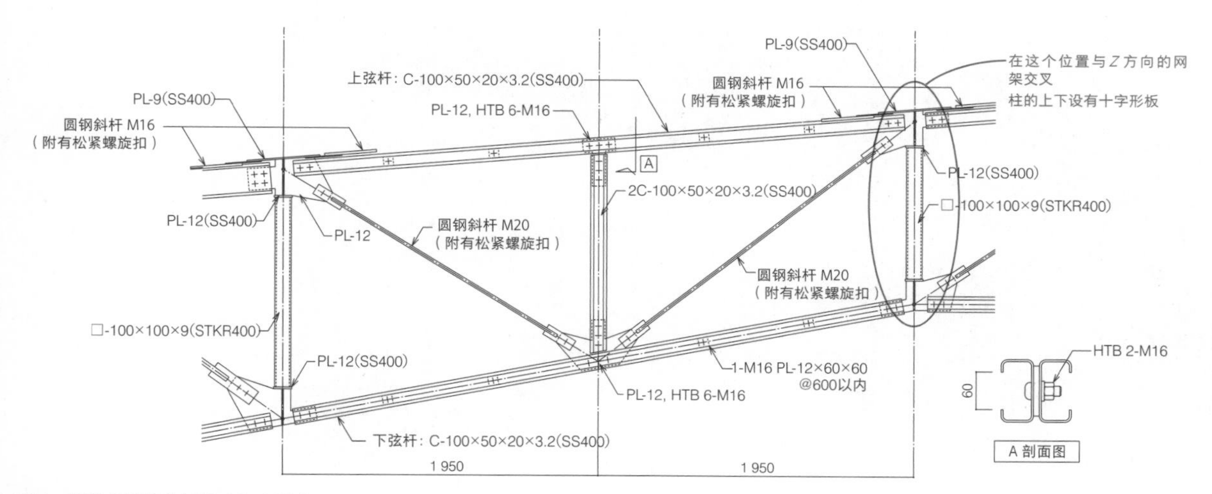

图 6　使用 C 型钢的网架（S=1/50）

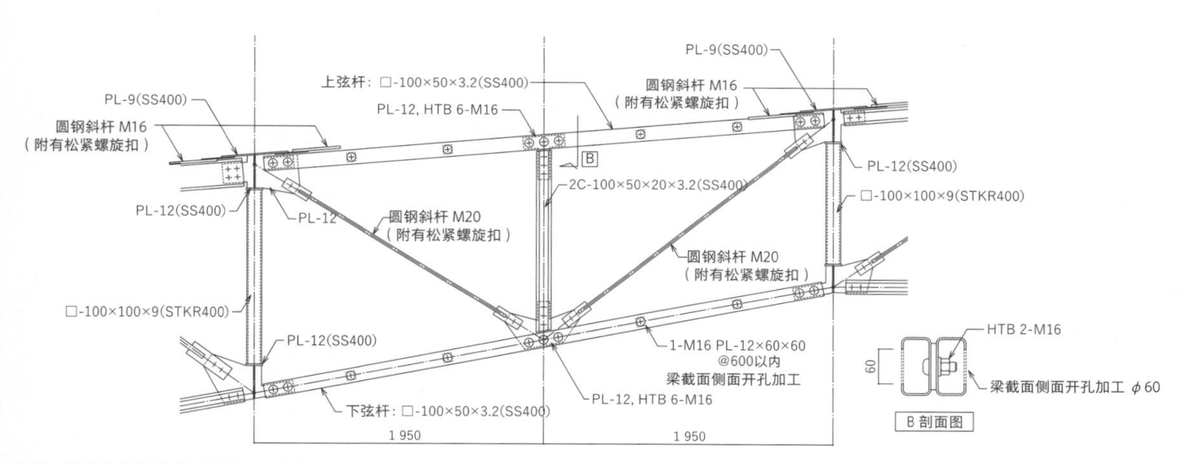

图 7　使用方钢管的网架（S=1/50）

照片 5　网架相交叉部分的细部

照片 6　直接在网架上覆上饰面材得到细长的墙状梁

敦贺站站前广场的雨棚

设计师：千叶学建筑计划事务所
所在地：福井县敦贺市
竣工年：2015 年 9 月
结构 · 层数：钢结构，地上 1 层
建筑面积：1 205 m^2

照片 1
不规则井格梁的屋盖结构及支撑屋盖的梯形壁柱 · 钢管柱［摄影：奥村浩司（Forward Stroke Inc.）］

1_5 与功能一体化的站前雨棚

使用轻钢梯形壁柱与变形井格梁的屋盖

使用轻型型钢的屋盖

项目的挑战——与功能一体化的雨棚

许多车站前都有雨棚，功能是为步行空间提供遮蔽，通常会显露出结构的形态（照片 1）。然而，像公交车站、出租车停靠点、自家用车的乘车处等场所，会是张贴各种标志的地方，往往会形成杂乱无章的景象。千叶学提出了上述的现有车站前广场的问题，并对与功能一体化的崭新形态的雨棚进行了探索。最终，决定将兼具告示板等功能的壁柱作为结构体融入雨棚中，并将单方向的连续梁作为架构的表现，该项目的挑战是如何实现这一构思。此外，确保裸露在外部的钢结构的耐久性也很重要。该雨棚是与敦贺站的新车站设施作为整体进行规划的（照片 2）。

屋盖的结构——不规则井格梁和梯形壁柱

雨棚平面呈 U 形或 L 形，宽 3.7 ~ 8.4 m，由长 170 m 和 110 m 的两种构件构成，高达 3.2 m（图 1）。建筑设计的设想，是将带状平面划为倾斜 45° 方向的网格，由间距约 0.75 m 的梁排列构成屋盖。支撑梁的钢管柱和壁柱分布于带状平面的两侧，以 6 m 左右的间距进行配置，只有单向梁的话无法将力传递给柱。正交方向上也布置了梁，作为双向井格梁的话，结构可以成立，但与建筑设计的设想不符。因此，在正交方向的梁中，虽然部分联系柱子的梁保持连续分布，但对于应力传递作用不大的梁则被取消，只断续地、分散地保留必要的部分（图 2）。作为双向井格梁进行应力解析，将应力小的构件去

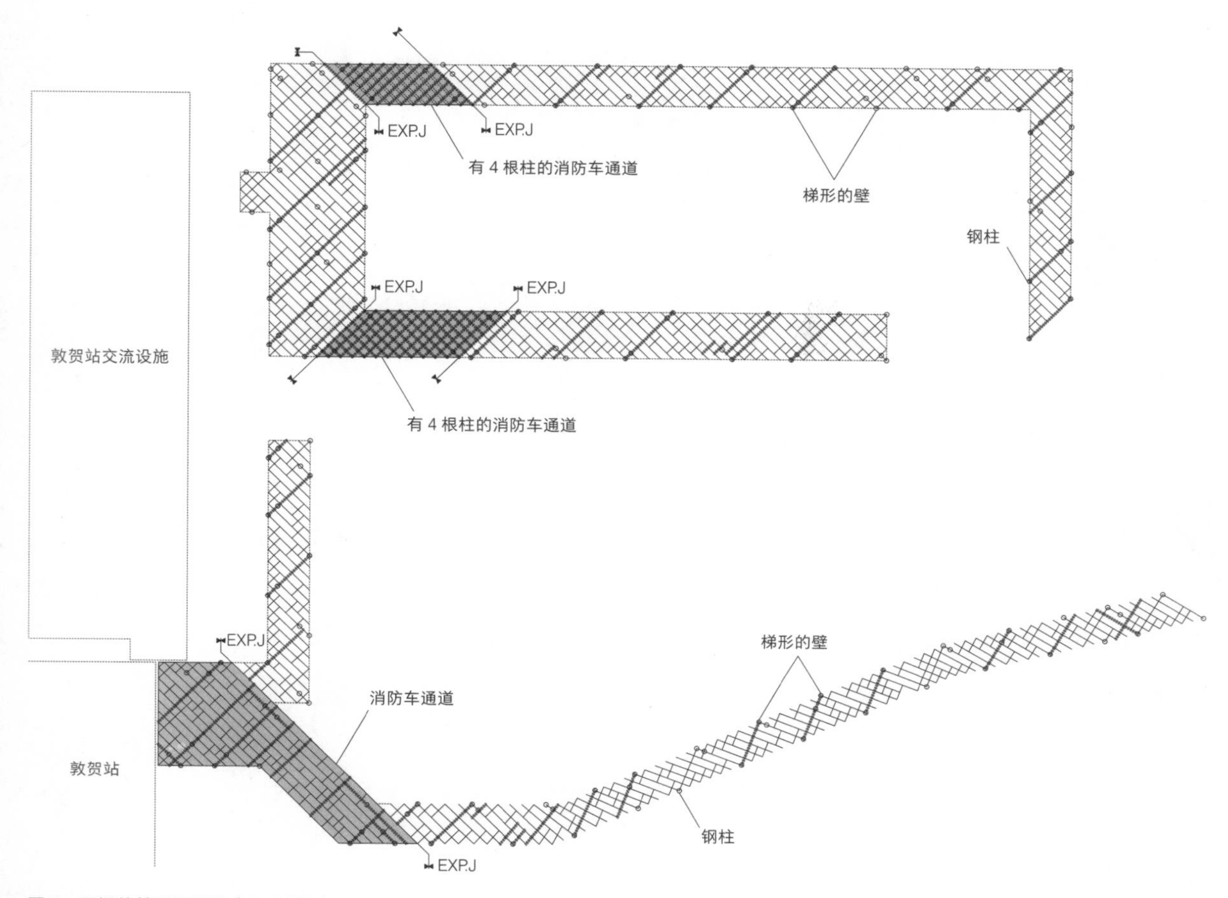

图 1　雨棚的总平面配置（S=1/700）

照片 2　敦贺站交流设施“ORUPARK”和雨棚

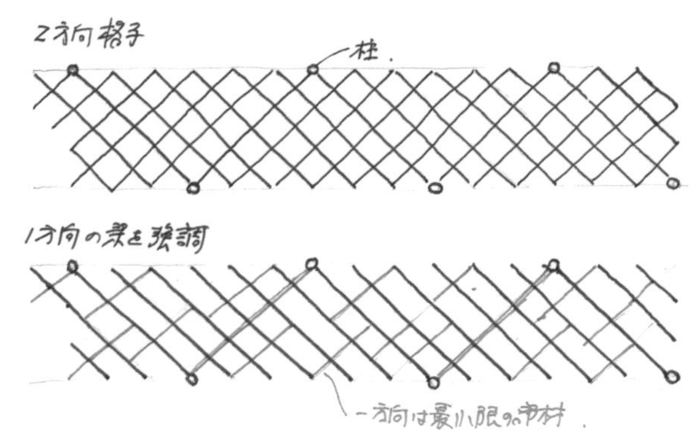

图 2 从结构上来看使用双向井格梁没有问题，但为了强调单方向，采用了减梁的方法

除。寻求强调单方向梁的结构（图 3），结果产生了像是“阿弥陀签”（注：又称鬼脚图，日本常见的抽签类游戏）一样的不规则井格梁（图 4）。只是，在正交方向上的柱间联系梁是必不可少的。

支撑屋盖的垂直构件包括两种，只负担垂直荷载的直径 76 ~ 90 mm 的钢管柱，和兼作抗水平力要素的厚 100 mm 的梯形壁柱。梯形壁柱也有两种，底部较宽顶部较窄的，以及反过来顶部较宽的，结构上来看这两种都是单向的抗震构件。在建筑上，壁柱被利用为标志板及长椅的背板，与功能一体化。壁柱的分布配合屋盖梁的网格，与带状平面呈 45° 角方向配置，相邻的壁柱间呈 90° 排布，交替变换，以抵抗两个方向的地震力（照片 3）。

中间的 3 处消防车通道高 5 m，高于其余部分，并有加宽，其中 2 处只在 4 角设有柱以支撑屋盖。从基础开始的 4 根独立柱直径为 216.8 mm，支撑屋盖的垂直荷载和水平力，屋盖结构为双向都设有连续梁的井格梁，构件截面、连接方式与其余较低屋面相同。

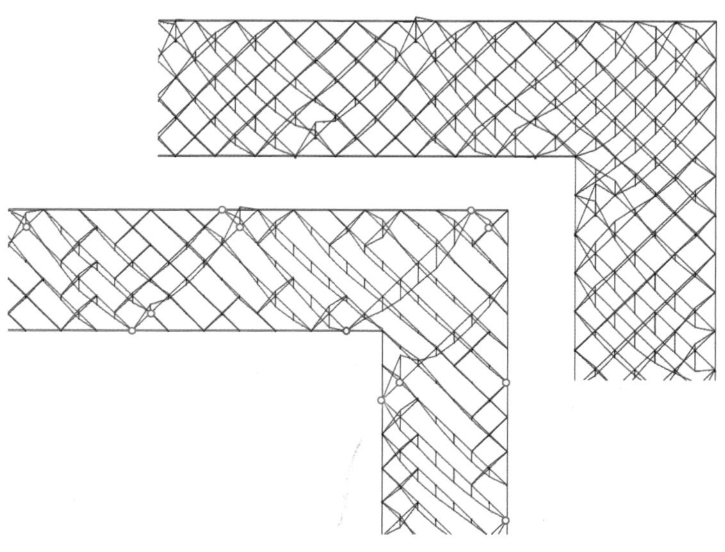

图 3 考虑了柱位的应力计算，去除不必要的梁

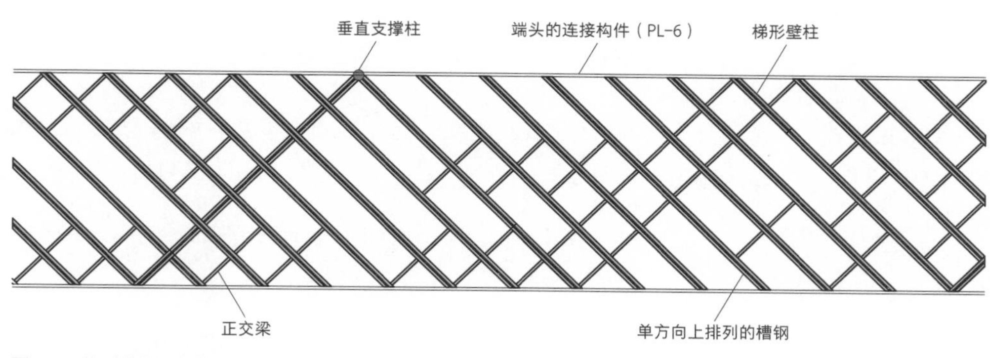

图 4　不规则井格梁的构成（S=1/120）

细部——不规则井格梁与梯形壁柱

从设计角度来看减少井格梁的宽度也很重要，因此使用了宽度为 40 ~ 50 mm 的轻质槽钢。单方向连续排布的梁为高 450 mm、宽 50 mm 的轻质槽钢，将 2 根板厚 6 mm 的现成制品拼合使用，应力较大的部分使用由 9 mm 板弯折成的槽钢。正交方向上的构件有柱间的联系构件及断续分布的构件，根据应力的大小差异采用了 4 种不同的截面。应力最小的部分为截面高 350 mm 的轻质槽钢产品，其次是单独使用或 2 根合用的高 450 mm、板厚 6 mm 的产品，应力更大的部分则合用 2 根由厚 9 mm 板弯曲制成的高 450 mm 的槽钢。

钢梁必须经过热浸镀锌处理以确保其耐久性，以全部使用高强度螺栓进行节点的现场连接为前提，考虑构件的组装方式。间距 750 mm 的 2 根槽钢和在正交方向上连接它们的槽钢在钢结构工厂进行焊接形成单元，在现场将背靠背的 2 根槽钢通过高强度螺栓紧固，梁的交叉处则考虑用受拉螺栓传递正交方向的弯矩（图 5）。这种方法使制作变得简

照片 3　交替改变方向布置梯形壁柱

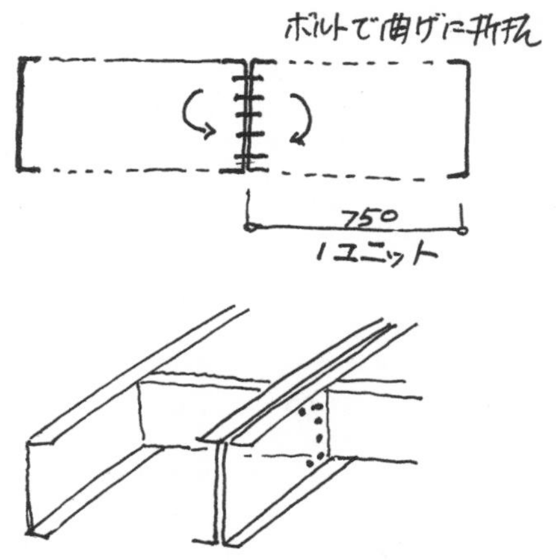

图 5　制造单方向梁和正交方向联系构件的单元，正交方向的梁仅通过腹板的螺栓节点传递弯矩

易，且强调了单方向上的构件线条（照片 4、照片 5）。正交方向的梁不通过翼板进行连接，而是增加腹板上下端的固定螺栓，构成通过受拉螺栓传递弯矩的细部（图 6，照片 6）。槽钢腹板最终覆盖了木材饰面，因此看不见螺栓。

为了确保屋面的完整性，使用了 4.5 mm 的钢板兼作饰面的基础材料，槽钢之间的垫板延伸至顶面，并通过安装板进行连接。每块钢板宽 750 mm，避免因温度变化产生过大的应力（照片 7）。

壁柱的两端都设有柱，且在柱间内藏有支撑，构件全部使用边长 100 mm、厚 12 mm 的方钢管，柱心间距窄的一端为 650 mm，宽的一端为 1 150 ~ 1 350 mm（图 7）。槽钢和梯形壁柱的交接细部使用 16 mm 的节点板及调整用垫板进行连接（照片 8）。仅承受垂直荷载的圆柱为 $\phi76.3$ 的钢管，其他还使用了 $\phi80$、$\phi90$ 的实木构件。无论使用哪种构件都将柱脚埋入混凝土的基础中，以提高稳定承载力。

照片 4　在工厂制作的梁单元

照片 5　现场进行梁的组装

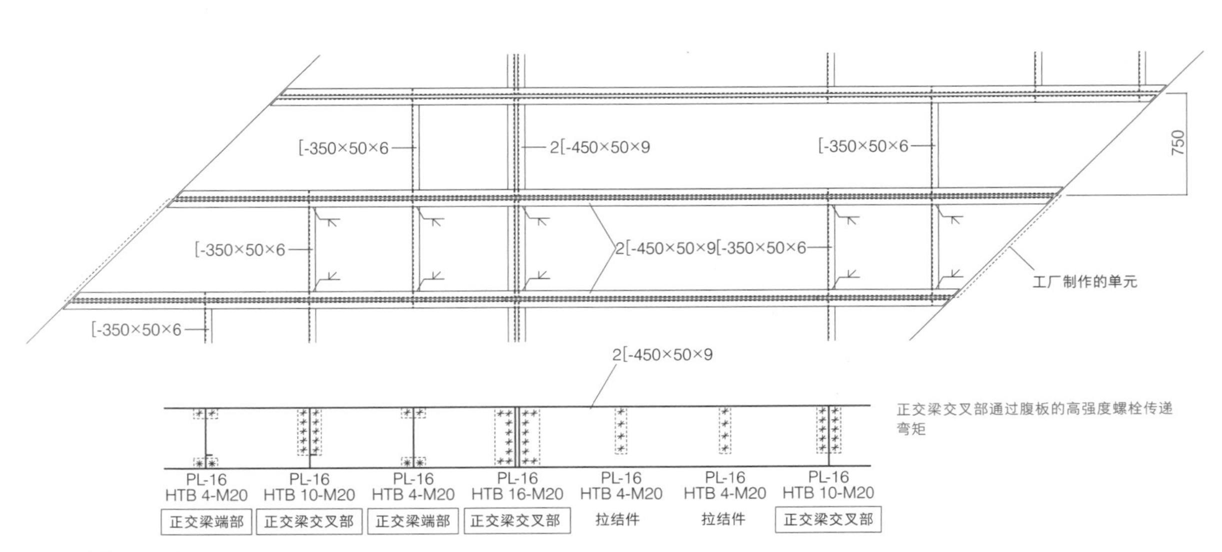

图 6　井格梁的连接方式

照片 6　井格梁现场连接，仅在腹板面连接，传递弯矩

照片 7　为了确保屋面刚度安装了厚 4.5 mm、宽 750 mm 的钢板

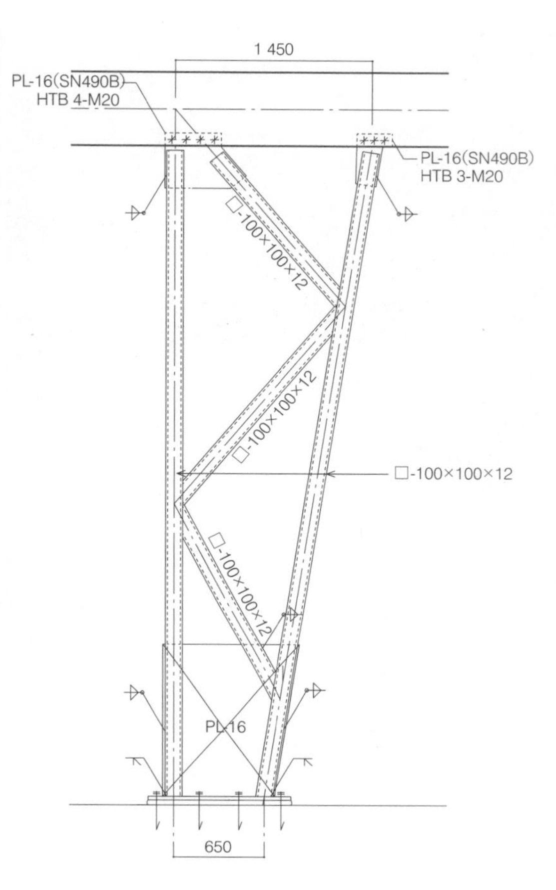

图 7　梯形壁柱的细部

照片 8　梯形壁柱和井格梁的交接

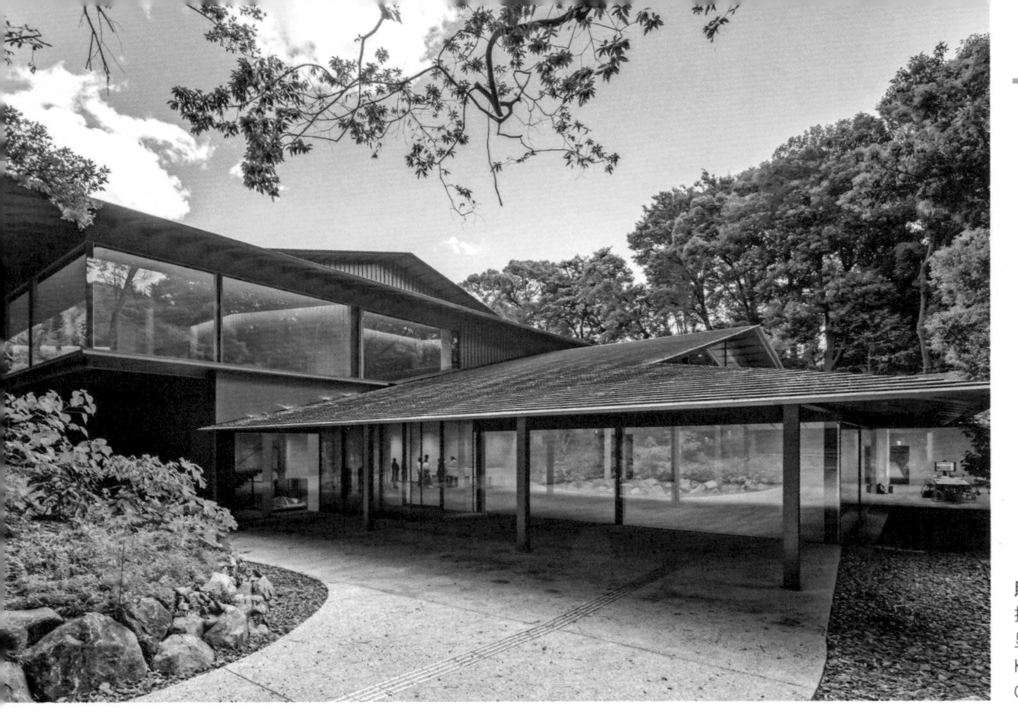

明治神宫博物馆

设计师：隈研吾建筑都市设计事务所
所在地：东京都涩谷区
竣工年：2019 年 10 月
结构 · 层数：钢筋混凝土结构 + 钢结构，地上 1 层、地下 1 层
建筑面积：3 293 m^2

照片 1
控制外观体量使屋盖的设计凸显出来（摄影：Kawasumi · Kobayashi Kenji Photograph Office）

1_6 最大程度确保歇山顶的内部空间

使用变截面梁的钢架构

柱与梁的复杂组合

项目的挑战——建造紧贴屋盖形状的钢结构

为了融入神宫的森林之中，博物馆采用了压低体量的设计，平面形式呈雁行状，有歇山式的屋盖（照片 1，图 1）。虽然控制了外观的体量，但走进入口大厅后会有与外观不同的印象，柱和梁支撑起明亮吊顶的大空间在眼前展开（照片 2）。其中支撑屋盖的柱和梁的存在也是以最小的形状表现出来。为了实现这个空间，柱和梁的分布及形状非常重要，我们留意让支撑屋盖的结构与屋盖面贴合，不浪费任何空间。主体结构为钢筋混凝土结构，构成了展厅、收藏库、事务部门等空间，入口空间为钢结构。地震力完全由钢筋混凝土结构承担，这是为了减小构件尺寸而不可避免的解决方法。

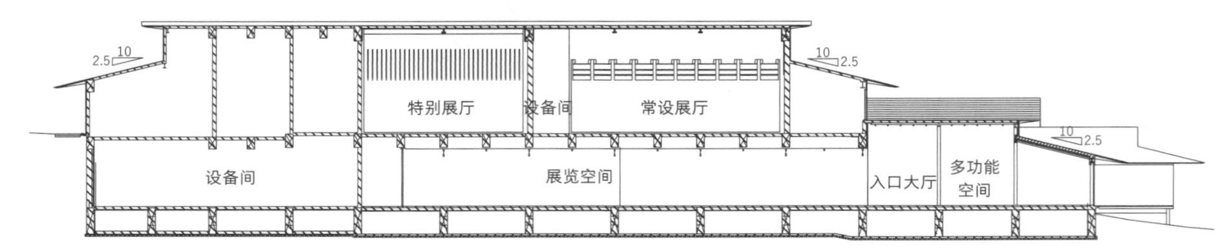

图 1　像是匍匐在坡地上一般，高的部分为 2 层、低的部分为 1 层构成的剖面（S=1/500）

坡顶屋盖的柱 · 梁的架构——与屋盖形状相符的构件形状和细部

使用工字钢和方钢管柱的坡顶屋盖的细部，一般如图 2 所示，通过在柱上加水平加劲板来与斜梁交接，这种情况下因为屋盖的坡度和梁的坡度不同，所以需要在梁的顶面使用次要构件，结构体的整体尺寸就变大了。将加劲板倾斜至与梁的坡度相一致的话，则无法以常规的形式与正交于坡度方向的工字钢梁相交接。此外，由于这一方向的工字钢在通常的使用方式下，屋面与翼缘面并不是一体的，所以想将上翼缘与屋面的坡度相一致、来使其贴合。然而，倾斜工字钢梁虽然能使屋面与翼缘面相贴合，但会产生弱轴方向的弯曲，导致截面增大，且视觉上看到梁是倾斜的也并不好。鉴于此，考虑将垂直于坡度方向的梁做成变截面梁，上翼缘与屋盖坡度相一致，下翼缘保持水平。通过焊接组装梁来实现。这个形状若是用螺栓连接翼缘的话，螺栓和拼接板可能无法插入翼缘与腹板之间形成的狭小角度内，但可以通过现场焊接翼缘来解决。通过这样的方式，全部的屋盖梁的上翼缘都与屋面紧密相贴（图 3）。

庑殿棱线上的梁也是同样的考虑，使上翼缘与屋面坡度相一致，形状也更为复杂，上翼缘变成“人”字一样的弯折形状。通常情况下，这样的细部会使钢结构的制作变得复杂，因而应尽量避免，但在本项目中，屋盖与梁的关系是最重要的问题，因此采用了复杂的细部（照片 3、照片 4）。柱子是 200 mm 见方的箱形焊接截面，梁为宽 200 mm、高 200 mm 的焊接组合工字钢。箱型柱上加了木饰面，梁的侧面也为木饰面，底面则外露钢结构翼缘，表现出简洁的柱梁架构（照片 5）。

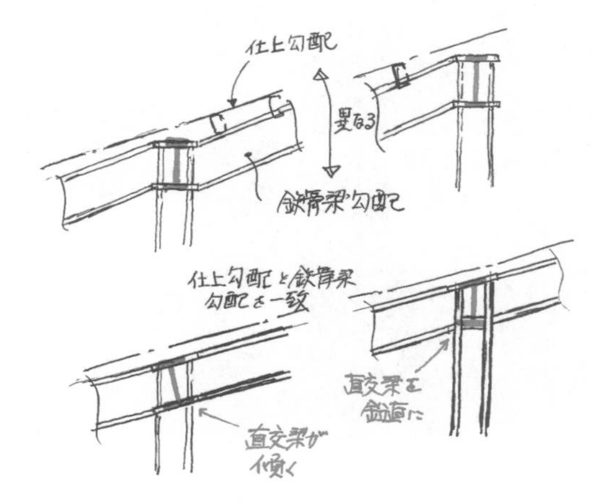

图 2 坡顶屋盖的梁和屋盖形状的关系

照片 2 宽敞的大厅空间中柱与梁的象征性的表现（摄影：Kawasumi · Kobayashi Kenji Photograph Office）

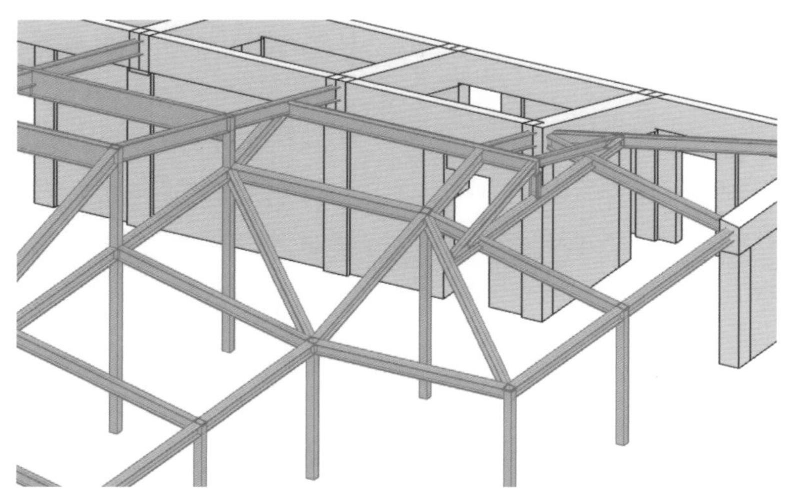

图 3　通过对梁的截面形状的操作使上翼缘与屋面紧密相贴

照片 3　配置在庑殿向外突出角部的梁的上翼缘弯折成山型

照片 4　配置在庑殿向内凹进角部的梁的上翼缘弯折成谷型

照片 5　小截面柱梁相对齐的钢结构建造情况

在钢梁的顶面设置了钢筋混凝土屋面板。虽然也有使用干挂屋面加斜撑的方法，但考虑到简化包括完成面的细部，使用了钢筋混凝土板。

钢结构与钢筋混凝土结构的并用与交接——将钢梁埋入钢筋混凝土中的细部

该建筑为钢筋混凝土结构与钢结构的组合结构，结构的合理之处在于钢结构部分的地震力可以由钢筋混凝土结构承担，难点在于传递地震力的细部。入口屋盖的面积较大，且因为要铺板重量也较大，因此从钢梁向钢筋混凝土部分传递的力也相对较大。通常情况下会用锚栓进行钢梁的连接，但这种情况下螺栓直径会变大，数量也会增加，会造成与钢筋混凝土主筋相干扰的问题，连接板的尺寸也会变大，在建筑设计上的节点处理也变得困难。因此，我们将安装了螺杆的工字钢梁埋入钢筋混凝土梁中使其一体化，使这部分成为局部的钢骨混凝土节点（图 4、图 5）。入口处屋盖的高度会发生变化，

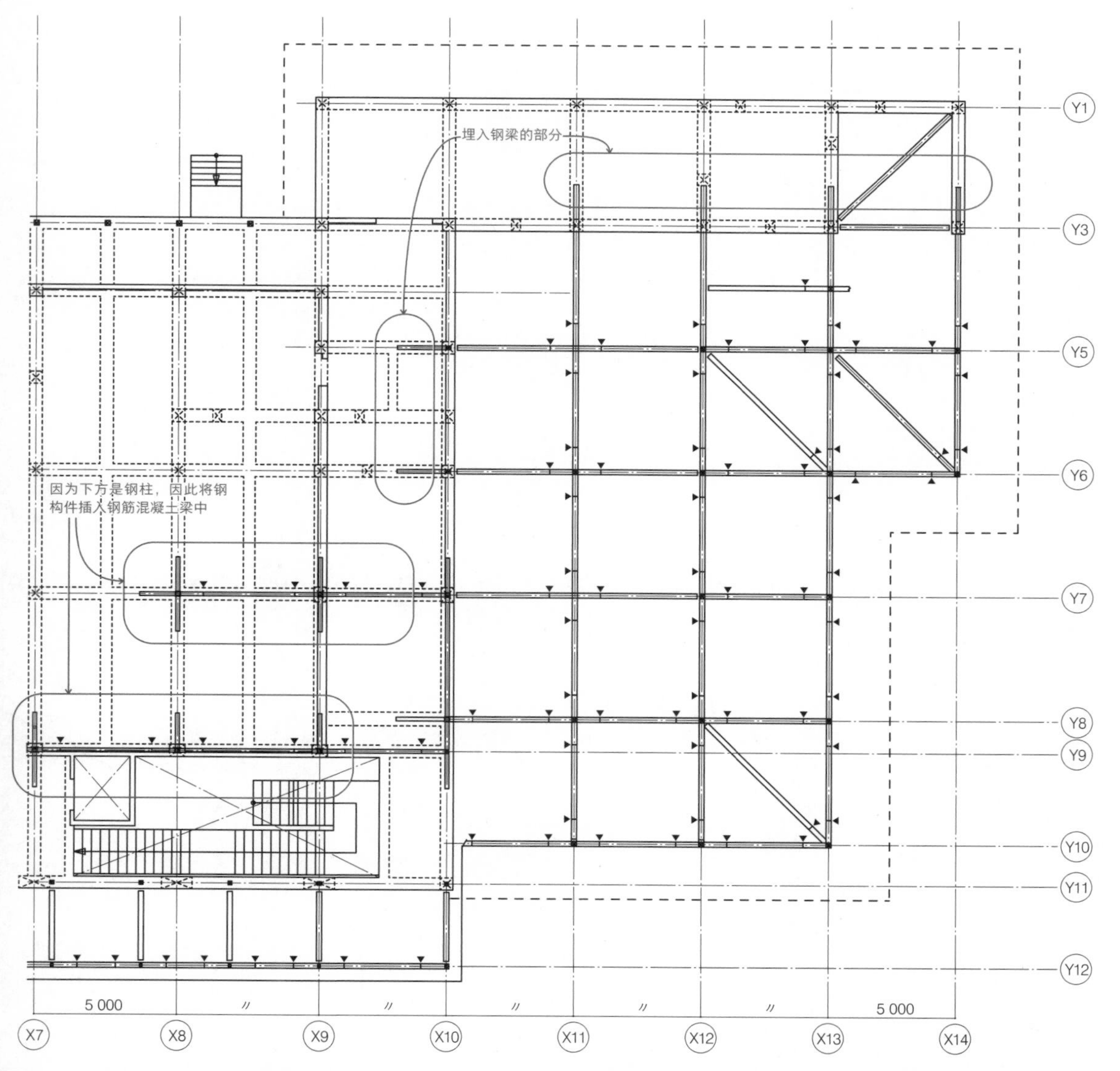

图 4　入口屋盖结构平面图及展厅 2 层楼板结构平面图（*S*=1/250）。在钢结构和钢筋混凝土结构的交接部分，将钢梁埋入钢筋混凝土梁中

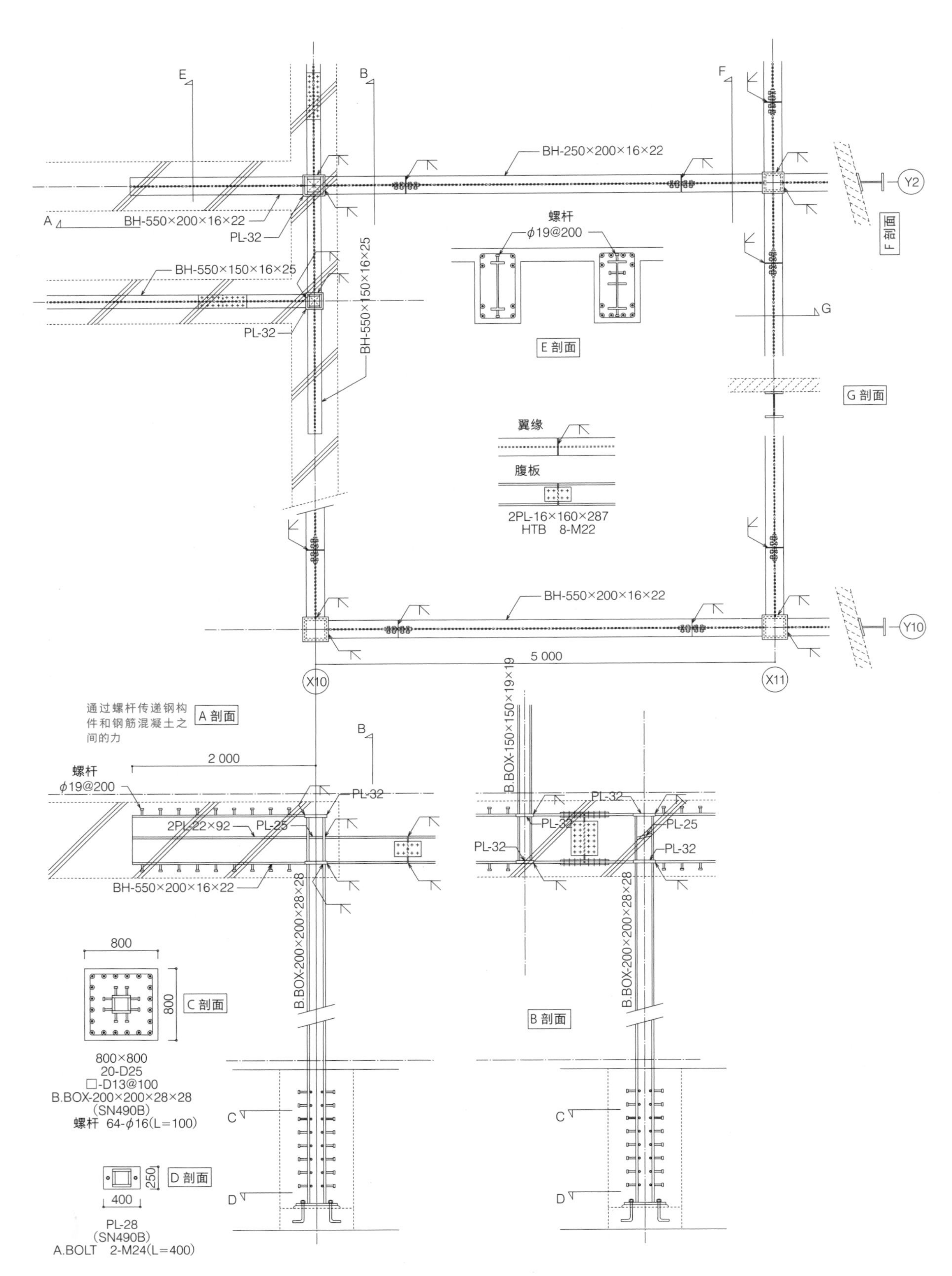

图 5 钢构件和埋入钢筋混凝土部分的详图

照片 6 入口后方的展览区，上层为钢筋混凝土结构的展厅，为了与入口的结构体尺寸一致，采用了钢柱（摄影：Kawasumi・Kobayashi Kenji Photograph Office）

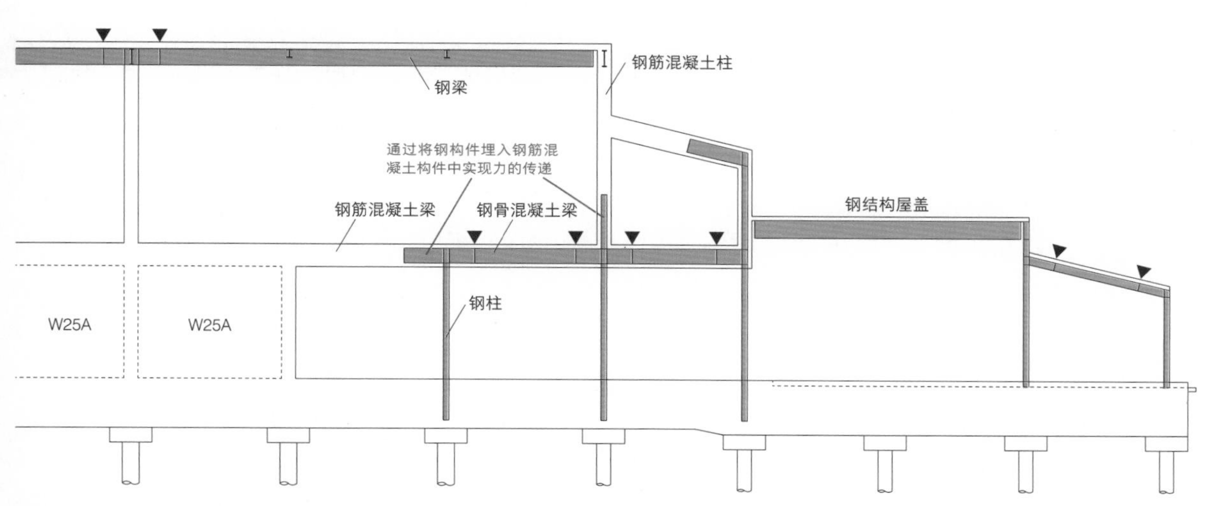

图 6 2 层的展厅四周是钢筋混凝土结构，而 1 层的展览区则使用了钢柱

因此某些部分会在比钢筋混凝土的 2 层楼板还高的地方进行交接，那一部分的钢梁与钢筋混凝土柱相接。将型钢插入钢筋混凝土柱中，以确保钢梁的应力得以传递。

一层的入口之后设有展览区，设计要求将该部分与入口部分的柱的架构连续（照片 6）。该部分的 2 层为展厅，是由钢筋混凝土结构墙覆盖的结构。通常为了与 2 层的结构相连续，会在 1 层也采用钢筋混凝土结构柱。但那样做的话，柱子的尺度将会与入口大厅大不相同。为了与柱的尺度相匹配，展厅部分也用了钢柱，并用 200 mm 的方钢柱支撑大重量的钢筋混凝土结构。其中一部分是钢筋混凝土结构墙下方的柱，会承受较大拉力，考虑到力的互相作用的次序，该部分也考虑将钢结构构件埋入混凝土一侧，做成局部的钢骨混凝土结构（图 6）。因此在这个建筑中，钢构件部分和钢筋混凝土的交接既在平面上也在剖面上发生。

表现屋盖檐口的轻薄——从钢筋混凝土板到钢结构悬挑梁的转换

为了满足使盖顶檐口看起来轻盈的要求，我们决定使用剖分 T 型钢，并采用了能从剖分 T 型钢传递弯矩到屋盖主体结构的细部。在有钢梁的部分，由于钢构件相互间的作用，传递力矩很容易，但在从钢筋混凝土板转换到剖分 T 型钢的部分，需要将 T 型钢的翼缘面和腹板面锚固在钢筋混凝土板上。如果使用预埋锚栓并在之后连接钢构件的做法，后装的螺栓会增加屋盖完成面的厚度，因此为了避免使用螺栓，我们从翼缘的下方安装螺杆并将其打入混凝土板中使其一体化。这种做法对施工精度有要求，但可以实现最小的节点尺寸（图 7，照片 7、照片 8）。

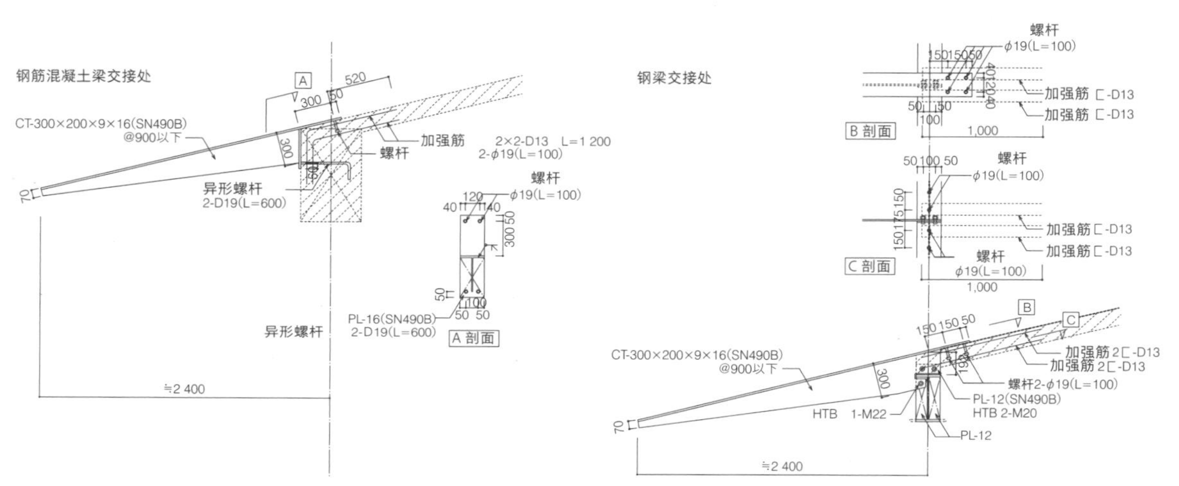

图 7　屋盖檐部的剖分 T 型钢的钢梁的节点与钢筋混凝土结构及钢结构部分不同

照片 7　在钢筋混凝土板的端部埋入剖分 T 型钢的钢构件，以传递弯矩

照片 8　通过使用剖分 T 型钢实现屋盖檐端的轻盈表现

福田美术馆

设计师：安田 atelier
所在地：京都府京都市
竣工年：2019 年 2 月
结构 · 层数：钢筋混凝土结构 + 钢结构，地上 2 层、地下 1 层
建筑面积：1 193 m^2

照片 1
建筑物的正面覆盖玻璃邀请人们进入（摄影：DAICI ANO）

1_7 多面体屋盖下宛如身处林间的阅览室

用简单细部做出不规则屋盖

柱与梁的复杂组合

项目的挑战——不规则平面和多面体屋盖的合理化

这是一座建在地方城市车站前的两层建筑，是一座图书馆，特征在于有一条穿过整个建筑的如街道般的通路（照片 1、照片 2）。书架的布置不同于通常的图书馆，每个地方都巧妙地做出平面上的开阔感，并且随处设计有通高。2 层整体被多面体的屋盖所包裹，营造出如同在树林中的氛围，这也是建筑设计的设想（照片 3）。该建筑是通过提案选定设计师的，竞标时不仅展示了上述的建筑意向，还提出了如何建设合理且经济的结构的方案，这一点在后续的设计中也是一项重大挑战。

何谓结构的合理性——直至简单的支撑结构

从平面设计和屋盖形状来考虑，使用钢结构是显而易见的选择，但我们进一步考虑了采用什么样的钢结构。2 层的层高在不同位置有所差异，高的

照片 2　1 层有一条贯通的通路，书架排布在两侧

照片 3 2 层是被多面体吊顶覆盖的阅览室

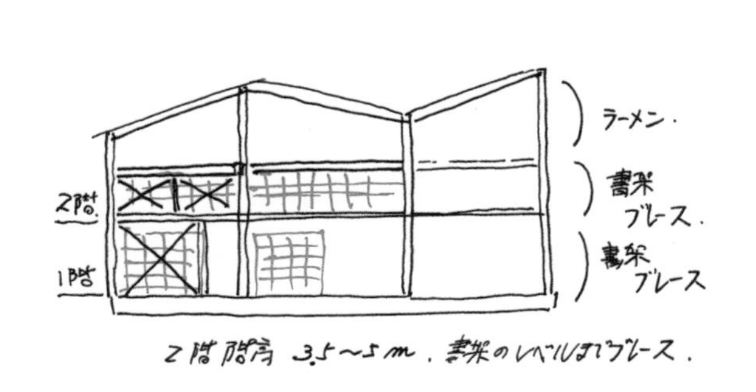

图 1 最初的支撑结构的设想

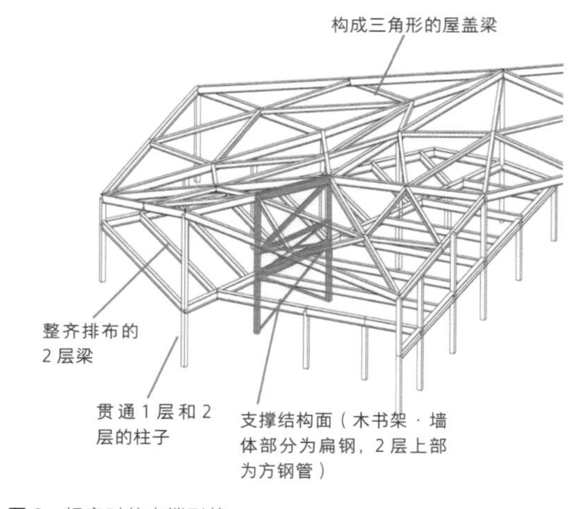

图 2 提案时的支撑形状

地方将近 8 m，因此适合使用支撑结构，且根据支撑的形状和位置，可以实现各种规划。集中支撑以减少部位数量可以增加平面设计的自由度，但另一方面由于水平力的集中，柱的拉力会增加。因为是建筑没有地下层，所以对基础结构的影响较大，因此需要考虑适当的支撑数量。最初的想法是，1 层书架较高，所以在常规的柱梁网格中斜向布置支撑，2 层书架较低，于是将支撑做到书架高度，上方则考虑用钢框架结构（图 1）。这个方案中部分柱会成为框架结构构件，导致截面增大，因此最终没有采用。

在竞标提案中，我们用扁钢作受拉支撑并布置在书架的背面，并在书架上方使用方钢管的单向支撑结构抵抗拉力和压力（图 2）。根据后续的讨论，为了避免在柱的中部更换支撑所带来的复杂度，最后采用了简单的对角线配置的屈曲约束支撑。

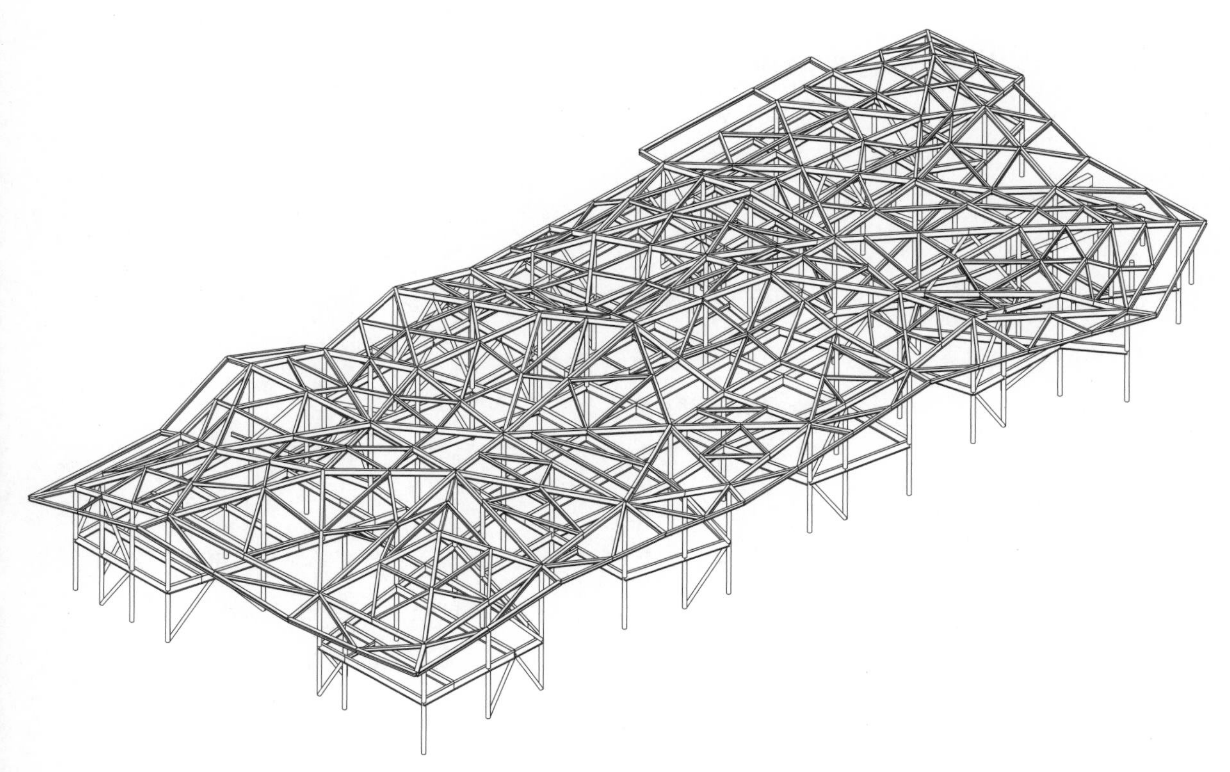

图 3　结构轴测图

照片 4　钢结构的建造情况。中央部分的坡形交汇处无柱

接着我们讨论了支撑位置和建筑设计的整体性，1层有许多房间，支撑被设置在墙体中，而由于最初计划将面向街道的外墙全都做成玻璃面，即便是最小限度的支撑配置，也会暴露在玻璃面下。最终，也考虑到环保因素，外立面部分做成墙体，支撑得以设置于墙内。2层也有几处的支撑是外露的，但不会对空间的开放性造成影响。

梁在平面上的角度不一，所以柱构件用钢管应对，使用 ϕ300 的钢管，2层楼板采用常规的钢管柱和工字钢的刚接节点。屋盖是由各种不同角度的三角形平面组成的不规则形状，棱线上布置梁，交点处用柱支撑，但通过在中央的坡形交点处去掉柱子，形成了像树林一样的宽阔空间（照片 4）。屋盖梁使用工字钢，因为构成了三角形所以不需要屋面支撑，三角形网格内部适当布置次梁，实现了简洁的节点。各种坡度的梁都与柱相接，这部分变得复杂。柱距在1层为 6 ~ 10 m，2层的宽敞部分约为 14 m（图 3）。

多面体钢结构屋盖的细部——将刚接需求最小化的技巧

如“明治神宫博物馆”方案所述，有坡度的工字钢梁和钢管或方钢管柱刚接时，会因为有不同高度差的梁翼缘与柱相接而变得复杂。由于该建筑为有支撑的结构，只要支撑能承担 100% 的地震力，柱和梁的节点细部也可以简化为铰接。然而，外周的悬臂梁部分无法将梁的节点做成铰接，且屈曲约束支撑的安装部位需要一定程度的面外方向的稳定性，柱、梁刚接后再安装支撑的方式更理想。基于这些原因，考虑将悬臂梁及其对侧梁，以及带有支撑的梁进行刚接（图 4）。

将 1 根柱上的刚接节点数调整在 2 处的话，柱的横隔板位置及厚度的调整将较为容易，其他的梁仅通过腹板用高强度螺栓进行节点连接的话，加工也较为容易。

然而，尽管梁受竖向荷载，但由于屋盖整体的影响会产生轴力，在地震力作用下也会产生相应的轴力，因此需要通过腹板的高强度螺栓来传递全部剪力及轴力。这种连接方式会在钢管的侧面局部产生拉力和压力，从而引起面外弯曲，因此需要注意钢管柱和梁腹板交接时的节点板的连接方式。为了明确力的传递，在钢管柱和梁的节点的中间高度设置贯通式隔板，通过交叉部分的角焊将轴力传递给隔板。节点的强度取决于焊接部分的强度，因此在需要增加节点强度的地方，在梁的上下端标高处，额外给柱子设置隔板（图 5、图 6，照片 5）。

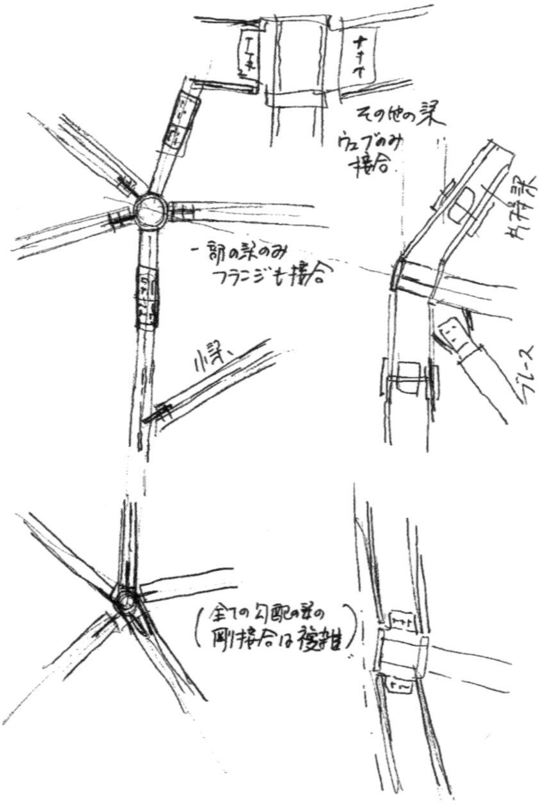

图 4　梁和柱节点方式的研究草图

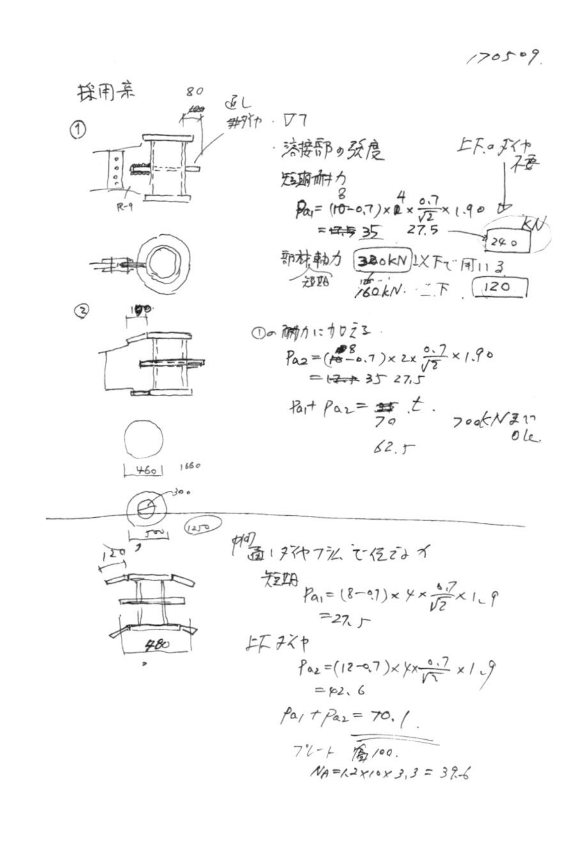

图 5　钢管柱和梁的节点板细部草图

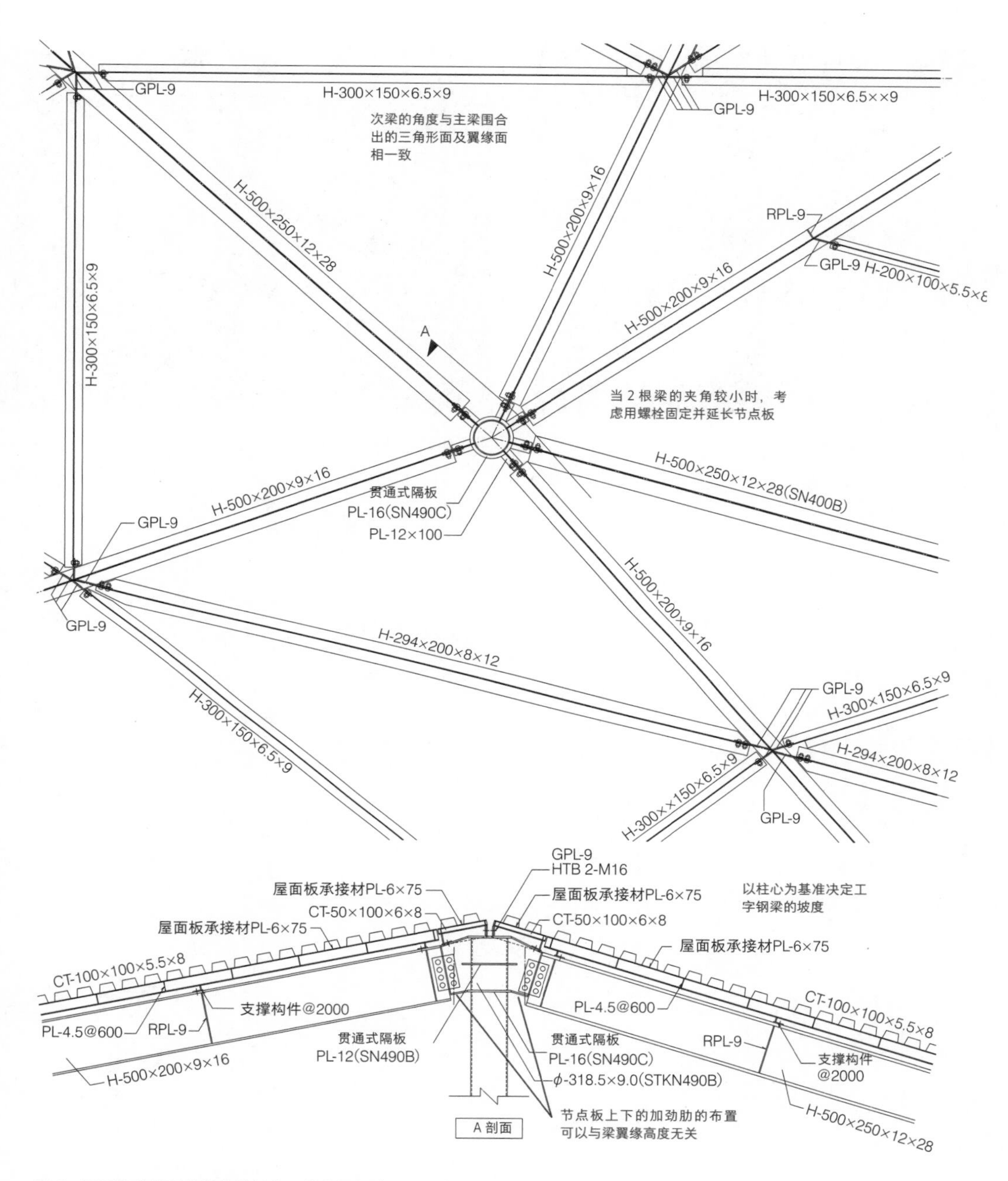

图6 不同角度的屋盖梁构件相交汇处的细部（S=1/60）

照片 5　不同角度的屋盖梁构件相交汇处的细部

照片 6　由扁钢和弯折方钢构成的螺旋楼梯

由于去掉了屋盖的一部分三角形网格交点处的柱，但仍需要将坡度不同的梁整合成一个结构，于是在梁相交部分设置短钢管柱，各梁仅通过腹板的高强度螺栓进行连接。

悬浮的钢结构螺旋楼梯——无侧板的楼梯

作为重要的设计主题，外径约 5.5 m 的螺旋楼梯“悬浮”在建筑物的中央。为了营造出悬浮的意象，需要去掉侧板使梯面侧沿可见，且需要构思一个最小限度的隐蔽的支撑方式。楼梯周围是书架，虽然它们互相没有接触，但我们考虑从书架挑出扁钢的悬臂梁来隐蔽地支撑楼梯。最开始我们认为扁钢悬臂梁之间仅由楼梯板进行支撑即可。但悬臂梁之间的间隔最大近 3 m，仅由板支撑的话需要 25 mm 的板厚，这将超出成本，因此考虑了另外的方案——作为悬臂梁之间的联系构件，阶梯部分密布排列 25 × 50 的方钢，休息平台部分密布排列 50 × 50 的方钢。阶梯部分的方钢按照梯段长度切割，以避免使用焊接，从而易于确保制造精度（照片 6，图 7）。扁钢悬臂梁夹在墙内的两根方钢管柱之间，构建了一个悬臂梁的支撑系统。此外，从 2 层楼板附近伸出的悬臂梁分别由 2 层楼板梁的上部或下部支撑（图 8，照片 7、照片 8）。

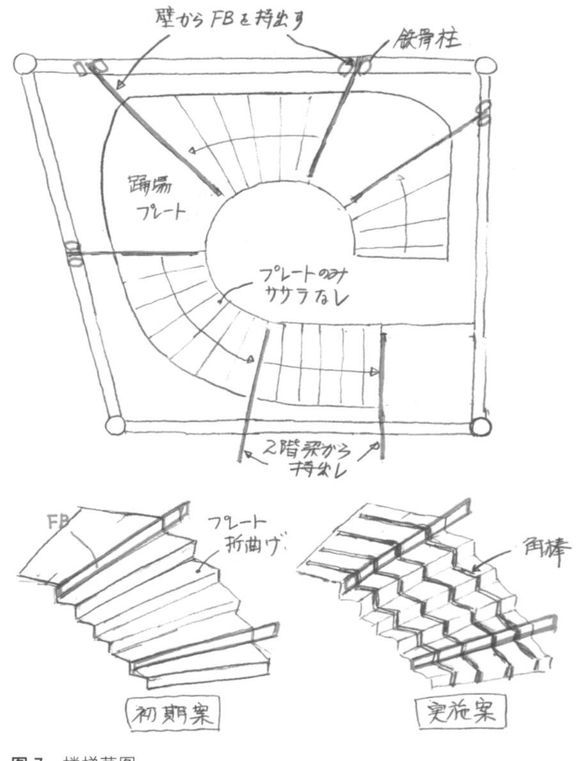

图 7　楼梯草图

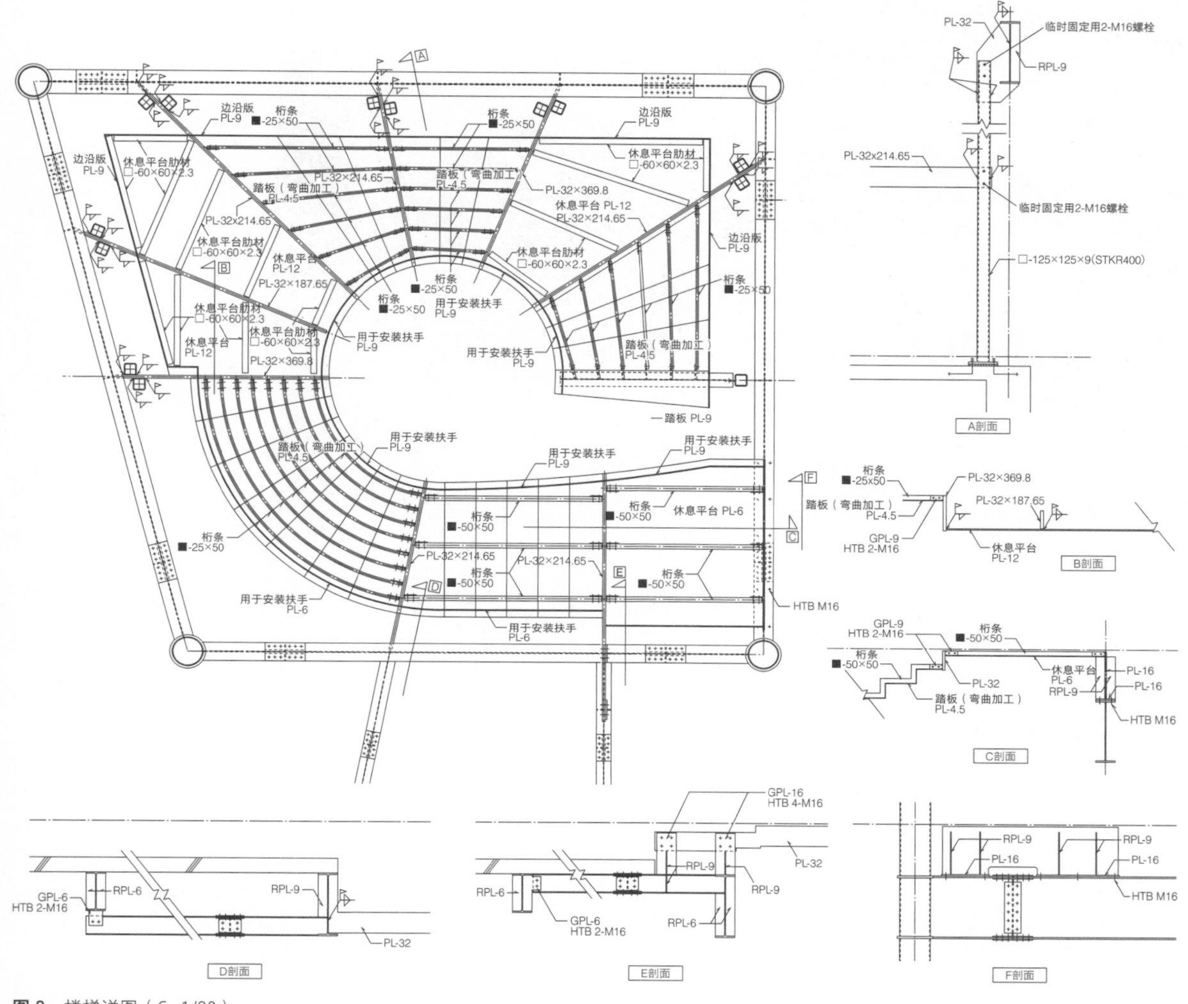

图 8　楼梯详图（S=1/80）

照片 7　与周围书架分离的悬浮螺旋楼梯

照片 8　从下方仰望螺旋楼梯

高知县立须崎综合高中体育馆

设计师：环境设计 · 若竹社区营造共同企业组织
所在地：高知县须崎市
竣工年：2019 年 3 月
结构 · 层数：钢筋混凝土结构 + 钢结构，地上 2 层
建筑面积：2 498 m²

照片 1
由四周的单层网格结构和中央的网架组合而成的体育馆屋盖

1_8 明亮轻快的台形的体育馆

组合单层网格和网架

大空间的屋盖

项目的挑战——探索单层网格和网架的组合结构的发展形式

该体育馆的平面尺寸为 34 m × 40 m，是作为学校体育馆的标准尺寸（照片 1）。大多数此类体育馆都会使用整体一致的支撑结构或网架结构，但有些体育场馆只对中间部分的高度有要求而四周可以较低，周边部分采用倾斜屋盖对结构有利。建筑外围部分屋盖的倾斜可以产生穹顶一样的效果，由于轴力占主导，因此可以用单层的网格结构应对，中央的水平部分由四周的屋盖支撑，跨度减小，因此可以采用小截面的网架结构。在建筑设计上，可以利用网架的高度形成高侧窗，从四面引入光线，以实现一个充满动感的轻快场馆。

仙田满和我曾在一个同规模的体育馆上尝试过类似的结构形式（照片 2）。而在本次项目中，出于场地的原因，平面的角部被斜切，我们面临的挑战是如何结合这一平面特殊性并发展之前体育馆的结构形式。

照片 2　有着类似结构形式的长方形平面体育馆“川崎市宫前体育中心”的内景

架构——8 角形平面的台屋盖结构

以前设计的川崎市宫前体育中心的平面呈矩形，钢结构的屋盖置于钢筋混凝土结构之上，而本项目是矩形的四角被斜切后的八边形平面，钢结构屋盖置于 1 层的钢筋混凝土结构和 2 层的钢结构之上。因此屋盖变成了底部八角形、顶部矩形的形式，四周的倾斜屋面宽 7.8 m（照片 3）。底部的矩形平面尺寸为 33.6 m × 39.6 m，顶部的矩形平面尺寸则为 18 m × 24 m（图 1、图 2）。

顶部是几乎水平的双层网架结构，在之前的项目中，上弦杆和下弦杆采用了相同的斜网格，而这一次则将上弦杆和下弦杆的方向错开 45°，上弦杆与建筑平面呈斜交角度，下弦杆为平行网格（图 3）。这样可以让上弦杆之间的间距比下弦杆小，有利于抵抗为支撑檩条而产生的弯矩，并且可以在平面上构成三角形从而提高面内刚性。上下弦杆为 H–125 × 125 的工字钢，斜腹杆构件为直径 101.6 mm 的钢管。外周部分是由 216 mm 的钢管构成的单层网格结构，随垂直荷载产生的推力由外围的受拉构件承担，使屋盖结构自身就能实现力的平衡。体育馆的外周设置了跑道，其上的屋盖是附加的结构，这部分设置了由 H–200 × 200 构成的水平网架，加固了内部的网格结构，使网格构件截面得

照片 3　底部八边形，顶部矩形的屋盖

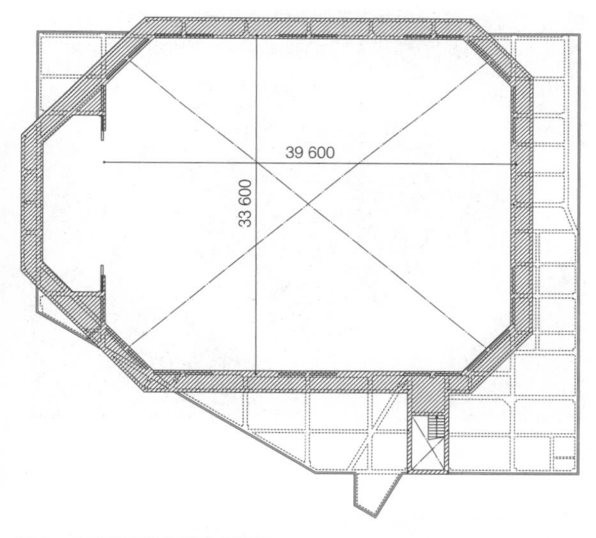

图 1　八边形形状的体育馆平面

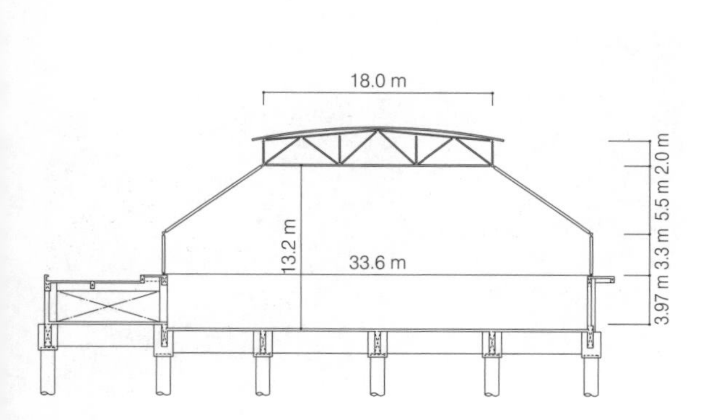

图 2　体育馆的剖面形状

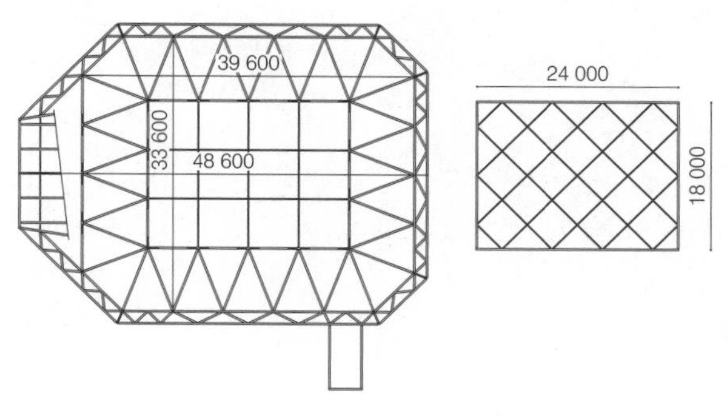

图 3　屋盖钢结构平面图（左：下弦杆和周围的斜杆件，右：上弦杆）

以减小（照片 4）。

2 层想做出有开放感的结构，于是采用了钢结构，体育馆四周的角部设置了箱形截面的 V 字形柱。V 字形柱间歇布置，外墙为玻璃幕墙，使得屋盖架构的漂浮感油然而生（照片 5）。

细部——连接立体布置的构件

从模型照片也可看出，该架构由形状相异的构件立体地组合而成，我们对它的建造方式和细部一同进行了研究。研究中考虑到了现场全部使用螺栓进行连接。

照片 4 架构模型

网架的上下弦杆均为双向布置的工字钢，以强轴方向相焊接一体化，在交点处设置节点板用于安装斜腹杆构件，在斜腹杆构件的端部设板，用于与节点板螺栓相接，实现简洁的细部（照片 6）。外围的单层网格由钢管之间的连接构成，在普通部位的水平构件（ϕ216）上设板，倾斜构件的端部也设板，板之间通过螺栓连接。角部则汇聚有 6 根构件，由于所有构件都只承受轴力，因此细部以构件端部的板连接为前提，在交点处使用 ϕ120 的圆钢并在其上设节点板。这与国营昭和纪念公园花绿文化中心（第 66 页）的网架细部的设计理念相同（图 4）。

外围的水平网架是最显眼的构件，ϕ216 的钢管和 H–200 × 200 的斜材的连接，就如 Re–Tem 东京工厂项目（第 13 页）中所述，是通过工字钢翼缘与钢管焊接而成的简洁细部。角部的 6 根构件汇集的部分，则跟下弦杆的交点处一样，使用了交点钢棒，旨在将细部的做法通用化（图 5、图 6，照片 7、照片 8）。

照片 5 V 字形柱支撑屋盖，使 2 层开放并使屋盖产生漂浮感

照片 6 中央网架的组建现场。工字钢弦杆上连接小口径钢管的斜腹杆

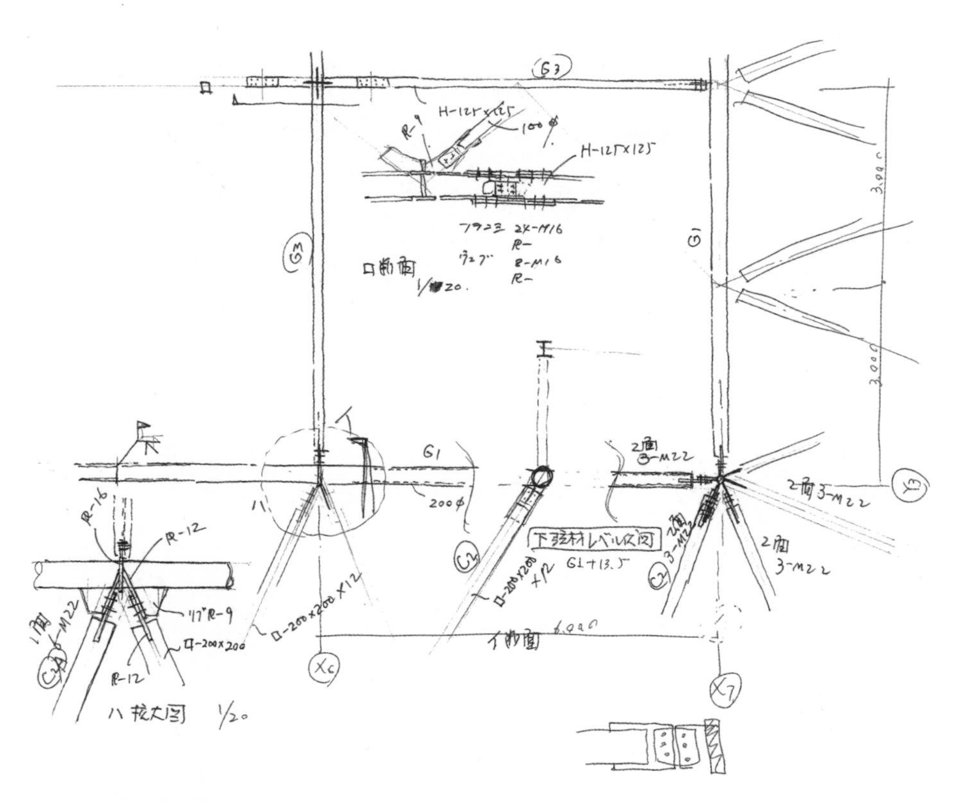

图 4 网架下弦杆和单层网格构件的连接部分的草图

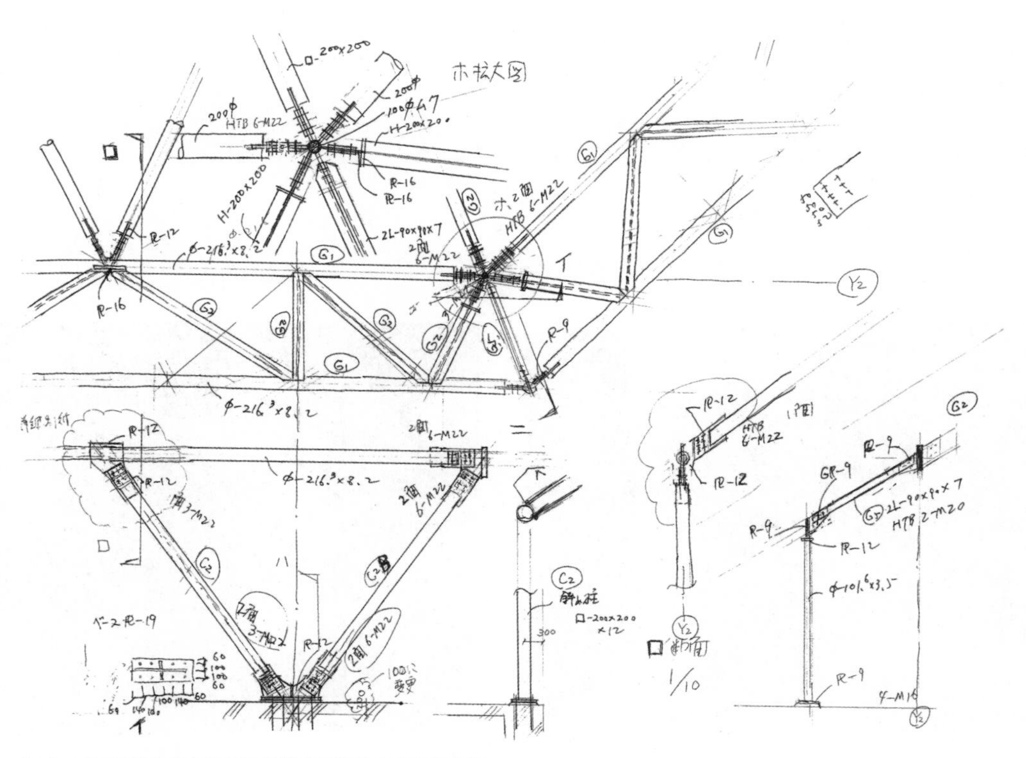

图 5 单层网格构件和外围网架的角部及 V 字形柱的草图

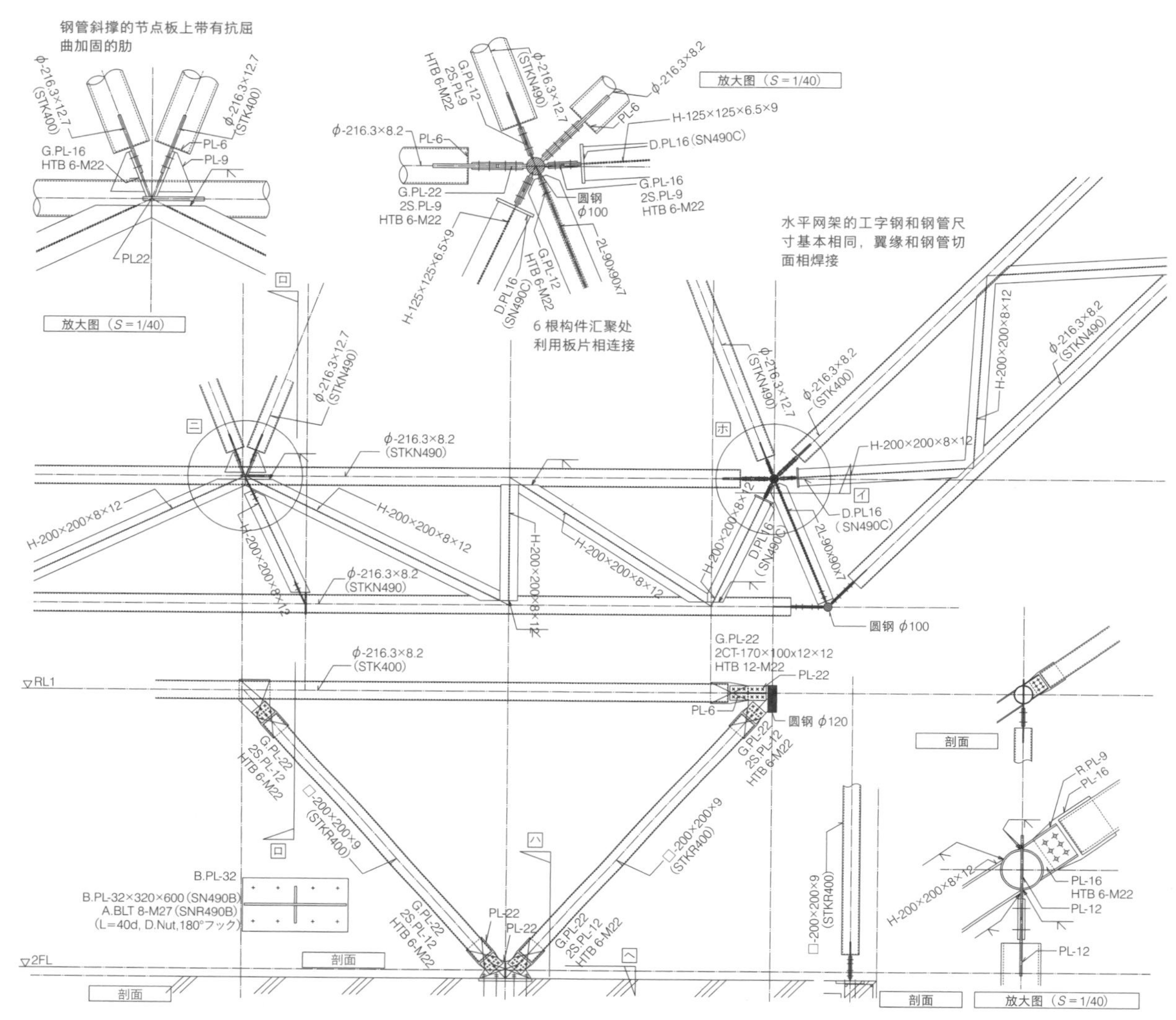

图 6　基于图 5 草图绘制的详图（S=1/80）

照片 7　在角部 6 根构件相交的部分使用钢棒的细部

照片 8　外围部分的水平网架和斜柱的细部

沼津 Kiramesse

设计师：长谷川逸子 · 建筑计划工房
所在地：静冈县沼津市
竣工年：2013 年 3 月
结构 · 层数：钢结构，地上 3 层
建筑面积：8 893 m^2

照片 1
有流动感的网架构成的吊顶设计

1_9 有流动感的屋盖架构

使用工字钢的交叉网架，强调下弦杆的存在

大空间的屋盖

项目的挑战——视觉的要求和功能的要求

这是为沼津站北口规划的，由展览设施、会议设施、酒店设施 3 项构成的设施的一部分（照片 1、照片 2）。平面尺寸 42 m × 91.2 m 的展厅被各种相关的房间环绕（图 1），长谷川逸子的设计设想是将一种有流动感的屋盖架构作为吊顶。功能上的要求包括将展厅为 3 个展览单元使用，并确保各展览单元在举办有较大音量的活动时具有隔音性能。因此，需要悬挂一个 50 kN/m 的活动隔板且控制其竖向挠度小于 1/500，并考虑到音响效果在屋盖设置钢筋混凝土板等条件，如何使屋盖的结构设计兼具设计性和经济性是该项目的挑战。

照片 2 低层部分为面向道路有玻璃幕墙的入口大厅

有流动感的桁架结构——角度变化的斜交网格桁架

出于对大重量屋盖和经济性的考虑，设计以网

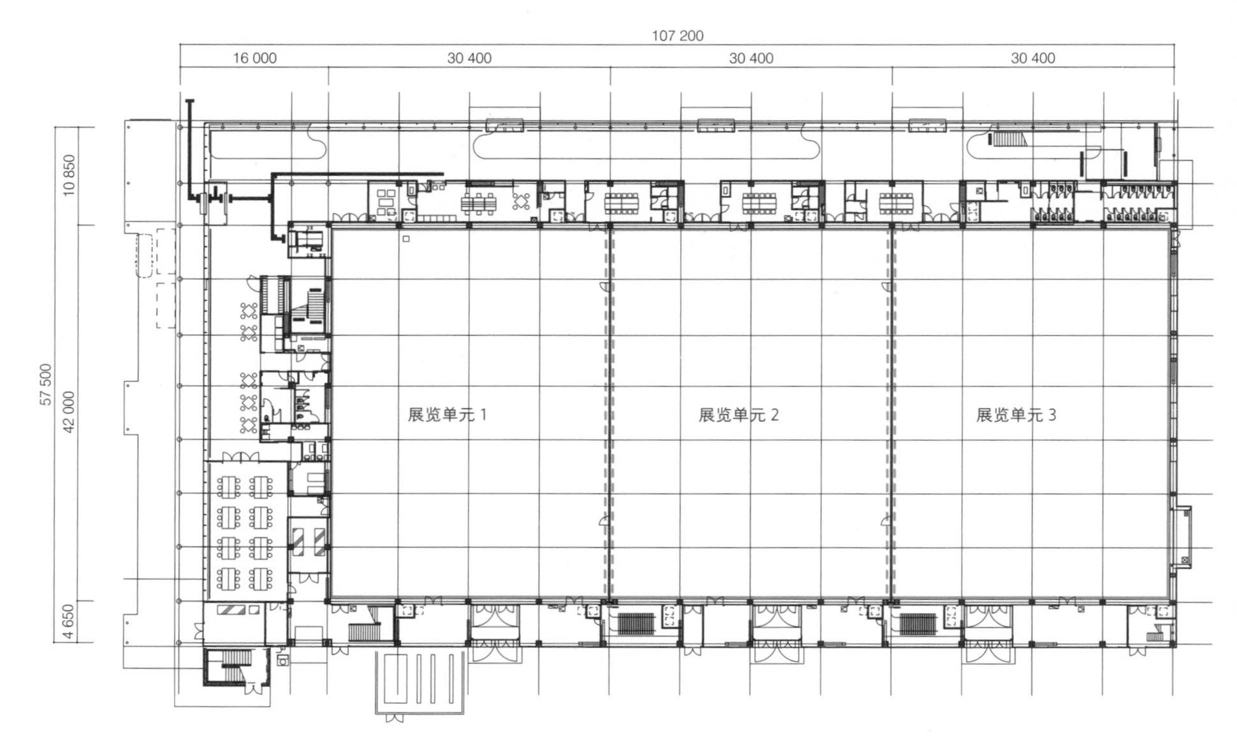

图 1 1 层平面图。图上侧为入口大厅位置

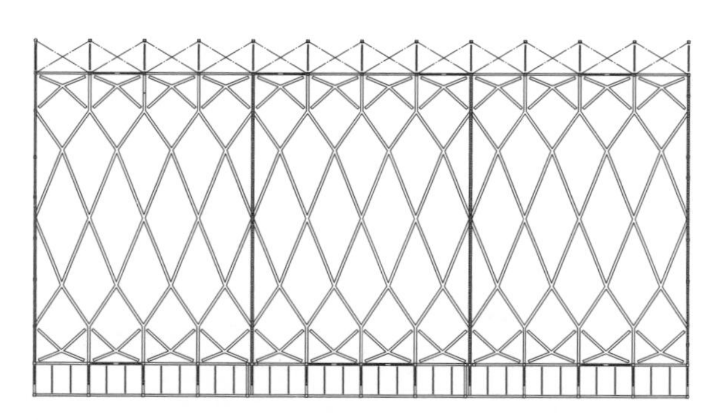

图 2 角度变化的斜交格构网架方案

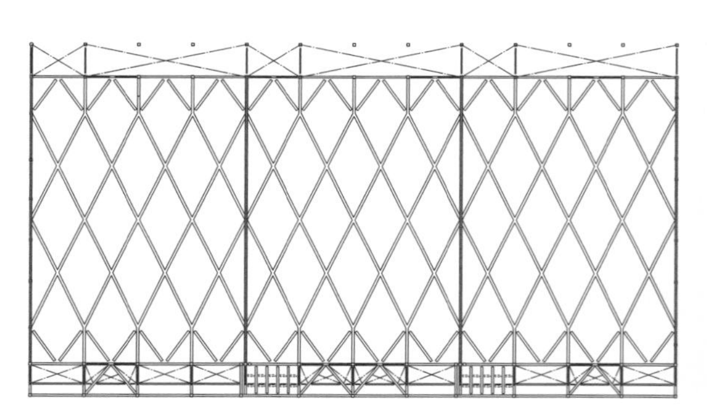

图 3 中央部分角度一定的斜交格构网架方案

架结构为前提展开。由于下弦杆的配置将直接成为吊顶面的设计，因此我们最开始考虑做斜交格构网架，如图 2 所示，使其角度逐渐变化，以感受到下弦杆像在流动一样的韵律。但是，由于端头部分需要将桁架与柱相接，斜交网格的 2 榀网架需要集合为 1 榀，使得最外侧的斜构件在结构上不承担任何作用，成了附加构件。

这一方案在建筑设计方面具有独特性，但钢构件的制作会很复杂，因此作为项目整体成本调整的一环，我们重新思考提出了如图 3 所示的方案，斜交网格的角度保持一定，使细部设计可以通用。尽管流动的形象有所减弱，我们还是决定探索能凸显下弦杆存在的桁架组成方式。活动隔板的位置需要比其他部分更高的强度和刚性，因此我们在斜交网格的构成之外增加了两列直线桁架，以避免破坏整体斜交网格的韵律。

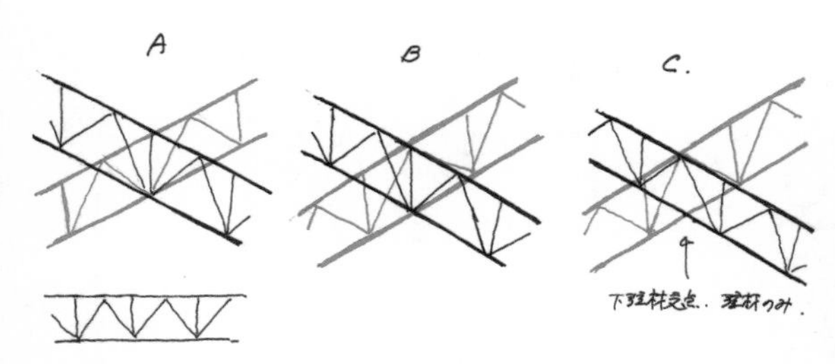

图 4 吊顶的氛围随网架斜腹杆的构成变化而改变

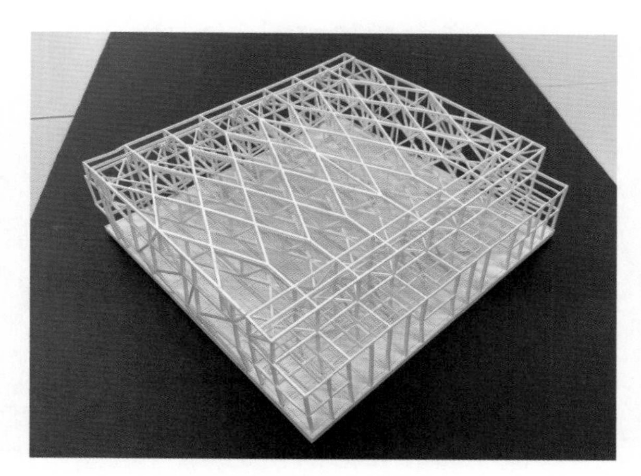

照片 3 一个区段的网架结构模型

照片 4 下弦杆的交叉部分不设斜腹杆或直腹杆，以强调下弦杆

网格桁架为两个方向的网架的组合，下弦杆的外观受桁架形状组合变化的影响。图 4 的 A、B、C 方案为思考双向网架的构成组合时的草图。由于网架的上弦杆受中部弯曲的影响，通过划分比下弦杆更密的网格，可以使上下弦杆的尺寸相一致。A 方案的交叉部分有直腹杆，两个方向都是用相同形状的网架，下弦杆的交点聚集了四根斜腹杆和直腹杆，作为网架的交点被强调。B 方案的交点处考虑将斜腹杆分散布置，两个桁架的形状相异，其中一方的斜腹杆聚集在上部交点，另一方则聚集在下部交点。与 A 方案相比整体显得更为简洁。C 方案是将 A 方案上下反转并改变直腹杆位置的方案，网架交叉部分的直腹杆被取消，斜腹杆也不再聚集在下弦杆，因此只强调出 2 个方向交叉的下弦杆，形成了清晰的构成，该模式被最终采用（照片 3、照片 4）。

钢结构网架的端部直线部分按 7.6 m 的间隔配置，中央部分为呈 26° 夹角的斜交网格梁。桁架的高度以上下弦杆的外表面计在 3.9 ~ 4.48 m，上弦杆的斜腹杆交点的间隔为 3.9 m，相较而言是网格较大的网架（图 5）。

支撑屋盖的下部架构，在柱梁的框架中设置了屈曲约束支撑。虽然可以围绕大厅设置支撑，但建筑物短边方向的跨数少，支撑的位置受限，仅在外围设置的话会导致因水平力集中引起的基础上浮。因此，建筑短边方向上，也在大厅两侧的房间部分设置如图 5 所示的支撑，使支撑在建筑物整体中分散布置。

经济的网架结构——采用成品工字钢和简单的细部

出于经济性的考虑，桁架构件选用了工字钢，交点处最多会有 6 根杆件相交，且斜腹杆构件会呈一定角度接合，因此如何简化细部非常重要。通过将工字钢横向摆放，可以避免细部复杂化。当工字

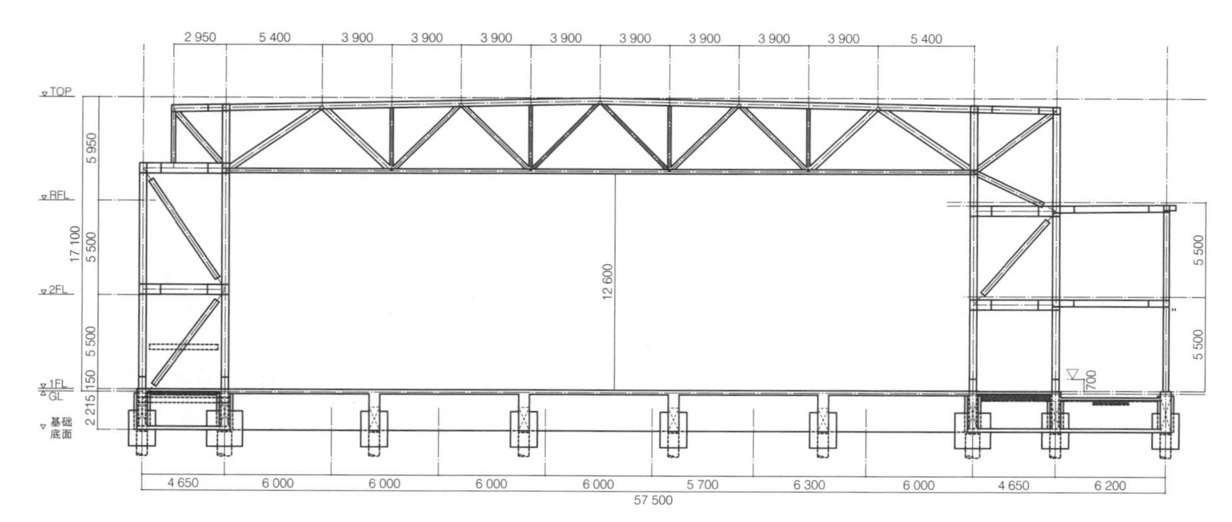

图 5 短边方向上利用大厅两侧小房间的隔墙适当地设置支撑

钢横向摆放时，弦杆和斜腹杆的翼缘在同一平面上相接，使作为面内力的力的传递变得容易（图 6）。弦杆和斜腹杆负担的应力大小不同，可以根据应力选择使用相同梁高不同梁宽的工字钢，即 JIS 规格中提供的宽幅、中幅、窄幅标准构件。由于这些构件承担竖向荷载，节点只要能传递产生的应力即可，不必通过工字钢的全截面进行应力传递，因此考虑只通过翼缘面传递力，而腹板用于确保刚度并加强稳定承载力。这样就无须通过弦杆和斜腹杆的腹板进行力的传递，腹板之间也就无须接合，从而简化了细部（图 7）。

杆件全部使用梁高 350 mm 的成品工字钢，上弦杆为 H–350 × 350 × 14 × 19，下弦杆为 H–340 × 25 × 9 × 14，斜腹杆根据应力选择使用宽幅、中幅或窄幅的构件。设计时，对主要的节点制作 1/10 的模型进行讨论，确认翼缘及肋的焊接简单易行（照片 5、照片 6），实际的制作也很容易（照片 7）。考虑到可施工性，全部使用高强度螺栓进行连接，此外，由于是斜交网格结构，施工可以不需要临时支柱（照片 8）。

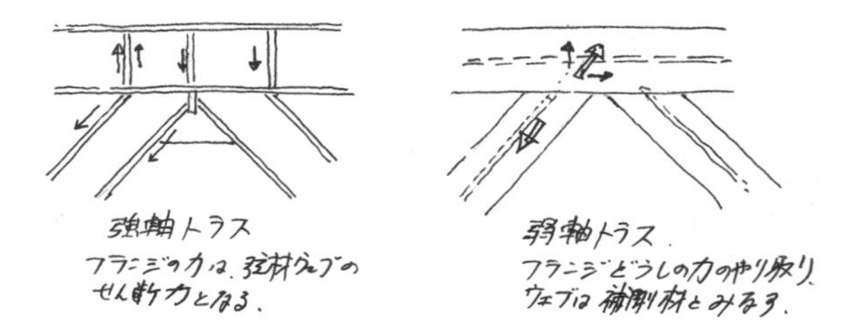

图 6 使用杆件横向摆放的网架（弱轴摆放桁架）以简化细部

照片 8 不需要临时支柱的建造方式

照片 5 上弦杆的交叉部分的细部模型

照片 6 弦杆从斜交网格切换为平行网格

照片 7 汇聚 6 根杆件的上弦杆交叉点

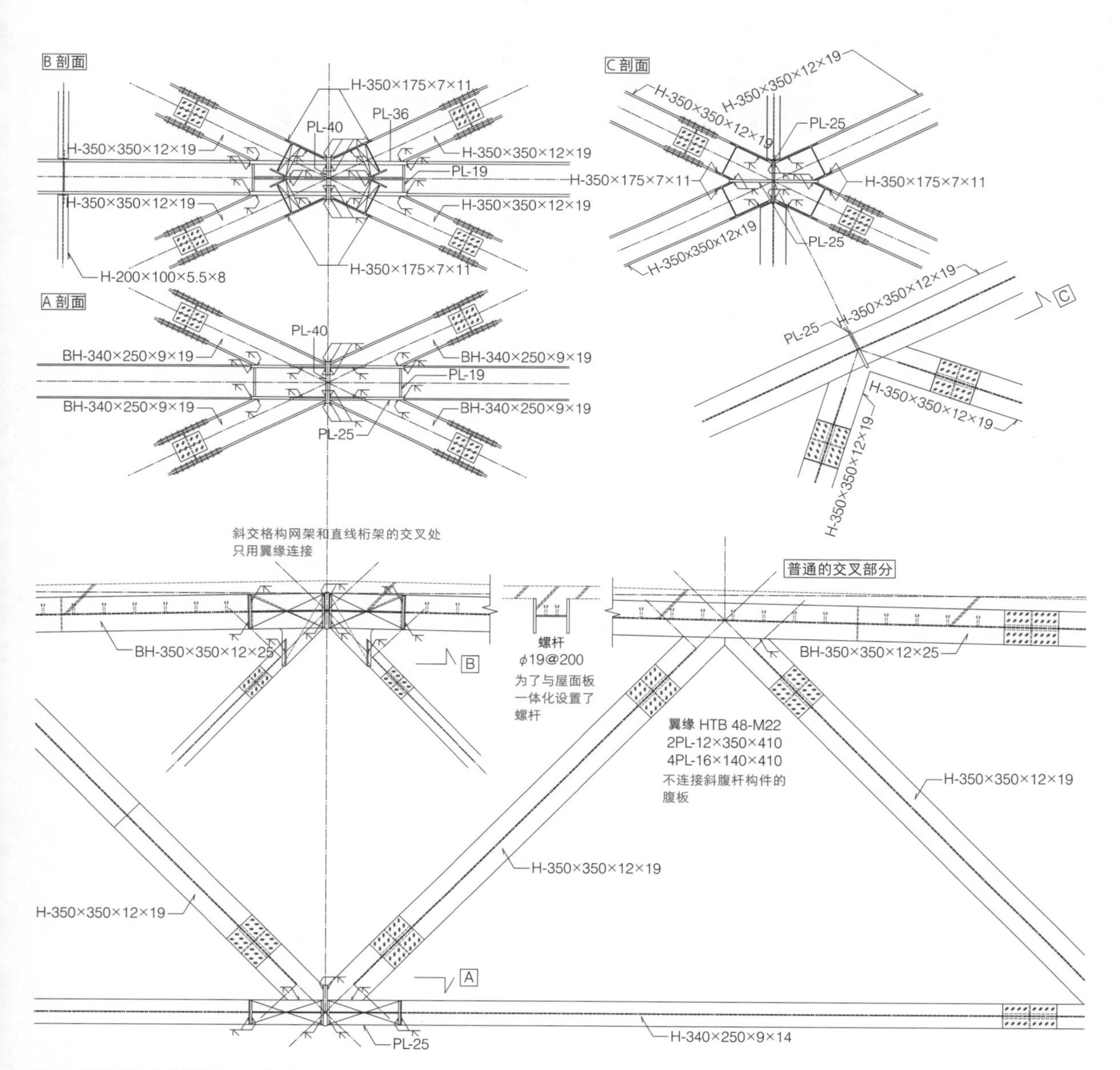

图 7 网架相交处的细部（S=1/66）

国营昭和纪念公园花绿文化中心

设计师：伊东 · Kuwahara · 金箱 · 环境工程设计共同体
设计协助：犬吠工作室
所在地：东京都立川市
竣工年：2005 年 5 月
结构 · 层数：钢筋混凝土结构 + 钢结构，地上 2 层
建筑面积：6 032 m²

照片 1
起伏的屋盖上种有植栽，与景观融为一体的建筑（摄影：株式会社 Miyagawa）

1_10 作为景观的屋盖

由网格和圆筒支撑的带绿化的不规则屋盖

不规则的网格屋盖

项目的挑战——带有绿化的不规则屋盖的合理结构

该项目是在昭和纪念公园内规划的多功能设施，屋顶设计有包含树木的绿化园路，目标是实现与公园一体化的景观建筑（照片 1）。屋盖形状不可避免地呈不规则起伏状，且由于屋面绿化，屋盖变重。曲面屋盖如果有适当的曲率的话，可以做轴力系统的结构，在结构上有利，但在此项目中，下方设有连续的展览空间，屋盖曲率较缓，因此没有带来结构上的优势。从力学角度而言，由于是受弯结构，因此考虑使用轻型的钢网格结构。内部的展览空间也是不规则的空间，由分散布置的固定空间（以下称“圆筒”）和其外周的灵活空间构成，这些圆筒成为支撑屋盖的要素（照片 2）。圆筒的构成，以及不规则屋盖的钢网格该如何设计是结构的挑战。

圆筒的构成——分别使用钢筋混凝土结构和钢结构圆筒

圆筒被用作仓库、会议室、卫生间、电梯井等，由于功能空间有封闭的也有开放的，因此分别用钢筋混凝土结构和钢结构 2 种结构相应对（图 1）。钢筋混凝土结构的圆筒有厚 600 mm 的墙体，内部有 300 mm 的钢管柱，屋盖高度处设有联系这些柱的钢梁；钢结构的圆筒则由直径 300 mm 的钢管柱以 4 ~ 8 m 的间隔圆形排列，柱列直立或内倾。两种圆筒承担竖向荷载的作用是相同的，但只有钢骨混凝土的圆筒抵抗地震力，因此在平面上调整布局以达到较好的平衡。

圆筒的钢构件中，柱采用 ϕ300 的钢管，钢管柱的联系梁采用 200 系列的工字钢，并横向摆放工字钢以使其与钢管柱的细部的力的传递清晰明确。钢管柱和屋盖网格的连接部分使用了铸钢，细部稍显复杂，而钢筋混凝土结构的圆筒与型钢相交部分则采用了板加工的细部。

不规则屋盖结构——钢网格结构的配置与形状

屋盖的构成中，钢网格的上方设置了钢筋混凝土板，且其端部悬挑伸出 2 m 的悬臂板。这个项目最大的挑战是如何根据规则构建异形的屋盖。从设计的讨论过程可以看出，构件布置有 3 个规则：平面上的网格设计，整体的屋盖起伏设计，以及局部的屋盖起伏设计。

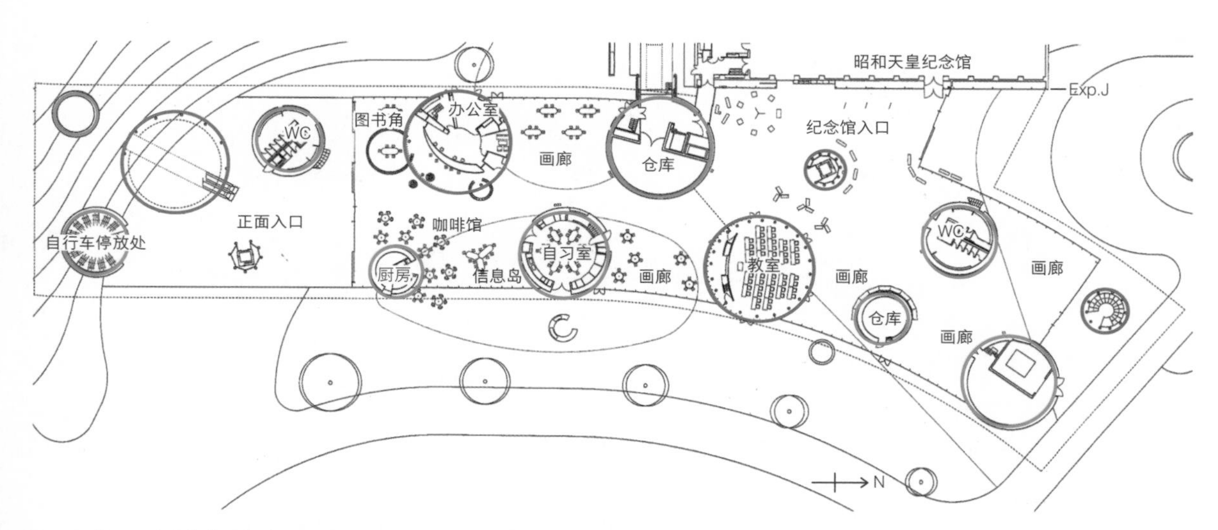

图 1 钢筋混凝土结构的圆筒（红色圆圈）和钢结构列柱构成的圆筒（蓝色圆圈）的布置（S=1/100）

照片 2 内部作为多功能空间使用且支撑屋盖的圆筒散布各处

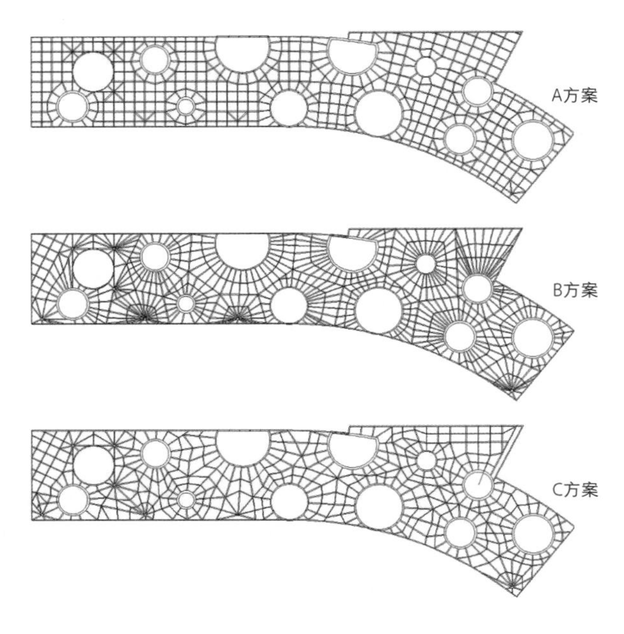

图 2　考虑网格和圆筒的关系，对比讨论屋盖网格的平面布置

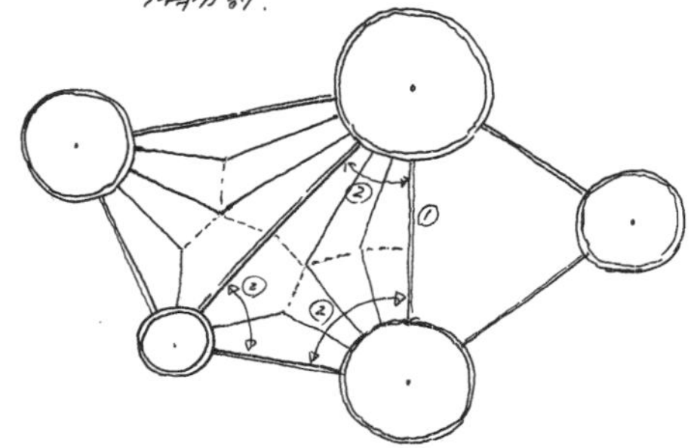

图 3　图 2 中 C 方案的网格的形成规则

① 平面的网格设计

平面上的网格布置如图 2 的 3 个方案所示。A 方案是与建筑物的四边对应，在长边、短边方向布置正交网格，圆筒附近组合使用从圆筒向外的放射状构件，这样细部可能会相对简单。然而，桑原立朗和贝岛桃代指出，圆筒的布置是随机的，而网格的布置则是规则有序的，这造成了一种不协调感。B 方案为连接复数圆筒的中心点形成三角形，然后均匀划分各顶点内侧的方法，组合使用指向圆筒的放射状构件和几乎正交的均等分割圆筒之间区域的构件，虽然与圆筒布局的整体性较好，但网格的疏密程度不一是一个问题。C 方案在到连接圆筒中心形成三角形为止都与 B 方案一样，这之后进行均匀的分割，使网格长度大致都在 2.5 ~ 3.5 m 与 B 方案相比密度更加均匀，圆筒的中心点变得暧昧（图 3）。C 方案被认为更加合适，最终采用方案如图 4 所示。该方案最终实现了顺应力流的网格布局。

② 整体屋盖形状的起伏

屋盖的整体的起伏形状如图 5 所示，建筑物长边方向的两侧的边的高度分别遵循振幅 1.5 m 的正弦曲线和余弦曲线，两边之间通过直线连接，形状由几何决定。建筑物中央部分的屋盖在广场侧更低，使屋顶与广场产生整体性，此外，考虑到从建筑物南侧的外部坡道到建筑屋面上的路径，这部分的高度也需要降低，满足这些条件的简单的几何形状非常合适。

③ 局部屋盖形状的起伏

在这个项目中，屋面的景观设计师不是该项目的建筑设计师。屋盖整体的形状在建筑设计层面决定了之后，局部的起伏决定交给景观设计来处理，但还是考虑是否可以制定某种局部起伏的规则。用②的几何学决定屋盖形状并切出短边方向的剖面，

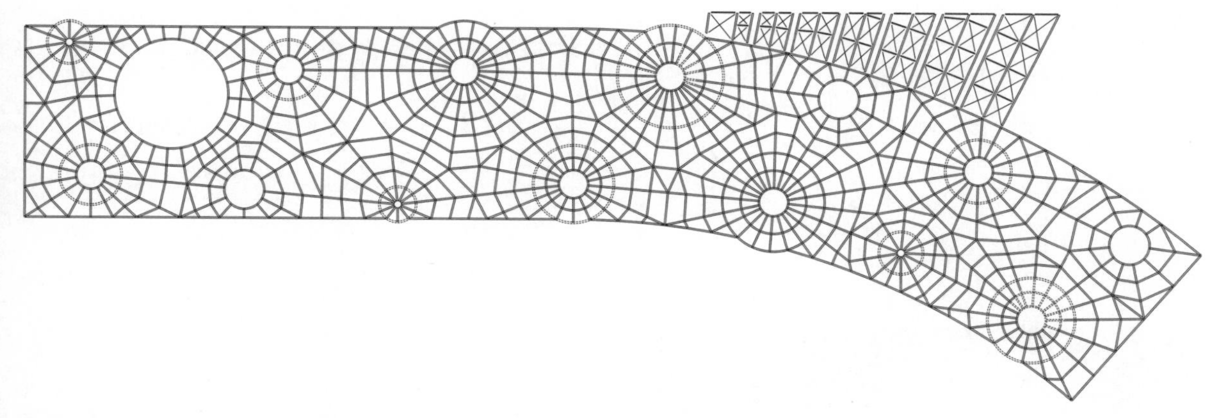

图 4 网格平面图（S=1/1 000），对应圆筒布置放射状和圆弧状的构件

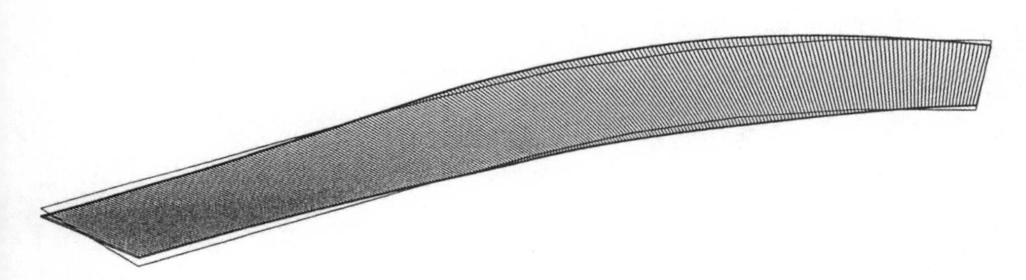

图 5 整体的屋盖形状的起伏通过几何的方式决定

可以得到如图 6（a）所示的直线坡度的屋盖。假设屋盖网格由圆筒支撑，弯矩如图中所示，将圆筒周围弯矩较大部分的上弦杆上提，可以得到如图 6（b）所示的网格形状，其顶面的形状直接成为屋面板的形状。

网架高度在普通部分为 1.6 m，在圆筒连接部分为 2.6 m。在其上因造园工程需要覆土，普通部分的土厚约 30 cm，配合坡度逐渐堆积，圆筒的上部堆积出山势，自然形成了约 1.2 m 的覆土。由于种植树木的部分需要较厚的土壤，因此选择在圆筒上部进行种植，这在结构上也较为有利。虽然屋面绿化的规划中也计划了使用树木，但它们的位置就这样毫无疑问地决定了，人行步道也自然地决定为在圆筒之间穿行的路径。也就是说，通过这 3 个操作，不仅决定了屋盖的形态，也奠定了景观设计的

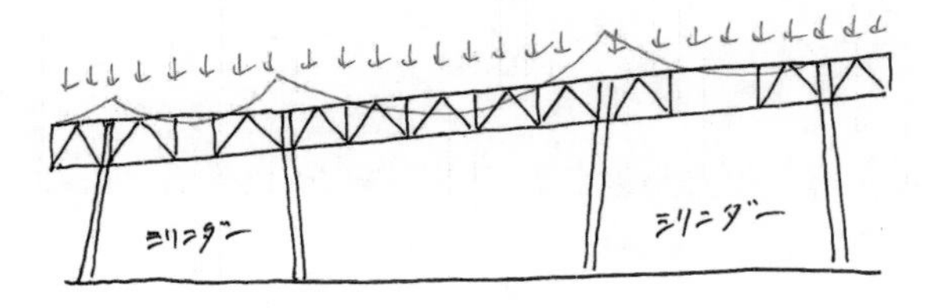

（a）网格的应力状态

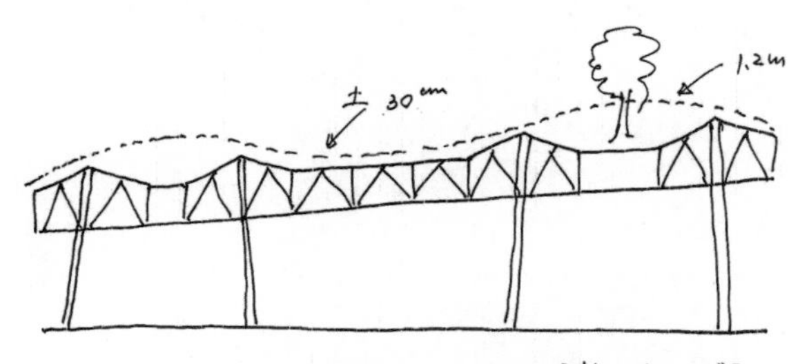

（b）应对应力情况调整的网格形状

图 6 将局部起伏规则化的设想

基础，实现了建筑、结构、景观的融合。为了再次确认这些规则，制作了建筑物的一半的网格模型（照片 3）。实际完成的网格状态如照片 4 所示，绿化屋盖如照片 5 所示。

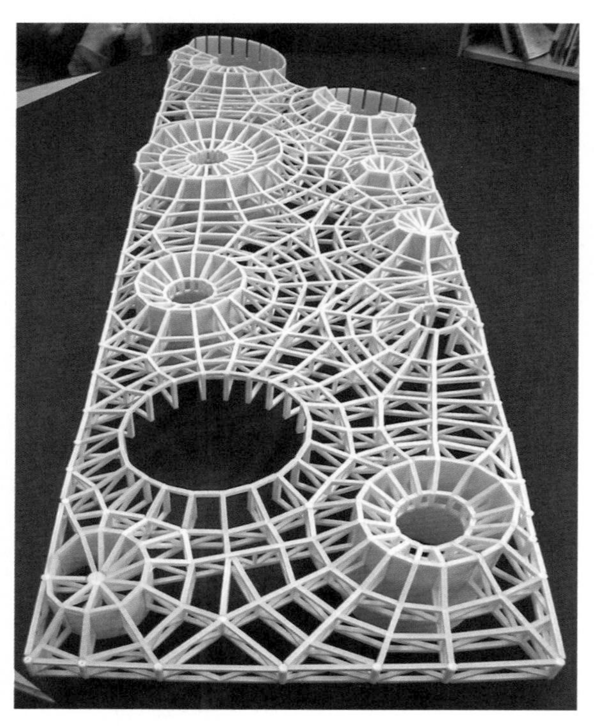

照片 3　屋盖网格的模型

网格的细部——不规则形态下细部的统一

网格的特征是其在平面上及剖面上都有角度的变化，考虑通过构件截面的选择及细部的构成使加工相对容易。虽然直观地认为使用接合件并通过节点板进行力的传递能够使节点更为紧凑，我们使用工字钢和剖分T型钢制作模型进行了验证（照片6）。在使用工字钢的情况下，构件的角度相异，连接板的角度也各不相同，导致加工和焊接都变得复杂；而在使用剖分 T 型钢的情况下，我们发现只需要进行板连接，就能够顺利完成。组成构件中，弦杆为宽 200 mm 系列的剖分 T 型钢，斜腹杆为宽 150 mm 系列的剖分 T 型钢，分别成对使用，直腹杆使用直径 150 mm 的钢管（图 7，照片 7）。直腹杆钢管始终保持垂直，在其上安装节点板并通过高强度螺栓与剖分 T 型钢连接，平面上的角度通过节点板的位置进行调整，垂直方向的角度则通过节点板的形状进行调整，从而实现细部的统一（图 8）。

剖分 T 型钢根据应力不同使用了三种类型，宽 200 的工字钢宽幅（H–200 × 200）、中幅（H–

照片 4　屋盖网格的排布如蜘蛛网，由筒状钢筋混凝土和钢结构列柱的圆筒支撑

照片 5　弯曲的屋盖种满植栽，人们可以在上面行走

294 × 200）和窄幅（H–400 × 200），可以使用完全相同的螺栓规格，节点板的尺寸体系也可以统一。照片 8 展现了建造时的情况，圆筒之间的联系网格在地面完成组装，之后与圆周方向的网格进行组装，能够基本不需要使用临时支柱。节点的简单形状和网格均质展开的样子可以被清晰地看到（照片 9）。

照片 6 网格节点的模型的对比。使用工字钢的模型（左）和使用剖分 T 型钢的模型（右）

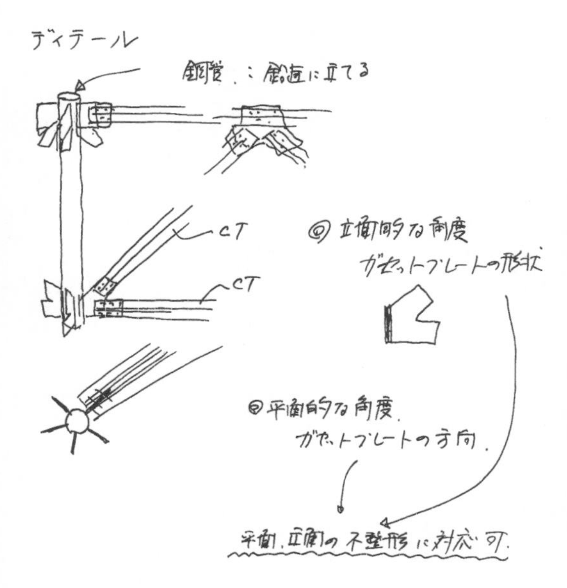

图 7 网格节点的草图

照片 7 考虑到能自由调节网格节点的角度，在钢管上焊接节点板

照片 8 网格的组建基本不需要用到临时支柱

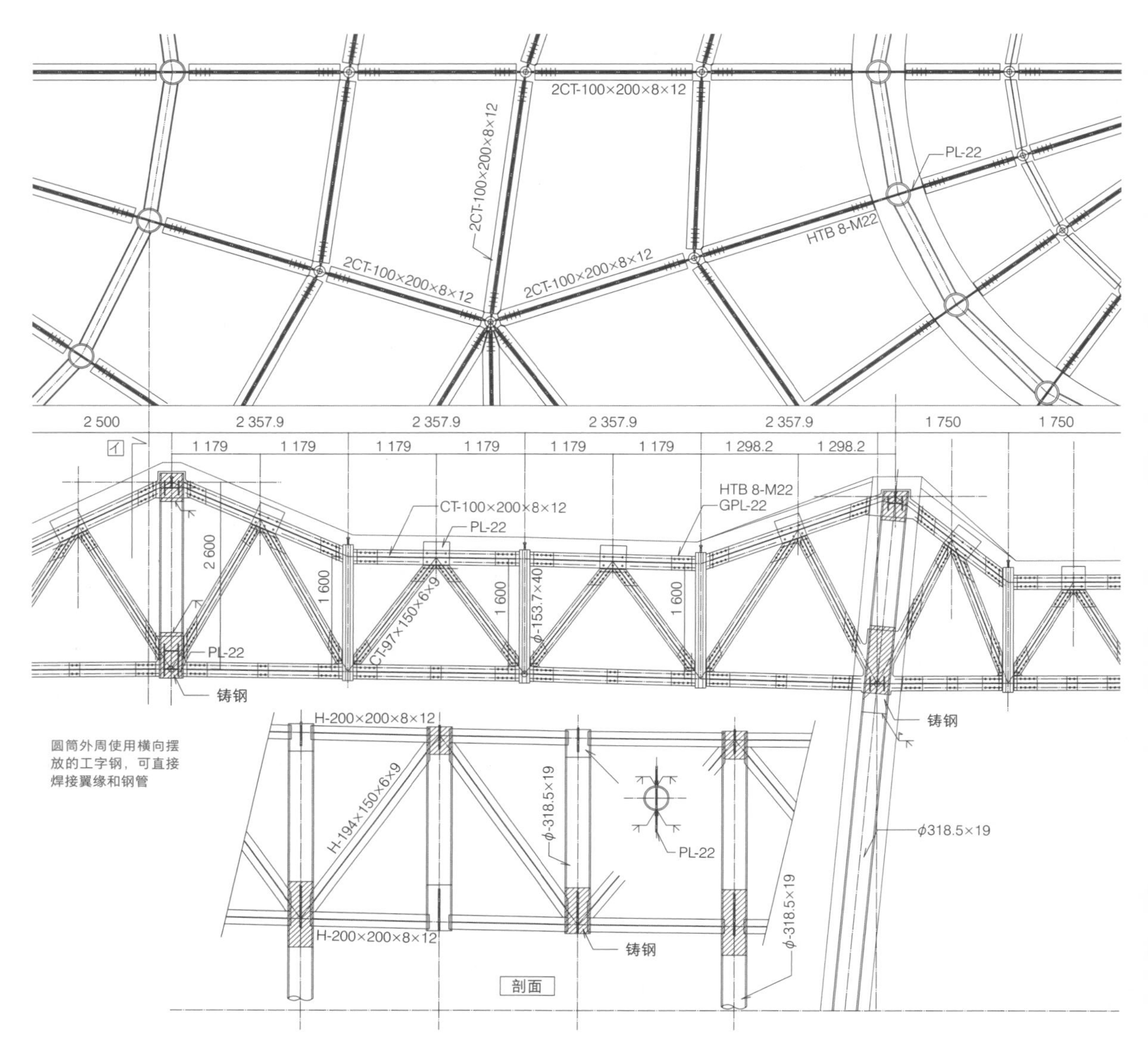

图 8 空间网格结构详图（S=1/90）

照片 9 圆筒和空间网格交接部分的钢构件

青森县立美术馆

设计师：青木淳建筑计划事务所（AS）
所在地：青森县青森市
竣工年：2005 年 9 月
结构 · 层数：钢结构 + 钢骨混凝土结构，地上 2 层、地下 2 层
建筑面积：21 133 m²

照片 1
外观如同挖掘沟渠并在上方用建筑物覆盖

1_11 在挖掘沟渠和上方覆盖的构筑物间隙中形成的展览空间

复杂空间的组合

构成复杂架构的结构的规则化

项目的挑战——覆盖沟渠的结构体

在超过 400 组应募者的备受关注的竞赛中，青木淳的方案被最终选定。青木淳的想法是，底部有凹凸不平的土沟渠，上方覆盖一个方向相反的凹凸的结构体，将其间的空隙空间作为展厅使用（照片 1）。竞赛时公布的结构形象是“有一个挖掘出来的沟渠（钢筋混凝土结构），在其上覆盖着一个平面展开如同钢结构桥梁一般的结构体”。虽然用语言表述起来很简单，但实际上是一个空间构成复杂的建筑物，其结构也相当复杂。如何将复杂的事物规则化并使结构整合是一个挑战。同时，如何确定结构设计的线索也是这个项目中令人颇为苦恼的问题。

从顶面悬挂下来的房间——建立构成复杂架构的规则

为了在初步设计中形成架构，我们对规则的制定进行了探索。建筑有地下 2 层、地上 2 层，因为底部 2 层的墙体需要承受外侧土压，所以采用钢筋混凝土结构或钢骨混凝土结构，而上方的 2 层则采用钢结构，由此决定了建筑的基本构成。将建筑设计的意象在结构上进行表达的话，横跨建筑全域会有一个坚固的屋盖，从上部悬吊下来各种房间（照片 2、照片 3）。这是与常规建筑结构做法所不同的想法，我们试着将结构线索做成简单的草图（图 1、图 2）。屋盖为确保了足够高度的双向桁架结构，设备管线也设置在该部分，我们将其命名为“屋盖矩阵”。

照片 2　顶部构筑物和沟渠的间隙为展厅

照片 3　外部沟渠延伸到建筑物中，成为展厅

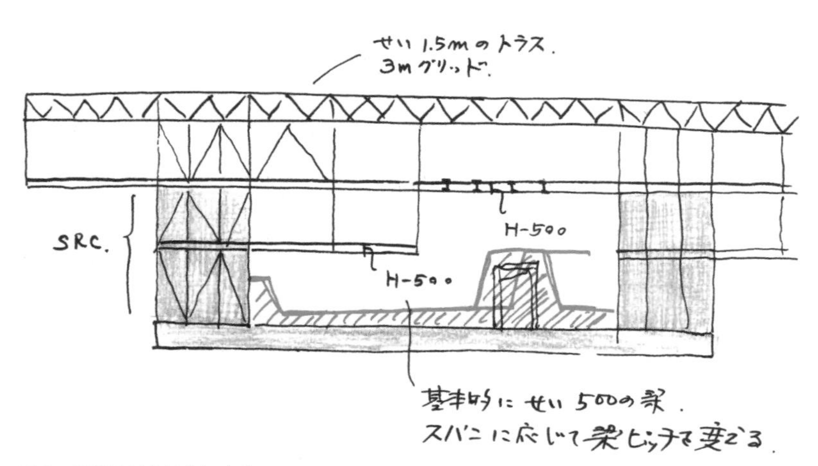

图 1　早期绘制的结构概念草图

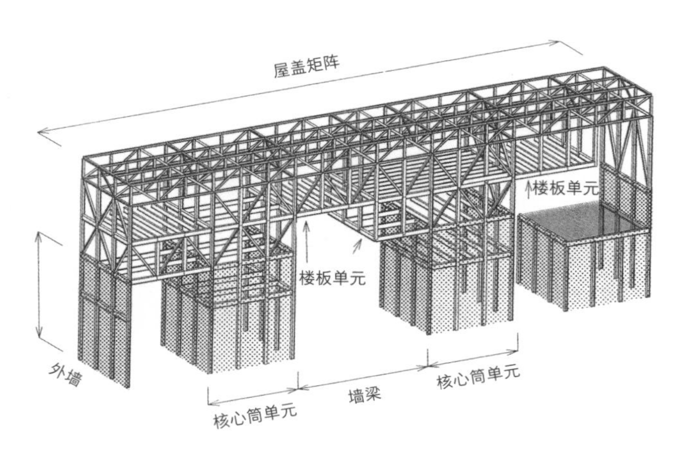

图 2　整理草图，确定各部分的名称

支撑屋盖矩阵的结构体，即联系上下结构的核心要素是必需的，被称为“核心筒单元”。以核心筒为支撑的屋盖矩阵构成了基本结构，从其上悬吊下各种体量，这与建筑的构成方式相匹配。然而，当悬挂的体量增大时，屋盖矩阵的强度会不足，因此在悬挂部分配置加固用的桁架以解决这一问题。这个坚固结构，被称为“墙梁”，它从一个核心

筒跨向另一个核心筒，与屋盖桁架融为一体。在抗震方面，核心筒是主要的抗震要素，墙梁作为桁架结构也是承载地震力的主要结构，两者都能对应空间体量的增加，相应地增加针对竖向荷载及水平荷载的结构体。

然而，将这套基本概念实际运用到建筑中却困难重重。因为楼板的高差复杂，墙体上的开口位置也无规律，空间构成的划分不像概念图那样清晰明了。最后不得不应用基本概念来解决。具体的研究手段，是使用模型来推敲建筑设计与结构的一致性。照片 4 就是为了研究而制作的模型，由画有结构体框架的苯乙烯纸板立体组装而成。使用这个模型与青木淳事务所进行会议，讨论了核心筒的位置、墙梁的构成、楼板的高度、墙上开洞位置的确认和调整等。在完成大致的调整后，制作了结构框架模型。照片 5 为包含了屋盖矩阵的样子，移除屋盖矩阵后的样子如照片 6 所示。从基础开始的核心筒位置如图 3 所示，其中部分变成了片墙状。

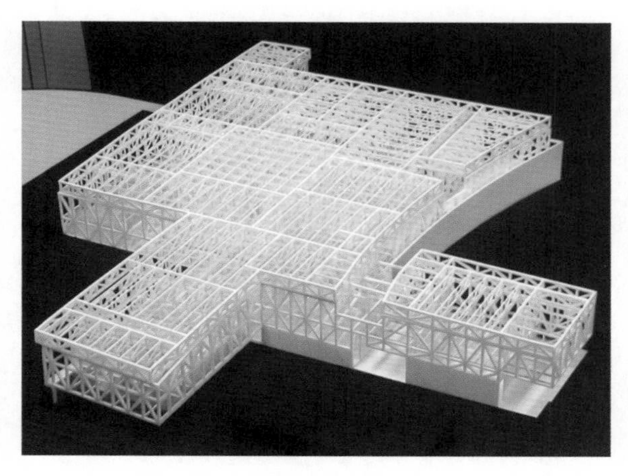

照片 5 结构框架模型（带有屋盖时）

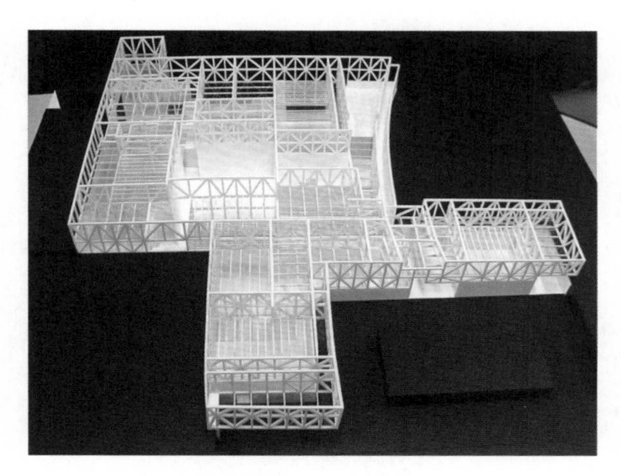

照片 6 结构框架模型（拿掉屋盖时）

钢结构细部的统一 ——以简单的细部与钢筋混凝土结构连接

考虑到建筑物规模大且架构复杂，我们尽可能地统一了构件尺寸和细部。构成墙体的型钢厚

照片 4 取名为“立体结构框架图”的讨论用结构模型

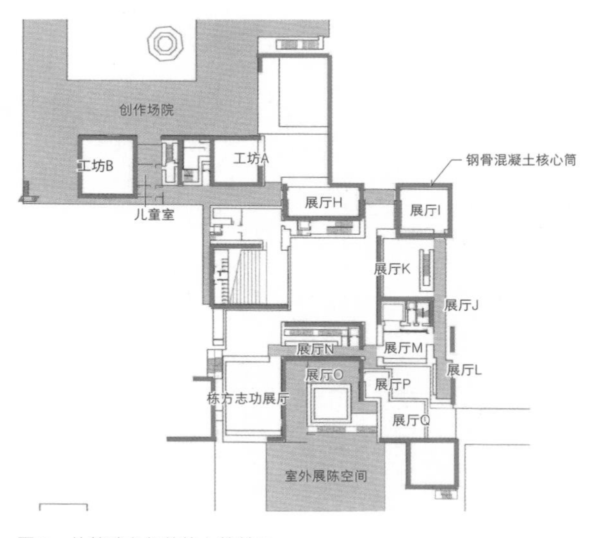

图 3 从基础立起的核心筒单元

300 mm，钢柱、墙梁的斜腹杆，包括墙梁的梁都使用了高 300 mm 的工字钢。梁的工字钢横向摆放，以便梁和斜腹杆的翼缘始终在相同平面内接合，但与工字钢柱的翼缘面时而在相同平面时而相垂直。翼缘面相同时板厚更厚的一侧作为贯通构件，翼缘面正交时，则在梁上安装与斜腹杆翼缘同一平面的肋（图 4、照片 7）。实际上，也有同一柱子在两个方向上都连接有桁架的情况，这使结构变得复杂，但全部构件都使用工字钢的话，可以限定细部的类型。

屋盖矩阵是高 2.5 m 的双向桁架结构，弦杆使用 H–300 × 300 或 H–294 × 200 的工字钢，斜腹杆根据应力大小选择 H–200 × 200 或剖分 T 型钢构件，内部的设备机房或通道等的应力较小部分的架构则取消了斜腹杆（图 5，照片 8）。

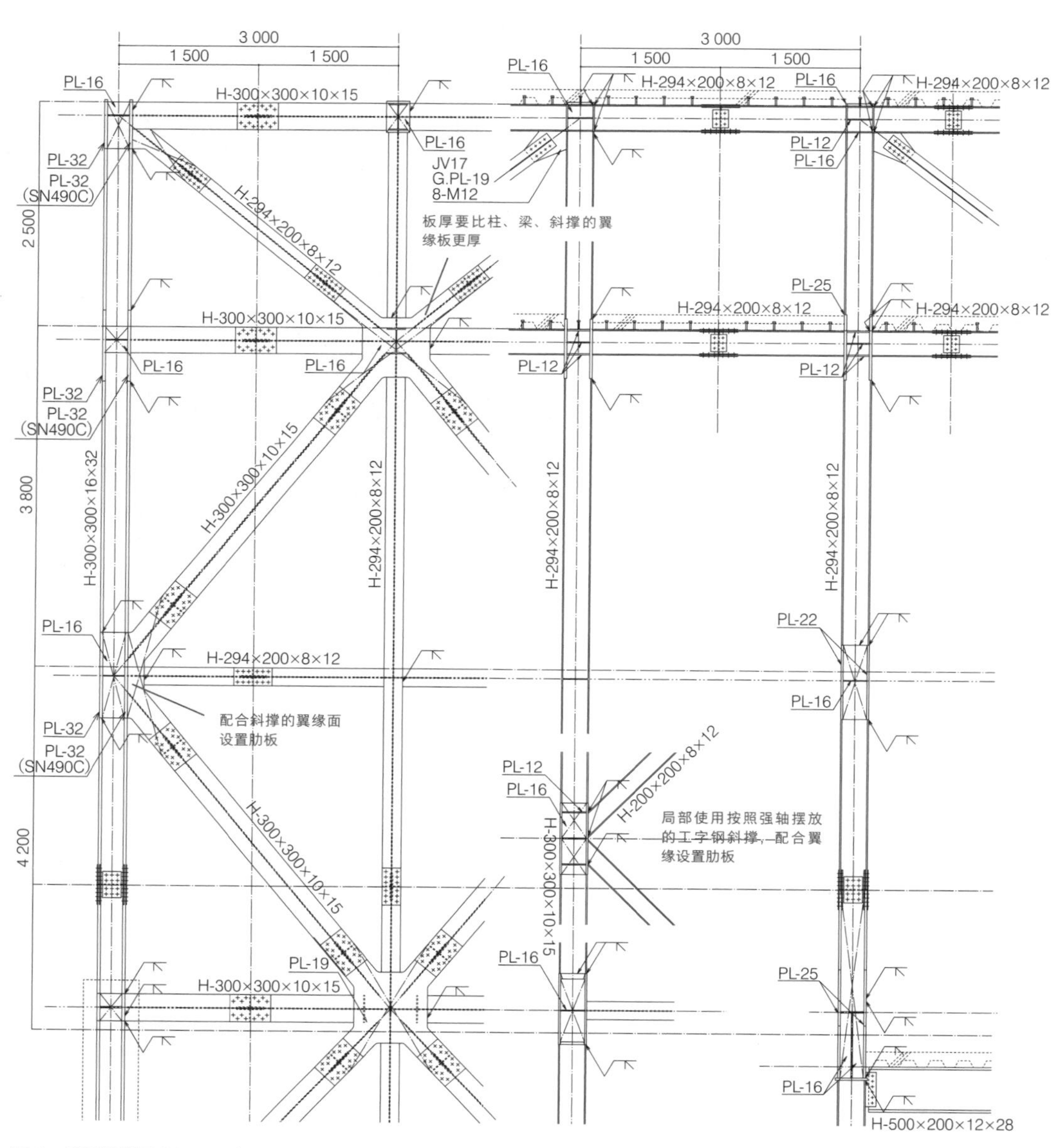

图 4 墙梁的详图（S=1/80）

照片 7 与两个方向的桁架交接的柱的细部

照片 8 屋盖矩阵的钢构件

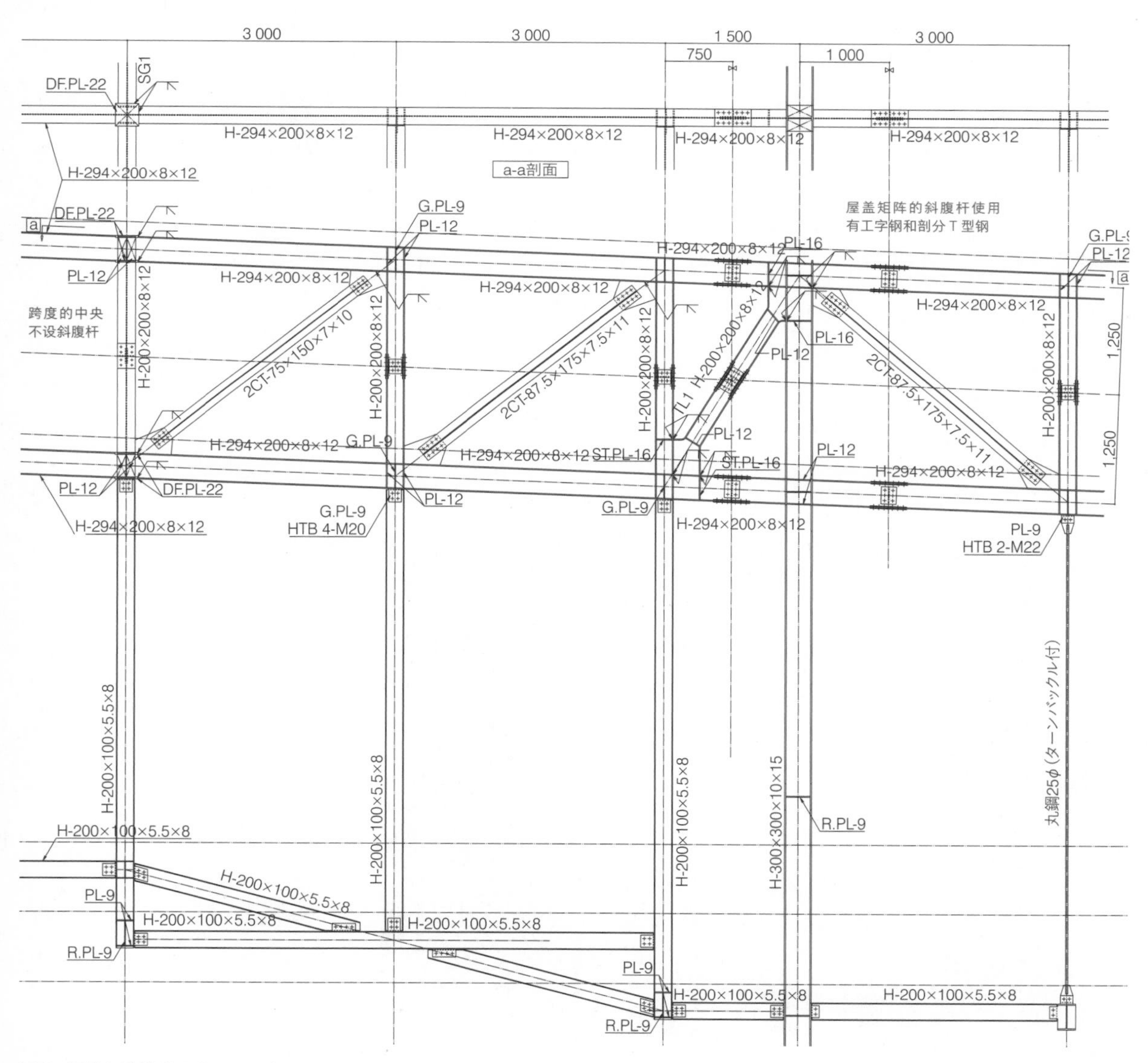

图 5 屋盖矩阵的详图（*S*=1/80）

楼板梁通常会根据跨度和荷载改变钢梁的梁高，但在该项目中，为了统一大小不同的悬吊箱体的厚度，楼板钢梁以 H–500 系列的材料为基础，根据跨度和荷载调整梁的间距，从 3 ~ 0.5 m 不等。大部分的楼板为组合板，收藏库等固定荷载较大的部分则使用压型钢板模板的普通楼板。

由于建筑物深挖至地下约 15.5 m，地下部分不仅要确保能传递上部的力，并且需要应对土压・水压带来的较大应力。连接上部钢结构的部分采用钢骨混凝土结构，仅存在于地下的部分则采用钢筋混凝土结构。内藏于钢骨混凝土柱的钢构件截面与上部相同，柱尺寸为 600 × 600，层高较大、受土压・水压导致较大弯曲应力的部分，保持柱宽 600 mm 不变，增加进深，呈肋状向建筑外部突出。

设计与结构的关系

这个建筑最终成为一个复杂的桁架结构（部分还充当支撑）的集合体，虽然我认为达到这一结果的过程其实更为重要。像这样的结构，一般会一边注意到建筑开口与结构斜撑的位置，一边推进设计，但最后完成的建筑外墙面上依然有能看见斜撑的开口部分（照片 9）。这是因为在设计的最后阶段，青木淳有意将开口移动到有斜撑的位置。我感到十分困惑，提出了疑问。对结构设计师而言这看起来像是蹩脚的结构设计的实例。青木淳的解释是："这个建筑虽然看起来像是用砖墙、土渠等做的，但砖墙也是由钢结构这种结构体支撑的。反而是将这些建造方式公开，能使建筑更为纯净。"这是一句既能理解又难以理解的话。

照片 9　外墙面开口部分露出钢结构斜撑

钏路市儿童游学馆

设计师：Atelier BNK
所在地：北海道钏路市
竣工年：2005 年 3 月
结构 · 层数：钢结构，地上 4 层
建筑面积：5 883 m²

照片 1
平面弧形玻璃墙营造出给人留下深刻印象的外观（摄影：酒井广司）

1_12 容纳各种活动的弧形玻璃幕墙空间

组合各种抗震要素，实现透明感

复杂空间的组合

项目的挑战——透明感的外装与对应通高空间

这是一座建在寒冷地区的儿童设施。是由弧形玻璃幕墙覆盖、具有高透明度的设计，设施内配备了展厅、天文馆等（照片 1）。从平面上看，约三分之二的功能为展厅和办公室，作为中心设施的展厅在 1 层和 3 层分别设有 2 层高的通高空间，中间设置了坡道将它们进行连接。建筑物剩下的三分之一，被抬升的球状结构体作为天文馆被设置在 4 层高的通高空间中，下方是一块沙地（照片 2）。结构的挑战在于为这样一个楼板分离且有多处通高的空间设计一个力流清晰并且外立面具有透明感的方案。

照片 2 天文馆被放在 4 层通高中

建筑与结构的关系——适才适所的抗震构件

因为是外立面使用玻璃的透明建筑，主体结构必然是钢结构。为了确保内部空间的自由度，抗震构件被考虑布置在内部核心区和外围区，并计划对以下的4种分散的抗震构件进行组合布置（图1）。

①外围架构的一部分使用斜柱，以提供支撑的效果。考虑到在平面上的均衡，东西南北各部分一共布置了4处（图2）。

②在中庭通高部分（环形坡道）周围的柱梁框架上设置支撑（图3，照片3）。

③在楼梯间、电梯井周围的柱梁框架上设置支撑（图3）。

④在天文馆外围设置支撑，在天文馆底面组合使用竖向柱和斜柱，以形成可以抵抗水平力的架构（图3）。

这些抗震构件中，①的外围斜柱和④的球体下部支撑的结构体外露，因此在设计时考虑了美观性。

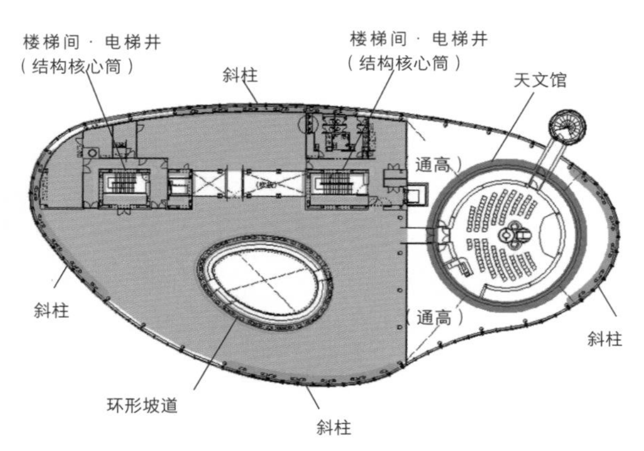

图1　3层平面图及抗震构件的布置

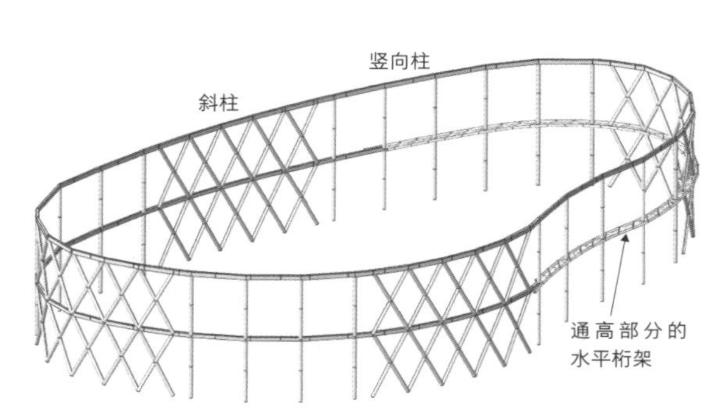

图2　外围架构由竖向柱・斜柱及水平桁架的组合构成

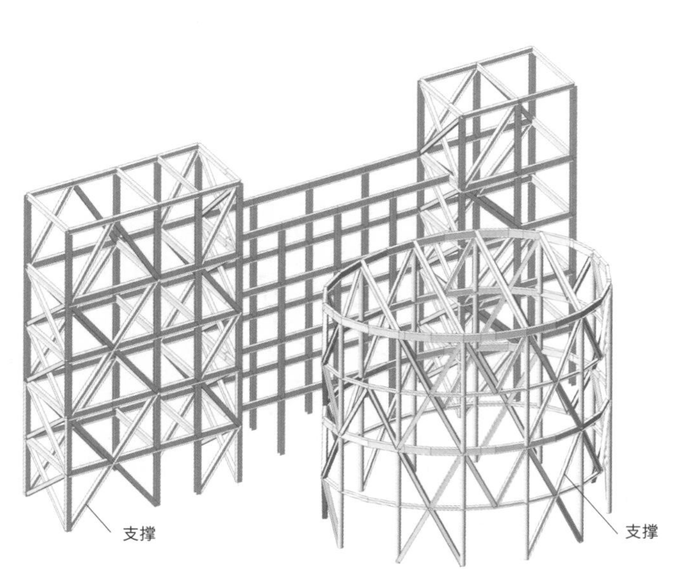

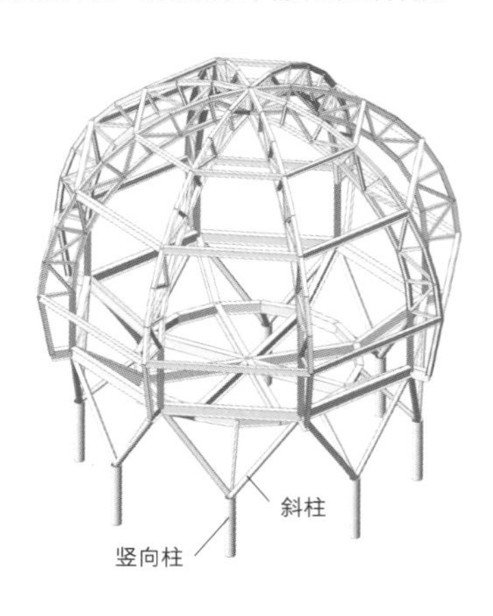

图3　在内部楼梯、坡道、天文馆三处形成核心筒

照片 3 为上下层间的移动设置的坡道

照片 4 通高部分的水平梁和柱

通高部分的水平梁

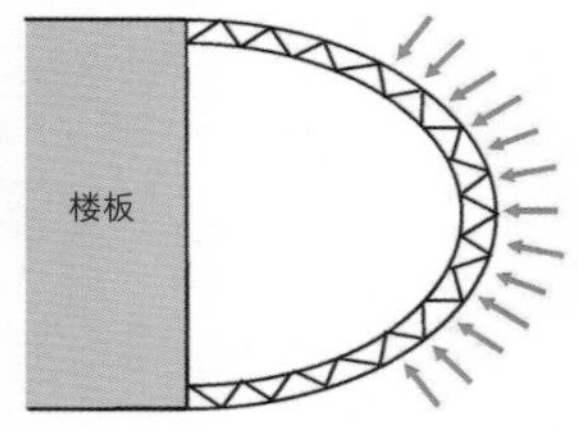

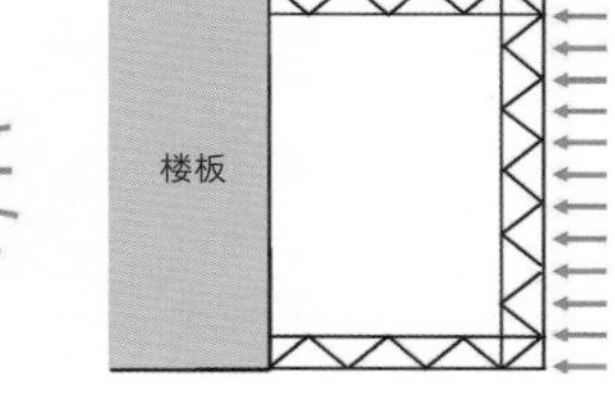

应对水平力的拱形效果

图 4 曲面上的水平梁具有的拱的效果

外围框架的结构和细部——相同直径钢柱的 3 种不同作用

外围的钢管柱和工字钢梁组合而成的框架，沿着建筑物外轮廓线布置（图 2）。框架全长 178 m，竖向柱间距 5.8 m，斜柱柱脚间距 3.8 m。基本上，每两层楼就会设一层楼板，但因为有面向 4 层通高的部分，会产生风荷载导致的弯曲应力的差别、柱的屈曲长度的不同，以及一部分斜柱承担水平力导致的应力差异等，使得构件的力学条件各不相同。所有这些构件都使用相同外径的 318.5 mm 的钢管，应力和稳定承载力的差异通过调整钢管的壁厚来应对。

负担水平力的部分可以通过将柱倾斜摆放来起到支撑的作用。此外，面向 4 层通高中庭的柱，从 1 层楼板一直到屋盖，长度较长，导致其受到风荷载引起的应力较大，稳定承载力极低。虽然我们考虑过采用柱子内外排列的空腹桁架结构，但最终还是决定在 3 层（也就是中间层高）高度架设环绕的水平桁架梁，提供屈曲约束构件及抵抗风荷载的水平梁的效果，从而使 4 层通高空间的柱的屈曲长度及面外的弯曲跨度与 2 层通高的柱等同。

作为水平梁的桁架高 900 mm，弦杆由 ϕ216.3 的钢管制成，由于外形呈弧线因此水平梁有了拱的效果，以相对较小的构件确保了结构的刚度和强度（图 4，照片 4）。进行耐火性能检验 Route C（注：即耐火性能检验法中第三种，需要大臣认定的特殊做法），其结果是，外围框架的钢构件可以完全外露，无须防火涂层，这有助于营造纤细通透的观感。

考虑到外观及可靠的应力传递，斜柱相交叉处的细部采用了铸钢，柱头、柱脚以及中间层和梁相交接的部分通过焊接组装（照片 5）。虽然建筑物外形的曲率在变化，但为了实现铸钢构件的通用性，将每两根相交叉的斜柱都调整到同一平面上，构件在平面上的弯折通过 X 形柱的上下连接板在建造中进行调整（图 5，照片 6）。

通高部分的水平桁架梁的弦杆和斜腹杆都由钢管制成，由于柱子也是钢管，因此错开斜柱的交点及桁架杆件的交点布置节点，以避免细部复杂化（图 6，照片 7）。

照片 5 斜柱和铸钢节点

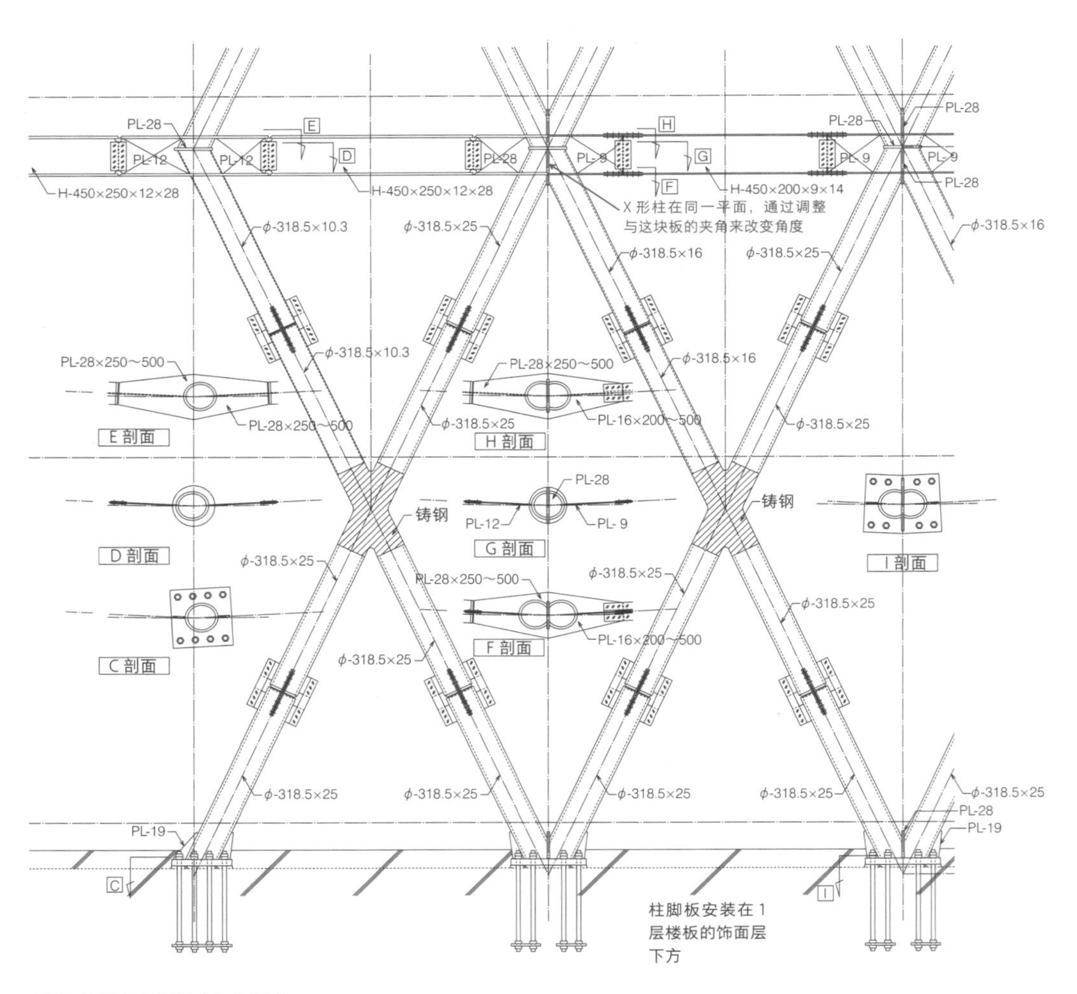

图 5 柱的节点细部（S=1/80）

照片 6 同一平面上的 X 形柱通过脚部和顶部进行角度调整

照片 7 水平桁架梁和柱的交接

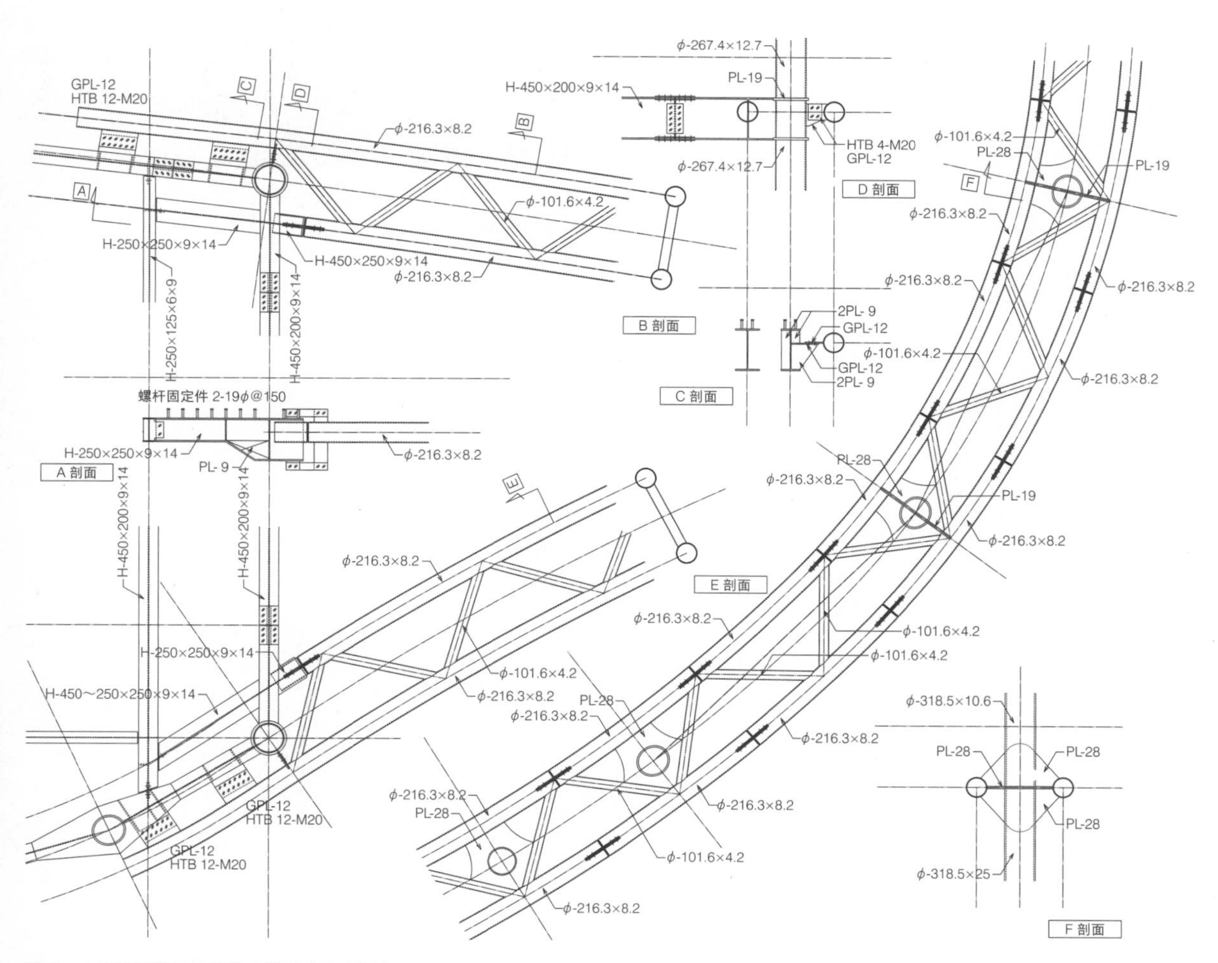

图 6 水平桁架梁和柱的节点详图（S=1/80）

天文馆周围的结构——介于框架和支撑之间的结构

天文馆是一个略扁平的球状钢结构体，最大外径 19 m，高 16 m，由 8 根柱支撑，从地面抬升 8 m，球体顶部突出于主建筑物的屋盖。球体由两层构成，天文馆的外观球面和内侧的屏幕球面，两者之间规划设备路径，外围结构由依次旋转 45° 的桁架梁构成（图 3）。

天文馆与周边分离，因此地震力需要从这部分单独传递到基础，但这与下方室内广场希望结构能尽可能开放的需求相悖。如果希望构件尽可能小的话可以连续地布置斜柱，但斜柱在儿童跑来跑去的场所具有一定的危险性，而另一方面，如果设置竖向柱的框架结构的话，构件的截面又会变大。因此，作为介于两者之间的结构，我们从基础立竖向柱，并在其顶部铰接 3 个方向的斜柱，以实现缩短柱受弯长度的立体框架结构（图 7，照片 8）。柱构件使用 ϕ457.5 的钢管，斜柱构件也使用了钢管，为 ϕ267.4、ϕ216.3。钢管柱顶部插入并焊接了由板组装的节点，顶部突出的板材作为节点板与斜柱的钢管进行铰接。

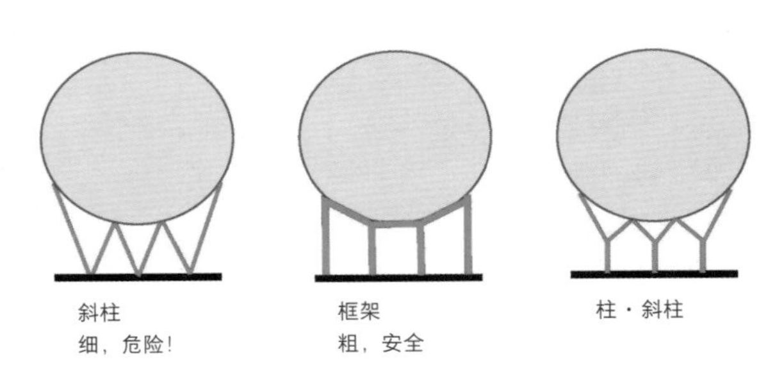

图 7 天文馆底部结构的讨论

照片 8 天文馆底部的上方部分设置向 3 个方向分叉的柱，以实现刚度较高的结构

ISUZU PLAZA

设计者：坂仓建筑研究所
所在地：神奈川县藤泽市
竣工年：2016 年 12 月
结构 · 层数：钢结构，地上 3 层
建筑面积：5 884 m^2

照片 1
由 V 字形柱支撑起的 2 层部分展厅的外观（摄影：川澄 · 小林研二写真事务所）

1_13 让箱状的汽车展览空间漂浮起来

由 V 字形柱和大跨井格梁实现大空间的叠加

复杂空间的组合

项目的挑战——大空间的重层

该企业博物馆是 ISUZU 汽车创立 80 周年项目的一部分（照片 1）。1、2 层为大型展览空间，3 层设有顶层公寓式的接待室和会议室。约 1 000 m^2 的 3 个展厅在功能上需要无柱空间，布置于 1、2 层，在建筑中央通高的两侧。由于不同空间楼板高度的变化，每个展厅所需的吊顶高度也各不相同。此外，由于展品是汽车，该建筑的另一个特点是固定荷载大（图 1，照片 2）。在这些条件下，如何实现经济性的结构是一个挑战。建筑的平面尺寸约为 78 m 长，39 m 宽，1、2 层的层高为 5.5 ~ 7 m，3 层为 4.2 m。

V 字形柱的架构设计

由于是大空间，因此不可避免地选择了钢结构，并计划将展厅周围承担竖向荷载和水平荷载的结构体集约化。1、2 层均为展厅，层高较高，将周围的架构做成支撑结构更有优势。通常的做法会如图 2 的 A 方案一样，在柱梁的框架中加入支撑。稍加改动即得到图 2 的 B 方案，用斜柱构成笼状架构，只露出 1 层的结构体，在表现建筑流动感的同时，做出 2 层箱体漂浮的意象。该方案通过在相对较小的网格上连续布置斜柱，使柱的轴力分散以减小柱截面，但斜向构件相互间的节点、斜向构件与梁的节点数变多，这将导致钢结构制造成本增加，且会

照片 2 从 1 层的通高部分到 2 层展厅，将大空间连续起来（摄影：川澄・小林研二写真事务所）

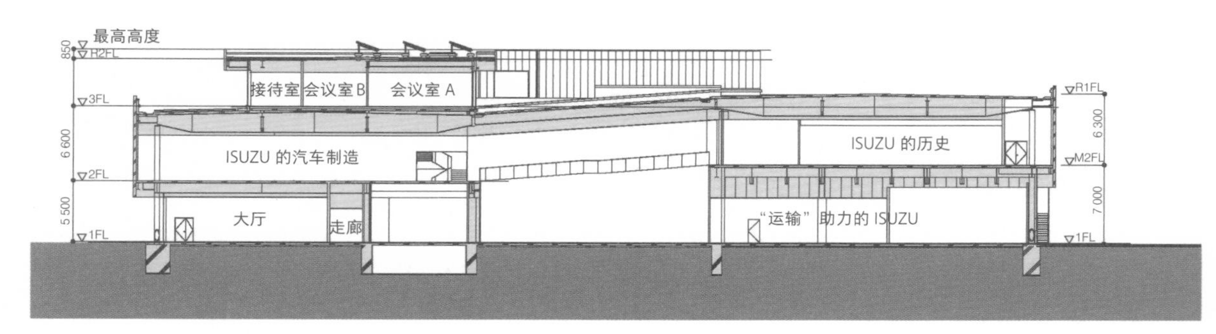

图 1 分布在中央通高空间两侧的层叠展厅

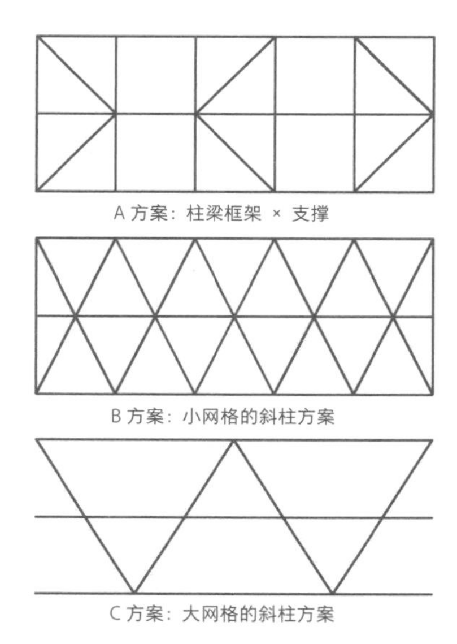

图 2 架构形式的讨论

在建筑设计层面使人感到斜柱的连续性过强。考虑到建筑规模较大，我们讨论了一个或许可行的大胆方案，将斜柱的网格增大并省略两端部的竖向柱，即图 2 中的 C 方案。

虽然该方案的构件截面较大，但结构的构件和节点较少，且只看 1 层部分的话，斜柱的布置非连续，具有独特的形式。并且从三维上看，也能发挥结构的优势，最外侧的斜柱顶部与垂直方向上的斜柱相连续，确保了力的平衡，全部柱都能均等的分担水平荷载。此外，V 字形柱还有一个优点，可以使左右两根柱子的拉力和压力在柱脚处相互抵消，从而减轻基础的竖向反力（图 3）。

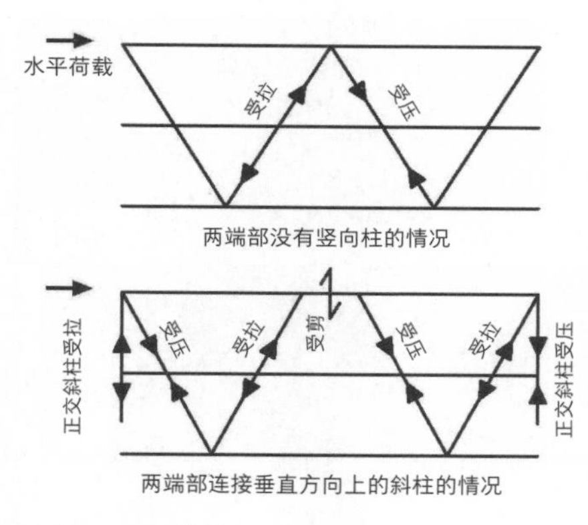

图 3 V 字形柱的立体效果

虽然因为斜柱跨越 2 层楼高，在水平荷载下柱会产生弯曲，但柱受弯所承受的剪力仅占层间受剪承载力的 5%，而层间受剪承载力的 95% 都由柱的轴力承担。如果建筑物各层都能由一个整体的楼板加固，那么仅靠外围的 V 字形柱即可完成抗震设计，但由于中央部分有通高中庭，所以这部分还需要添加抵抗水平力的构件。为了优先确保中央部分流线，避免使用斜柱，我们使用了竖向柱来支撑楼板，并布置了支撑（图 4）。

V 字形柱的细部

虽然从力学角度看，斜柱和梁的交点集中在一点会更好，但这在钢结构制作上较为困难。在建筑的四边考虑到钢结构制作的易行性，统一了斜柱的角度，避免构面内的斜柱之间的交叉，梁和斜柱偏心连接，通过梁的抗弯剪力来传递柱的轴力（图 5，照片 3）。斜柱使用 STKRN490，外径 450 mm 的钢管，壁厚 22 ~ 36 mm，根据所需刚度和强度进行调整。钢管柱与 2 层梁的交接则是通过上下的水平隔板焊接连接。在建筑转角处 2 根斜柱相交的柱头部，构件的轴心相交于一点，但考虑到制作方面的因素，我们对细部进行了推敲，让 2 根斜柱通过贯通式隔板转为竖直，并通过 2 枚腹板 PL–45 链接钢管（图 6，照片 4）。

V 字形柱的柱脚部，钢结构的节点处将两根斜柱转向竖直方向并合并在一起，且为了确保剪力的传递，将钢构件埋入基础梁中，并在埋入部分的钢管内部填充混凝土，通过钢管的局部压力和螺杆的剪力抵抗传递应力（图 5）。

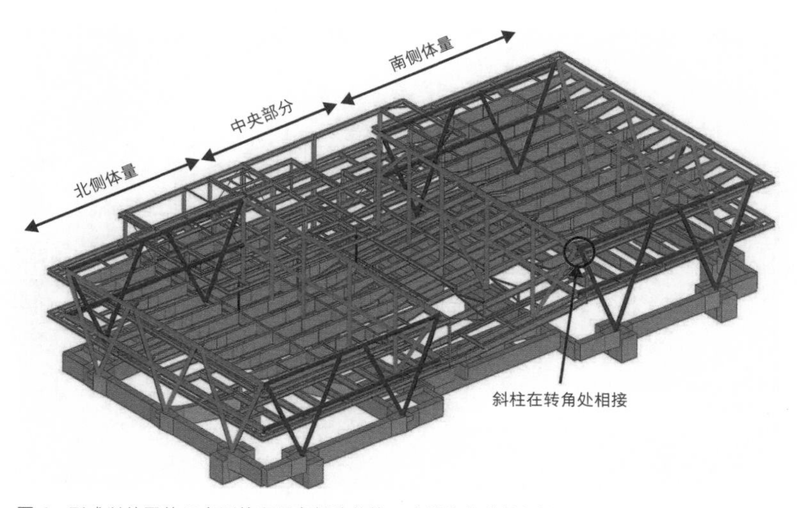

图 4 形成以外围的 V 字形柱和通高部分的柱 · 支撑为主体的架构

照片 3 钢结构的组建场景。由于还未安装 2 层的外立面，可以看出斜柱贯穿了 1 ~ 2 层

照片 4 转角处的斜柱节点

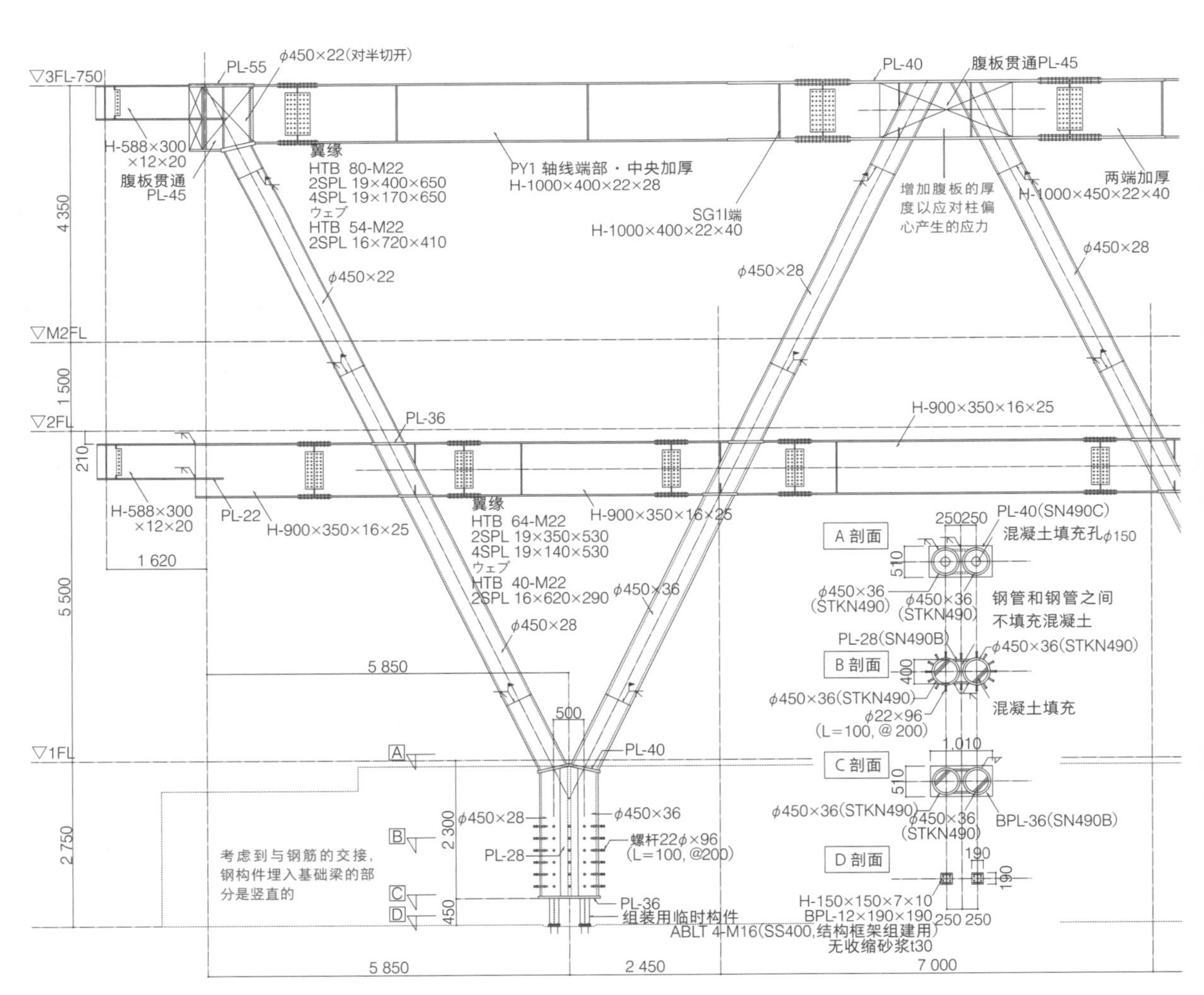

图 5 V 字形柱的详图（S=1/120）

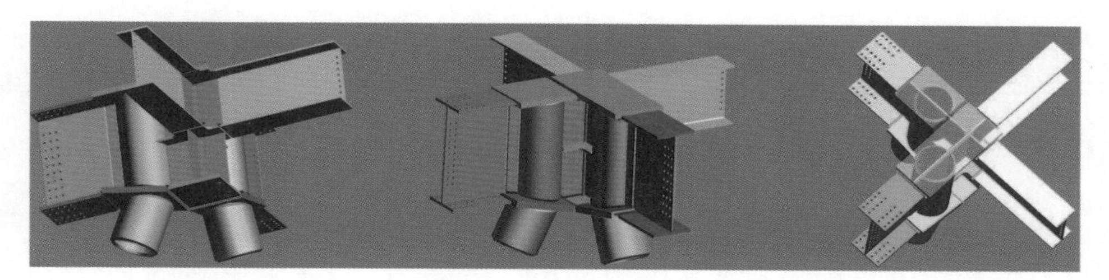

图 6 转角部的柱头节点

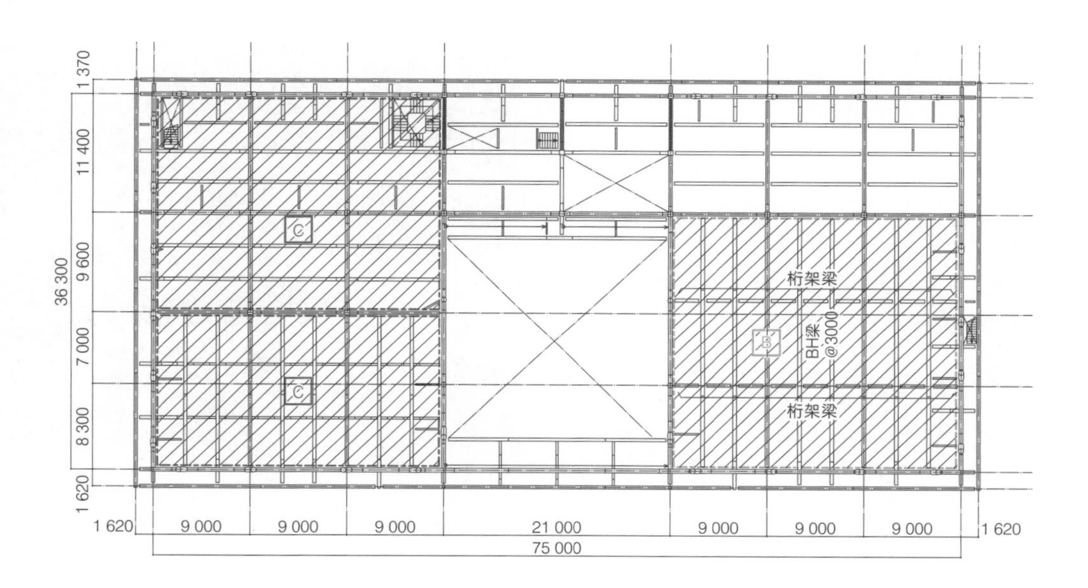

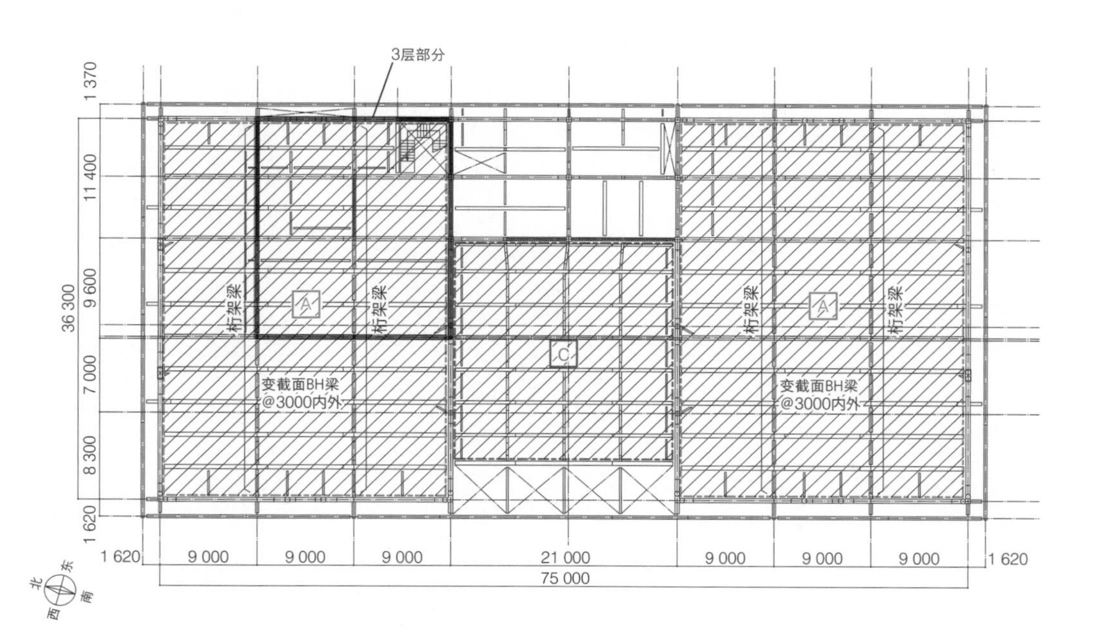

图 7 2、3 层结构平面图。2 层（上）、3 层（下）的结构为支撑大空间的结构，根据大小分为 A、B、C 三种（S=1/700）

大跨展厅的梁结构

两侧展厅及它们之间的通高中庭都为大跨空间，如图 7 所示有 A、B、C 三种模式。空间最大的 A 的平面规模约为 27 m × 36 m，图左侧的 A 的一部分结构也支撑了建筑体量后退的 3 层的梁上柱。

A 和 B 的结构形式相同，平面形状的边长比为 1.2 ~ 1.5，虽然短边方向的梁有更多的力的流动，但为了确保竖向位移的均一性并防止振动，使用了井格梁。为了减少钢材用量曾考虑过使用桁架结构，但在一定的荷载作用下为了限制桁架高度，弦杆会变大，考虑到钢构件加工所花的工夫，采用桁架的好处有限，因而采用了焊接 H 型钢梁。以 3 m 的间隔布置梁，焊接 H 型钢梁的梁高为 1 500 mm、宽 350 mm、厚 22 mm，两端部的梁高减少到 900 mm 以确保设备空间，作为屋盖部分的上翼缘设置了排水坡度。长边方向上的桁架梁的间距为 9 m，因为梁高较小，上弦杆的截面变大，为 H–390 × 300。C 区域比 A、B 的空间小，在两个方向上都使用了焊接 H 型钢梁，形成井格梁（图 8，照片 5）。

照片 5 井格梁的施工场景

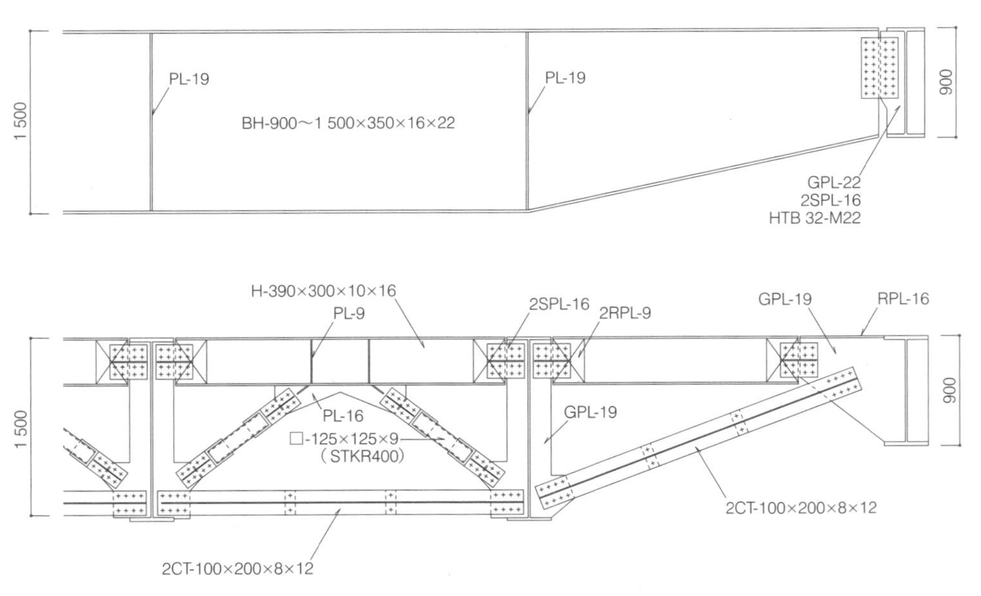

图 8 井格梁的详图。上图为短边方向的焊接 H 型钢梁，下图为长边方向的桁架梁（S=1/60）

钢筋混凝土结构及其细部

钢筋混凝土结构的特点

钢筋混凝土结构是通过搭建模板、设置钢筋并浇筑混凝土的方法来施工的，理论上来说，其特点是能够形成连续的自由形态（照片 1）。它通常应用于柱、梁等轴向受力构件和框架结构，也可用于楼板或墙等平面构件（照片 2）。建造楼板和屋盖的时候，可以使用梁和板等区分等级的构件构成，也可以使用像无梁楼板那样均质的结构构成（照片 3）。每种施工方法都有其优缺点。前一种方法的优点是易于自由设置楼板开口和布置楼梯，而且混凝土总量少、重量轻。后一种方法的优点是模板施工更容易，并能减小结构体厚度，但混凝土用量会增加。采用无梁楼板的话，可以根据受力情况，在楼板厚度相同的情况下区分使用空心楼板和实心楼板。

照片 1 利用钢筋混凝土结构特点的曲面屋面板

照片 2 柱与梁的钢筋组装起来的样子

照片 3 空心楼板的配筋

钢筋的节点

从节点设计的角度来看钢筋混凝土结构的话，它是通过组装钢筋和整体浇注混凝土来施工的，因此如果钢筋布置得当，节点将是刚性的，能够切实地传递应力。然而，通过配筋量能够控制的应力大小的范围是有限的，因此需要设定与构件截面相适应的配筋量，换句话说，需要有与应力相称的混凝土截面。例如，框架结构中梁柱节点的强度由混凝土体量决定的，因此主筋用量受到限制。即使通过增加配筋来提高次梁和楼板的强度，其截面也要根据挠度来确定。

虽然配筋详图是以二维表示的，但必须要意识到，配筋实际上是三维的。如果配筋过多，锚固部分的钢筋布置就很难处理，会导致可施工性变差。另外，在有型钢埋入时，为避免钢筋与型钢冲突，需要在型钢上打孔让钢筋穿过，这种情况可能会限制钢筋数量（照片 4）。

柱梁的大直径主筋的连接采用焊接或者机械连接，墙体和楼板等的小直径钢筋则使用绑扎搭接的

照片 4 钢筋混凝土基础梁内埋设型钢的情况下钢筋的布置也会受到影响

照片 5 用于粗钢筋的机械连接接头

方法（照片 5）。

预应力混凝土结构

钢筋混凝土结构是借助钢筋来抵抗拉力的结构，受拉侧的混凝土没有得到有效利用。预应力混凝土结构是弥补这一弱点的施工方法（图 1）。预应力结构的一个特点是，通过避免混凝土中产生拉力或将拉力控制在许用拉应力以下，以有效地利用构件的截面，从而使构件的截面尺寸做得更小。因此，预应力结构适合应用于大跨度的钢筋混凝土建筑，以及需要将钢筋混凝土构件做薄的情况。预应力可自由设定，梁一般采用 2 ~ 5 N/mm^2 的预应力。采用后张法的情况下，需要在端部设置锚固板以对混凝土施加压力，锚固部分的钢筋的排布也比普通钢筋混凝土结构更加复杂（照片 6、照片 7）。

在楼板和次梁中导入预应力时，大多会使用预

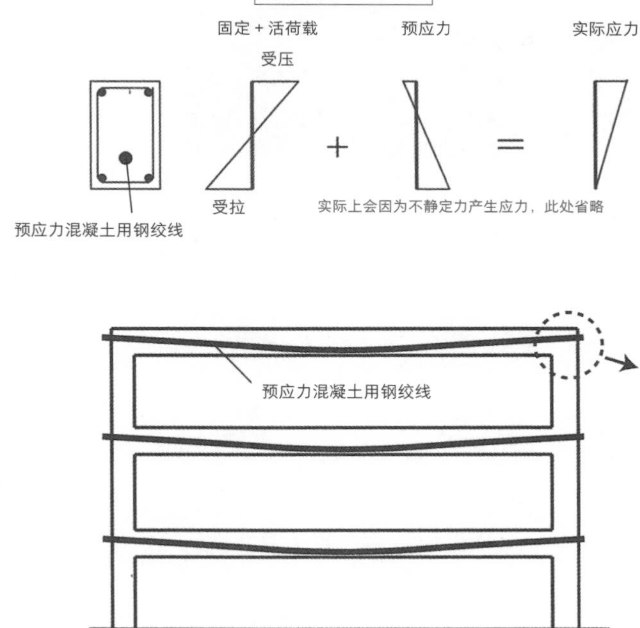

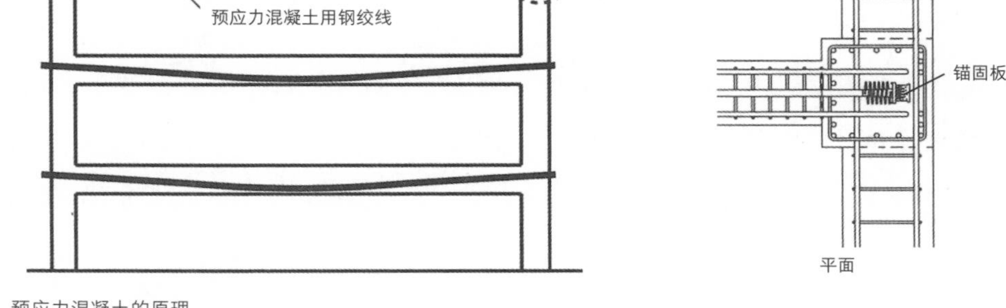

图 1 预应力混凝土的原理

照片 6 预应力混凝土中钢绞线的锚固处

照片 7 预应力的导入操作

照片 8 装配式混凝土结构的组装

应力钢绞线，预应力较小，锚固处也不大，因此节点较为简洁。

装配式混凝土结构

虽然材料与钢筋混凝土结构相同，装配式混凝土结构（预制混凝土结构）是一种在工厂完成构件制造、在现场组装的施工方法，其特点是能通过减少模板材料的用量来实现环保目的，能建造复杂形状的构件，以及实现较高的混凝土品质。由于预制混凝土的模板成本较高，因此适用于能重复使用同一形状构件的建筑。制造过程中使用先张法预应力的施工方法，可以更有效地利用材料。预制构件需要在现场进行组装一体化，一般有两种施工方法：在交接处使用现浇混凝土进行连接；通过施加预应力将构件连接成整体（照片 8）。使用第二种方法的情况下，预制混凝土构件的锚固端和张拉端需要使用特殊节点，因此还必须考虑施工性。

内之家

设计者：坂牛卓 + O.F.D.A

所在地：东京都杉并区

竣工年：2013 年 3 月

结构 · 层数：钢筋混凝土结构，地上 2 层

建筑面积：115 m²

照片 1（左）
坡顶屋盖秩序井然的外观（摄影：上田宏）

照片 2（右）
内部空间以通高为中心，有各个标高的房间（摄影：上田宏）

2_1 拥有大通高空间和错层的钢筋混凝土住宅

使空间得以联系的墙体布置设计

由墙体构成的结构

建筑的挑战——如何实现复杂的空间联系

这是一个平面形状呈长方形的坡屋顶住宅，外观规整（照片 1）。内部一楼的客厅是一个巨大的通高空间，别的房间围绕客厅平缓地联系在一起，形成了独特的空间构成（照片 2）。每个房间的楼板都是分开的，如图 1 所示，大致分成 3 个错层的楼板（其实有 5 层不同标高），并与顶部的屋盖一起构成了一个复杂的结构（照片 3）。因为是私人住宅，所以预算有限，我们必须打造一个安全可靠的家。与规模大小无关，如何实现复杂的结构总是不太容易。

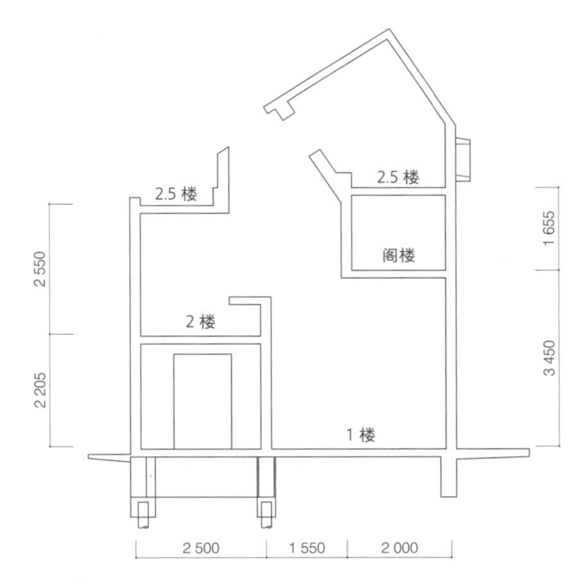

图 1 剖面图

照片 3　最顶层是被坡屋顶覆盖的空间（摄影：上田宏）

考虑如何支撑楼板

形状复杂的建筑往往可以通过使用钢结构来轻松解决，但该项目的设计概念包括“框架上开孔连接的空间”和“与外墙一体化的凸窗”，因此我们判断使用钢筋混凝土结构会更合适。由于墙体较多，我们使用了剪力墙结构，在调整墙体位置的同时，力求将空间构成与结构融为一体。在最初的空间构成设想中，上下层之间的钢筋混凝土承重墙是不连续的，我们考虑了三维的力的分布，调整了墙体与开口的位置，做出了尽可能合理的规划。

建筑创造空间，而结构为了实现空间建构墙体、楼板和屋盖。首先，我们要考虑如何支撑屋盖和楼板。图 2 是说明如何支撑每一层的屋盖和楼板

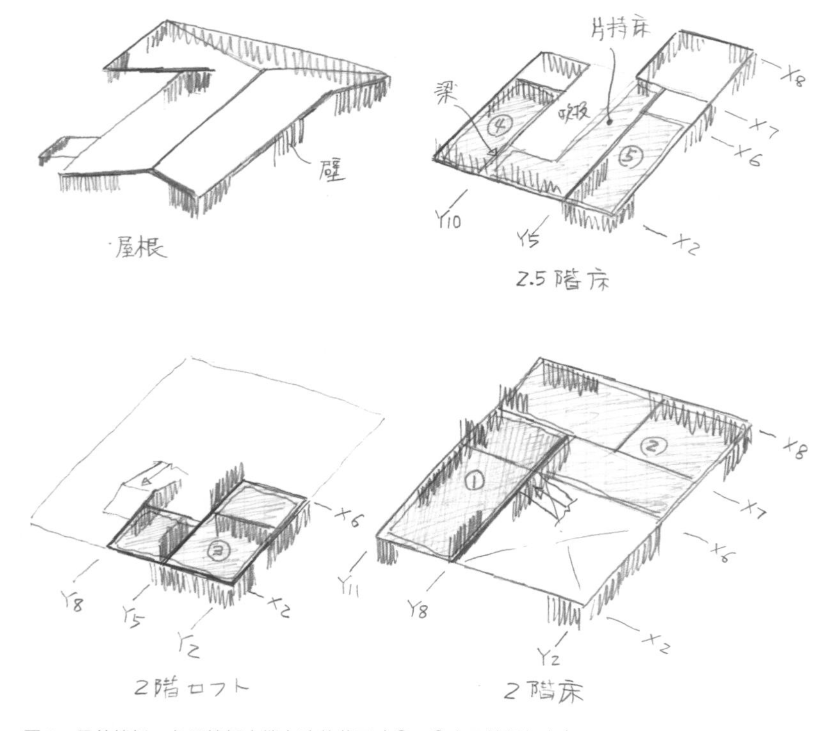

图 2　屋盖楼板、各层楼板支撑方法的草图（①～⑤表示楼板标高）

的草图，①～⑤表示各层楼板。楼板与屋盖由周围以及中间的梁和墙体支撑，墙体的布置方式尤其重要，所以我画了草图以便于理解。

屋盖四周由墙和梁支撑，是利用山墙形状形成的折板结构，但有一个特殊情况，即折板的缺口边缘没有支撑。各标高的楼板相对较小，由四周支撑，但每层墙体的位置都不同，并且不一定上下对应。在建筑短边方向上，*X*2、*X*8 轴的外墙线和 *X*6、*X*7 轴的两条内墙线都有上下连续的墙体，通过在正交方向上与各层不同的墙体结构组合，可以使结构成立。但如图 3 所示，短边方向墙体结构面上下连续，但墙体位置不同，因此需要结合所连接的梁截面进行调整。

抗震设计——考虑墙体的布置和厚度

该建筑结构的另一个重点是合理布置剪力墙以抵抗地震力。墙体是支撑竖向荷载的重要元素，同使也是抵抗地震力的要素，因此必须从不同的角度考虑它们的布置。最好能在整体上均衡地满足所需量来布置，但由于楼板被通高空间分隔，因此在确定墙体位置和厚度的同时，还要确认在每个体块的下一层都有墙体存在，以传递楼板四周的地震力，并在决定墙体位置及墙厚的同时确保通过这些墙体能将地震力传递到基础。

在上下层墙体不连续的区域，地震力会通过楼板传递到其他结构面，在确认这一点的同时，我们进一步调整了墙体位置和厚度。由于临街一侧（*X*2 轴）的开口要求尽可能大，所以墙厚设置为 300 mm，并尽量减少墙体长度。一层中心处的墙厚也为 300 mm 以确保平面上的平衡。其他壁厚为 200 mm。*X*6 轴和 *X*7 轴墙体上的开口位置上下不对位，通过将承重墙与墙梁连接来增加墙体的刚度和强度（图 3）。

理想情况下，建筑墙应与结构墙是一致的，但在悬挑楼板端部的墙并不能起到结构作用，相反还会增加荷载负担，因此这部分使用了干式墙板的做法。只看施工过程中的照片会发现该部分和完工后的空间有一些差异，但是考虑到可以减轻结构体的重量，我们认为从结果上来说是更合理的（照片 4、照片 5）。

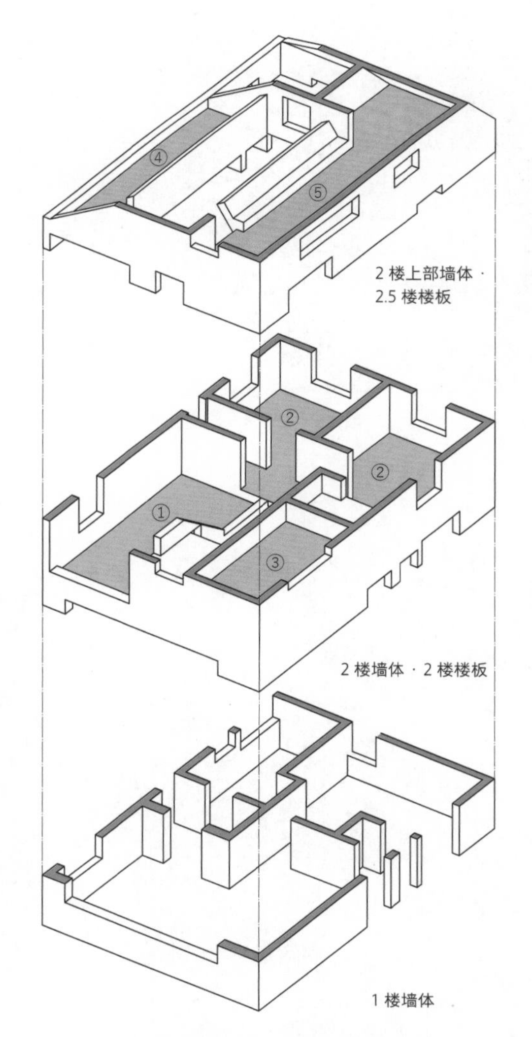

图 3 各层的抗震墙的布置（①～⑤与图 2 对应）

细部

确定了楼板的支撑方法和墙体的布置之后，开始根据应力布置钢筋。虽然该项目是由墙体与楼板构成的复杂结构，但是配筋的节点很简单（照片 6）。这利用了钢筋混凝土结构的优点。

照片 4 结构体完成时的样子

照片 5 悬挑楼梯部分的混凝土形状

照片 6 屋盖板规整的配筋（摄影：TH-1）

LAPIS

设计者：饭田善彦建筑工房
所在地：东京都港区
竣工年：2007 年 10 月
结构 · 层数：钢筋混凝土结构，地上 8 层
建筑面积：517 m²

照片 1（左）
下层由隔震间距决定，上层由临街建筑规范决定的外观（摄影：铃木研一写真事务所）

照片 2（右）
自由设置开口位置（摄影：铃木研一写真事务所）

2_2 在狭窄场地建造的钢筋混凝土住宅的隔震结构

由隔震间距和临街建筑规范形成的形态

由墙体构成的结构

建筑的挑战——如何在狭窄的场地上实现隔震结构

本项目是一栋位于市中心商业区的八层建筑（照片 1、照片 2），1 ~ 2 层是银行，3 ~ 6 层是租赁住宅，7 ~ 8 层是业主的住宅。业主强烈要求采用隔震结构，以提高建筑物的抗震安全性，并确保其资产价值。然而，场地面积狭小（8.7 m × 12.7 m），而且角落里 1.2 m × 1.5 m 的部分有一个神社不能动。考虑到采用隔震结构需要确保建筑物周围的间距，实际上建筑占地面积会大大减少。出于这些原因，虽然在狭窄场地上的建筑通常不采用隔震结构，但这次无论如何我们都想要实现“狭窄场地上的隔震结构”这一挑战。

积极利用隔震结构——通过钢筋混凝土剪力墙结构提高空间品质

我们在底层缩小建筑平面以留出间隙，并在上部的楼层扩大平面以确保获得与通常建筑相同的面积，从而解决了隔震间隙导致的面积减少的问题（图 1）。这个想法决定了建筑本身的形态，因此我很好奇能不能得到饭田善彦的理解，所幸他也觉得很有意思。由于临街建筑控制线的限制，建筑的上部本就必须被切成倾斜的，因此建筑的下部和上部便都呈现出收缩的形态。该建筑可以说是由下部受到的技术条件限制与上部受到的法规限制，也就是社会条件的限制，而决定了其形态（图 2）。作为高宽比较大的建筑，技术方面的另一个挑战，是防止

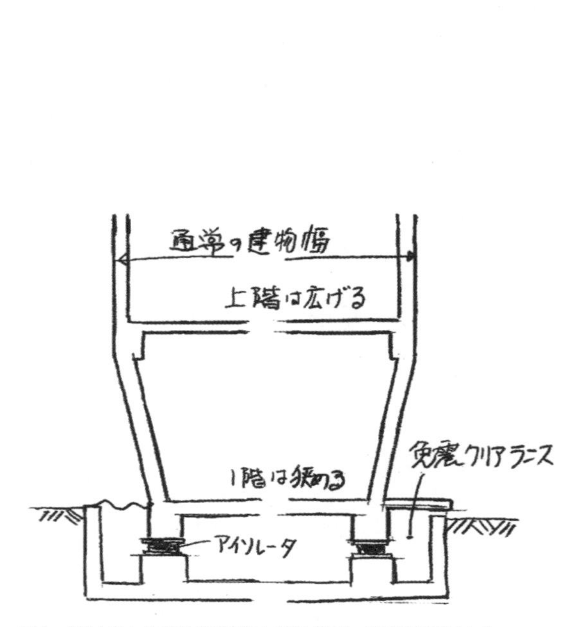

图 1 通过扩大位于隔震间隙上部的楼层，来确保平面大小

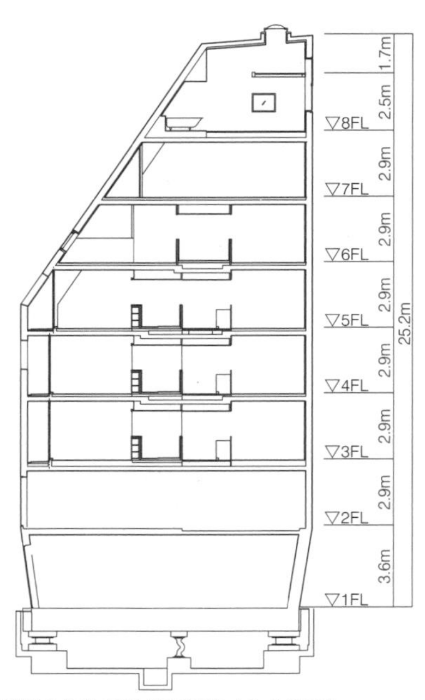

图 2 剖面形状上下收缩的框架结构（S=1/350）

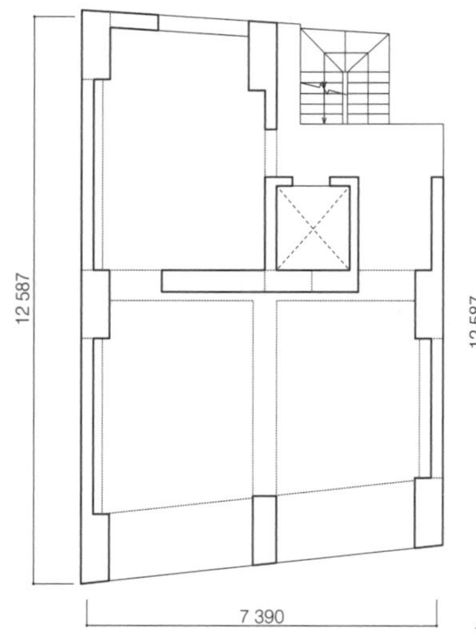

图 3 使用抗震结构时的标准层平面图（S=1/200）

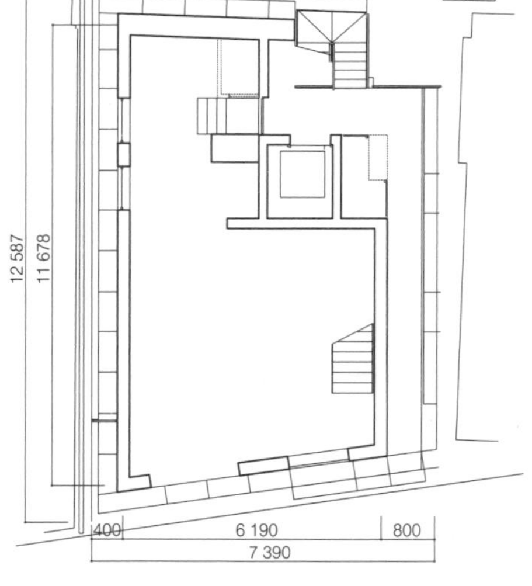

图 4 使用隔震结构时的 1 层平面图（S=1/200）

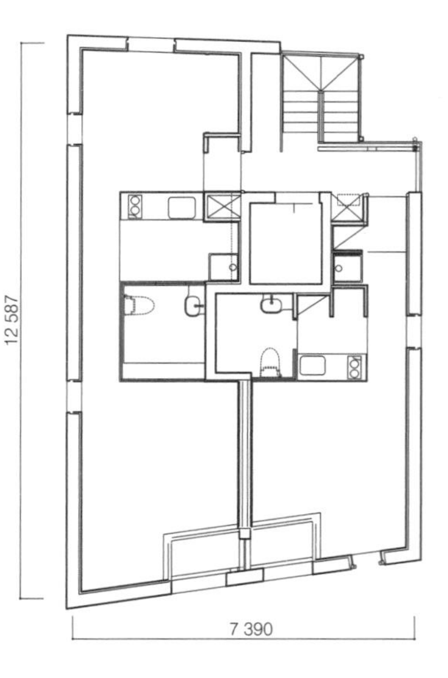

图 5 标准层（4 层）平面图，由墙体和楼板构成的结构（S=1/200）

隔震器产生拉力。该项目是8层的钢筋混凝土建筑，一般来说不能使用剪力墙结构，而是作为带墙体的框架结构来考虑，因此平面上柱子会突出，或者将墙厚调整为300～350 mm以适应扁柱的尺寸（图3）。使用隔震结构的话，墙厚可以全部控制在250 mm，开口的位置和自由度都大大提高（图4、图5，照片1、照片3）。由于垂直构件只有墙体，所以能处理得很利落，我们同时也想把楼板做成无梁的纯粹的形态，于是使用了球体中空楼板。将聚苯乙烯泡沫球形模板呈网格状排列，在楼板周边平面被斜切的部分，则通过每隔几个球形模板就减少一列的方法来应对（照片4）。

照片 3 无柱的简洁室内（6 层局部）

照片 4 楼板由空心楼板构成

大高宽比隔震结构的宿命——考虑防止隔震器受到拉力

虽然上部结构设计得很简洁，但因为该建筑是在狭窄场地上建造的隔震结构，所以隔震装置和基础的设计并不容易。考虑到大楼的规模，为防止隔震装置被拉拔，我们只在四个角部安装了隔震装置（图 6，照片 5）。然而，由于场地后部有一个缺角，导致与建筑后部的高度相比，隔震装置之间的距离极小，高宽比超过 6，这意味着地震力很容易对隔震装置产生拉力，使隔震结构无法起作用。为了减少隔震装置受到的拉力，我们考虑了两种应对方法：增加竖向荷载以提高抗震自重；减少地震力引起的倾覆力矩。关于前者，我们可以把一层的楼板做成 1 m 的厚板作为配重，以防止隔震装置被牵拉。此外，将建筑后部的 1 层外墙设定为 500 mm 厚以增加重量（图 7）。

关于后者，可以通过选择阻尼器来应对，同时考虑到由于场地狭窄，需要尽可能减小隔震层的位移。考虑阻尼器的类型和阻尼时，既要减少应对地震的倾覆力矩，又要控制隔震层的位移。这两个条件是相互矛盾的：增加阻尼器的阻尼可以减小隔震层的位移，但会增加上部结构的响应，并增大倾覆力矩。如图 8 所示，红色表示倾覆力矩，蓝色表示隔震层的位移，横轴向右表示阻尼器阻尼水平越高，通过观察图表可以确定合适的阻尼。如果使用油压阻尼器的话，很容易在减少位移的同时抑制倾覆力矩的增加，但成本较高。这次，我们探讨了使用平价的钢制和铅制阻尼器的最佳组合（图 6）。

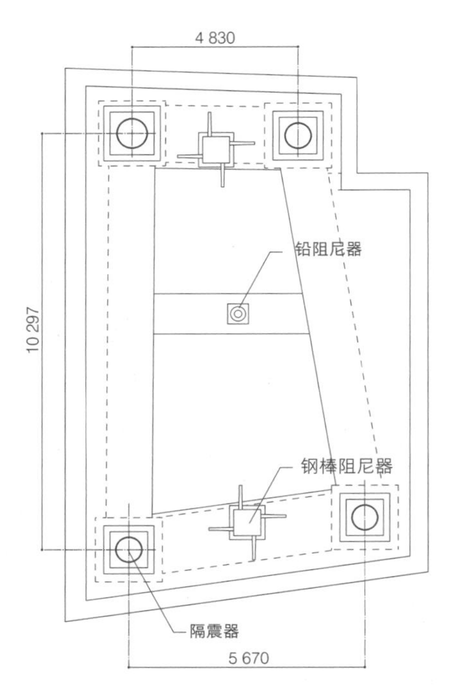

图 6　隔震装置的布置（S=1/180）

照片 5　隔震器的施工

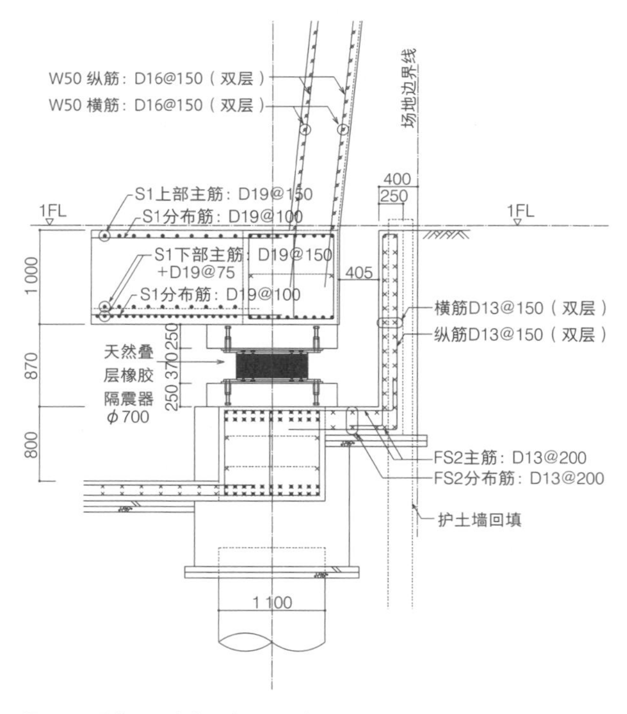

图 7　隔震装置周边详图（S=1/80）

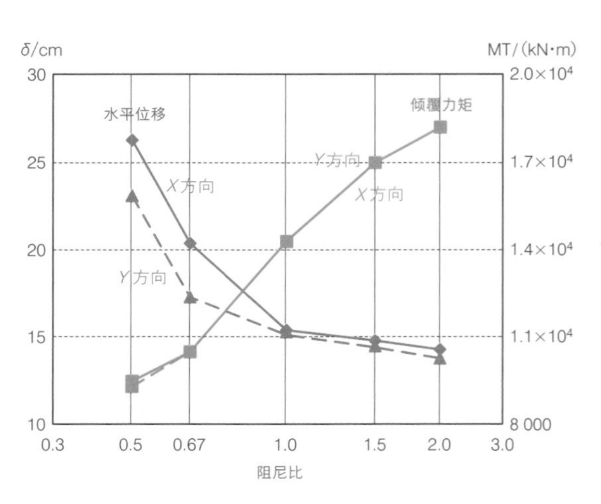

图 8　阻尼量、倾覆力矩（α 隔震器拉拔力）和隔震层位移之间的关系

三次市民中心 kiriri

设计者：青木淳建筑计划事务所（AS）
所在地：广岛县三次市
竣工年：2014 年 11 月
结构 · 层数：钢筋混凝土结构 + 钢结构，地上 5 层
建筑面积：10 892 m²

照片 1
被底层架空抬高的会堂建筑（摄影：AS）

2_3 带有架空层以应对水灾的多功能会堂

短墙的不规则布置为架空层空间带来变化

框架结构

项目的挑战——创造一个架空层作为公共大厅的留白空间

这座多功能会堂是通过方案竞赛在当地建造的，其最大特点是在预设洪水灾害的情况下将建筑抬高了 5 m（照片 1）。在 2018 年 7 月日本西部的暴雨中，场地附近的河流泛滥，地面积水严重，而在当时的方案竞赛中并没有设置这样的条件，因此必须通过设计上的巧思来弥补抬高建筑增加的成本。建筑被抬起后下部空间基本上是一个停车场，但也希望它能作为一个多功能广场供日常使用（照片 2），因此需要考虑如何设计其建筑空间与结构。上层的会堂包含大大小小、功能各异的空间，采用什么样的结构也是一个问题。此外，如何建立有很多墙体的上部结构与下部架空层结构之间的关系，也是本项目的重要课题。

底层架空的形式——通过轴网操作产生变化

会堂建筑通常在会堂周围设置钢筋混凝土抗震墙，而大堂等开放空间通常采用轻型结构，地震力由会堂一侧承担。本项目将大小不同的会堂分散布置，设计成一个具有洄游性的建筑（照片 3、照片 4），结构设计也基本如此，会堂的墙体作为抗震墙使用（图 1）。因此，由于上层是多墙结构，从抗震设计的角度来看，底层架空的结构必然也会有很多钢筋混凝土墙体。在主会堂部分，下部的一部分被用作机房，会堂四周的墙体一直延伸到 1 层，上下两层的墙体连续布置。

照片 2 停车场也用作多功能广场（照片：阿野太一）

照片 3 从玻璃幕墙楼梯间进入 2 层门厅

照片 4 走廊在会堂层形成洄游式流线

至于其他部分，根据 2 层以上的会堂的结构布置，我们提出了一个平面方案，即以 6 ~ 10 m 的间隔确定 1 层的结构的轴网，并在交叉点上布置 600 mm 的方柱，同时适当布置抗震墙图 2（a）。然而，这只是一个普通停车场的样子，我们认为这对于青木淳的建筑来说是不够的，于是继续提出各种不同的设计方案。

首先，柱子与墙体的组合布置并不理想，我们希望柱子的宽度和墙体的厚度相同，但如果墙体与 600 mm 的柱子一致的话就太厚了，所以我们决定采用 450 mm 的厚度图 2（b）。接下来，我们希望打破网格，特别是通过将结构与轴网交点错开而使空间产生变化图 2（c），因此短墙的布置如图 3 所示。如果我们只关注短墙，就会感觉结构是不规则的，但这是基于规整的轴网的操作，所以上层结构的轴网并没有被打破，上层的墙体通过梁由下层结构支撑，结构上很清晰（图 4 ~ 图 6）。虽然操作简单，但实现了停车场特殊的氛围（照片 5、照片 6）。

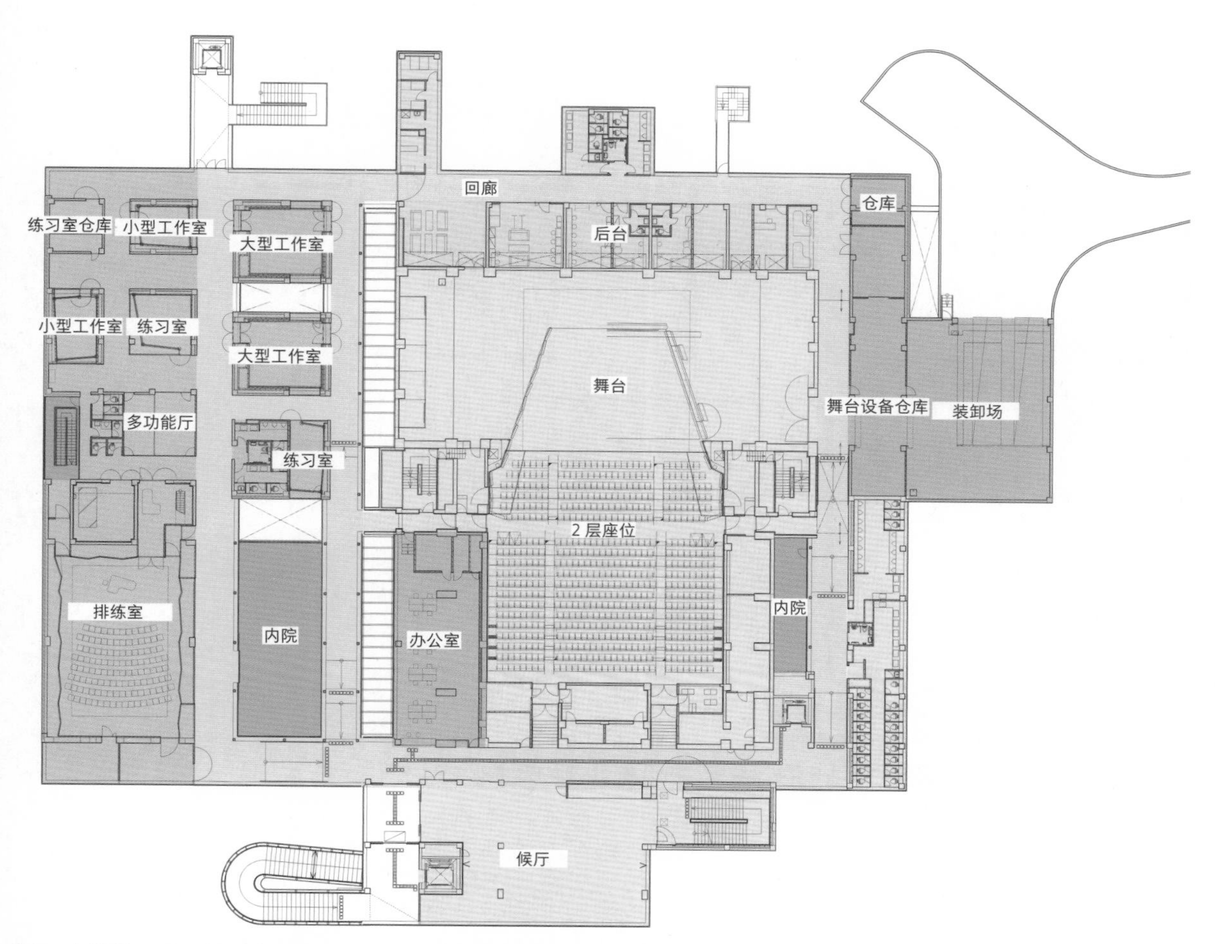

图 1　会堂层平面图。右侧为大会堂，左侧排列有中小型会堂和工作室（*S*=1/600）。
门厅、主厅和后台用于大型活动。工作室组团供日常使用，同使也能使用后台准备室。当主会堂关闭时，能通过回廊在整个建筑内引导人流

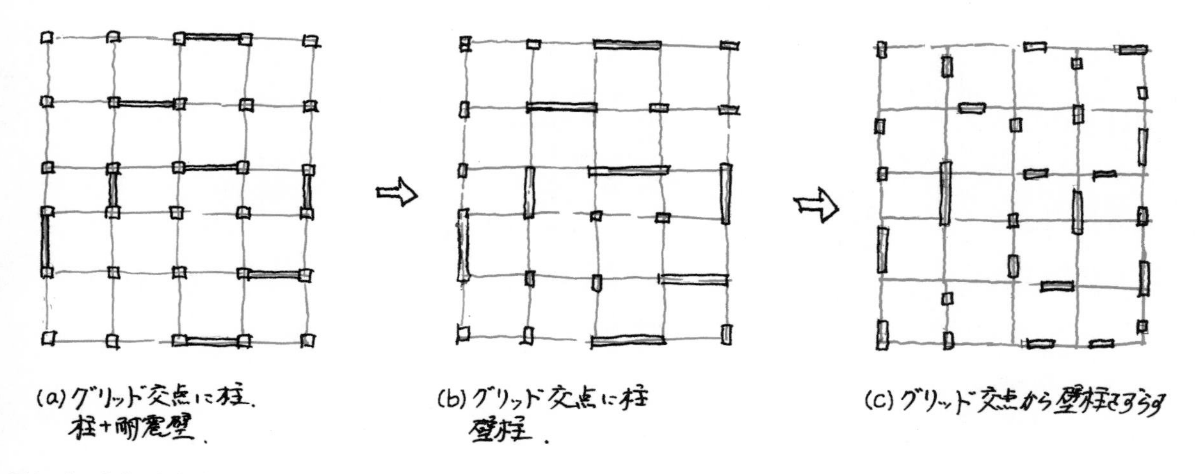

图 2　在研究底层架空的过程中，对规整的柱列布置进行改动

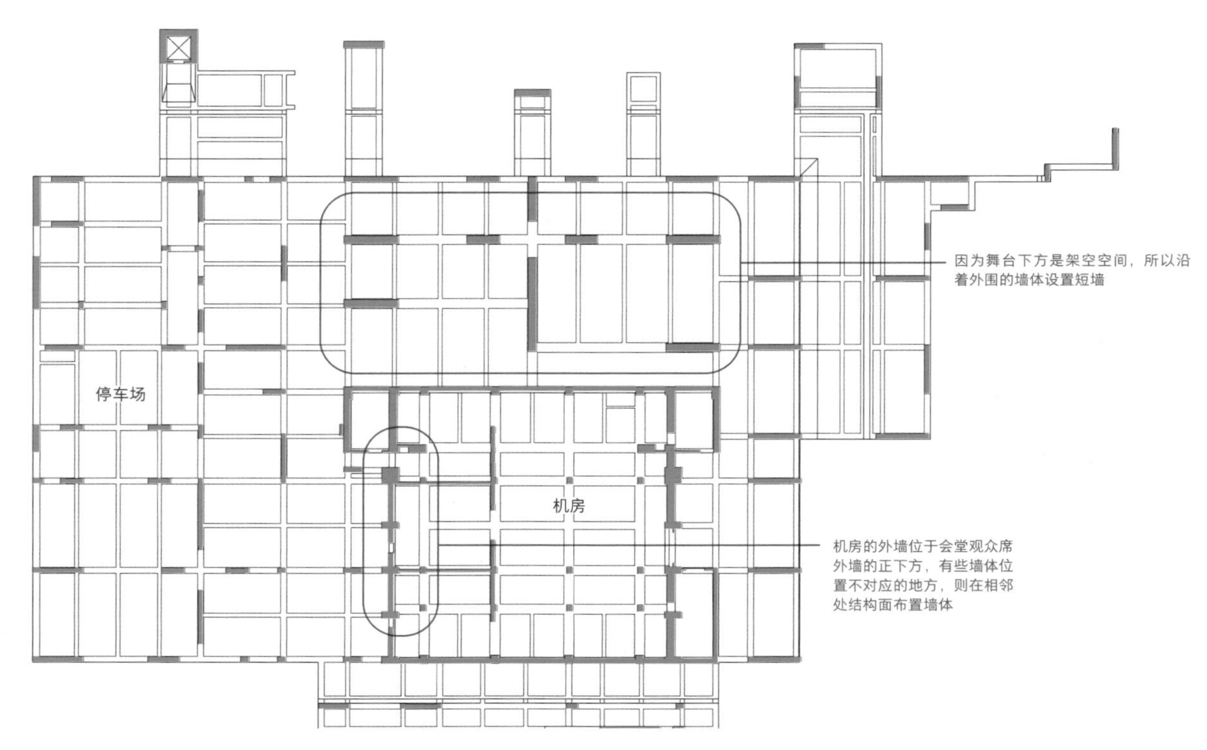

图 3 1 层架空层的短墙布局。停车场部分由偏离轴网交点布置的短墙构成（红色：钢筋混凝土短墙）

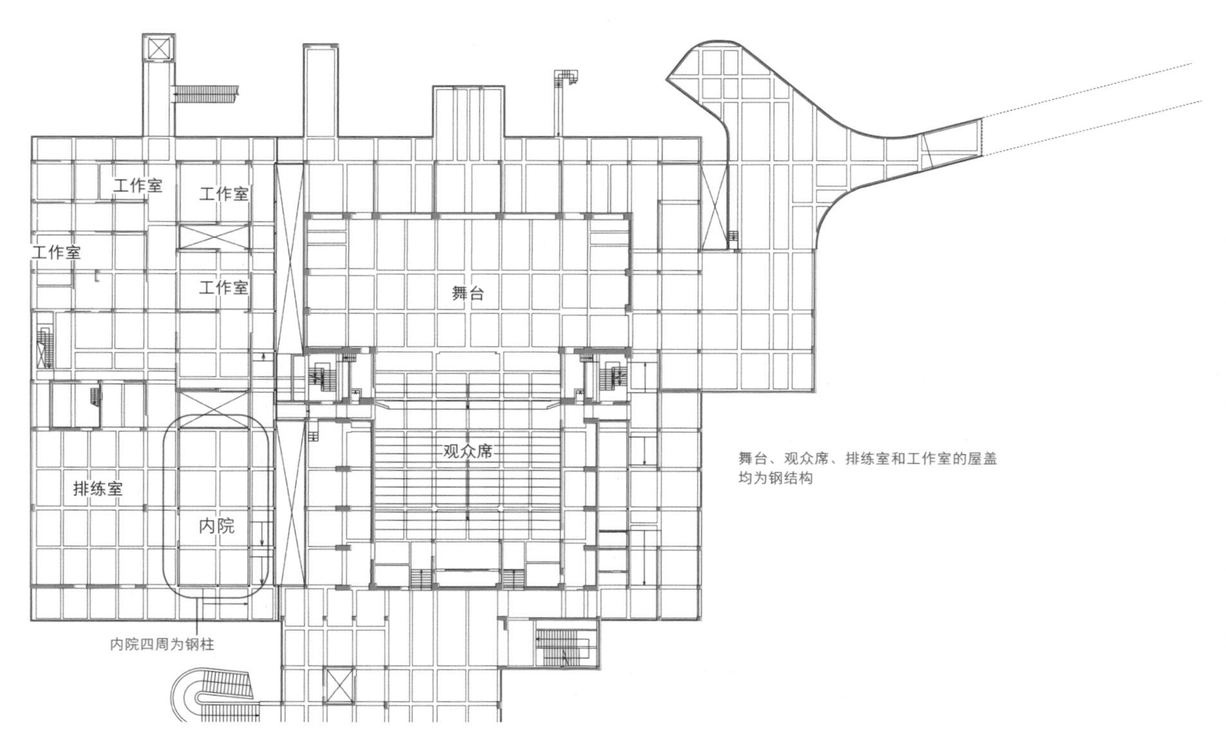

图 4 会堂层的结构平面图。梁架网格井然有序（红色：钢筋混凝土短墙）

照片 5　从远处可以看到架空层

照片 6　通过对 1 层短墙的处理，形成了独特的形态

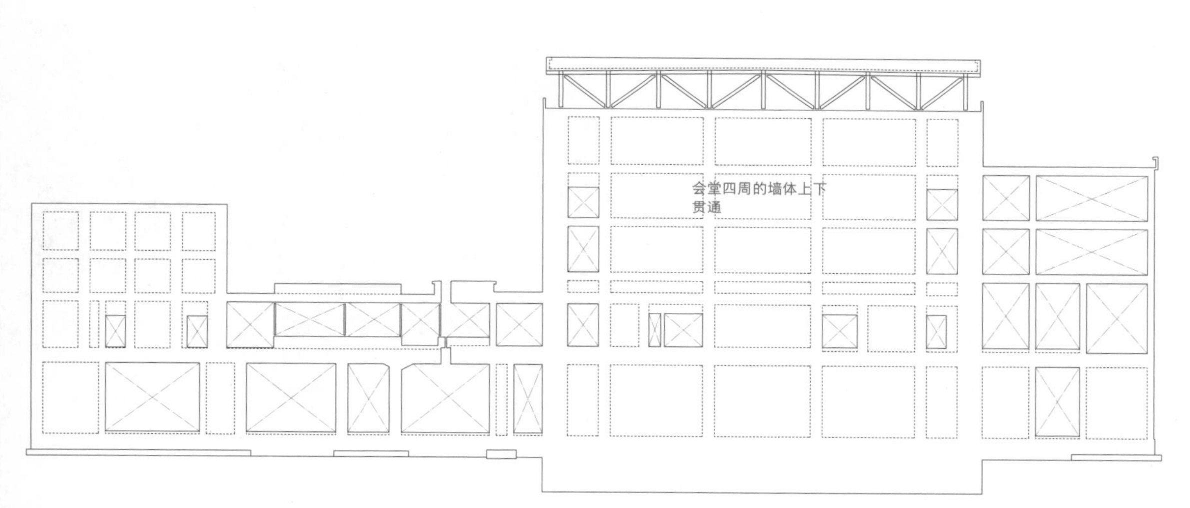

图 5　包括主会堂部分的结构框架图，墙体是上下连续的（S=1/400）

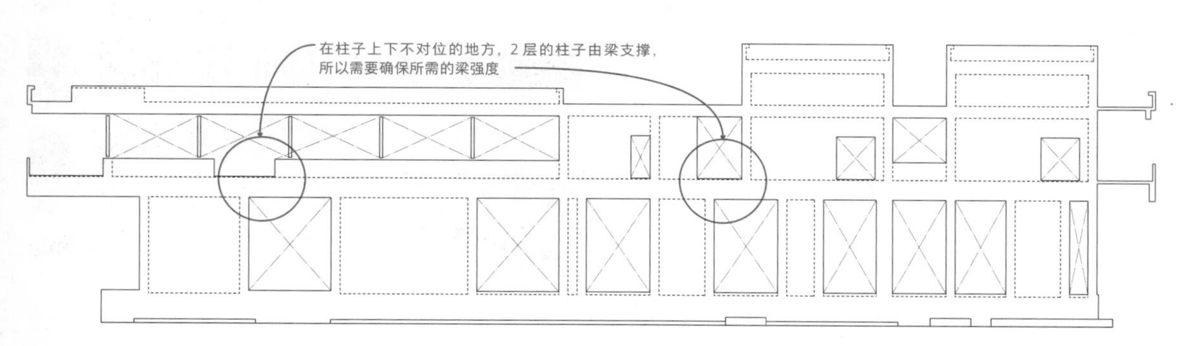

图 6　小会堂部分的结构框架图，上层墙体通过梁支撑（S=1/400）

照片 7 2 层钢筋排列整齐

照片 8 提前建造的短墙

细部——简洁的钢筋节点

2 层部分只是柱子不在梁的交点上，而梁是网格状的，所以配筋的施工过程与常规建筑物是一样的（照片 7）。柱子不在梁的交点上意味着柱子的主筋只与一个方向的梁相交，这有利于钢筋的排布。架空层是高为 5 m 的清水混凝土结构体，为确保混凝土的施工，提前浇筑了短墙（照片 8）。

钢筋的排布很简单，但必须注意钢筋混凝土与钢结构的连接部分。

内院四周的钢柱的梁宽是考虑到钢筋混凝土梁上的钢筋与钢结构锚栓间的连接来决定的（照片 9）。

照片 9 内院四周的钢柱

会堂的复杂架构

主会堂有 2 层和 3 层的座位，还设置了高侧窗。因此要考虑楼板高差和悬挑楼板，这就使架构变得复杂。

在对架空层进行研究的同时，我们还通过模型等方式对会堂周围的结构进行了研究（照片 10）。

照片 10 主会堂结构架构模型

东京大学信息学环福武会堂

设计者：安藤忠雄建筑研究所
所在地：东京都文京区
竣工年：2008 年 3 月
结构 · 层数：钢筋混凝土结构，地上 2 层、地下 2 层
建筑面积：4 046 m^2

照片 1
钢筋混凝土独立墙和大屋檐构成的具有象征性的外观（照片：小川重雄）

2_4 采用独立墙体和大屋檐的清水混凝土立面

运用预应力的钢筋混凝土梁、楼板与墙体

预应力

建筑的挑战——拥有长达 100 m 的独立墙体和大屋檐的建筑

本项目建造了一堵 100 m 长且带有水平方向开口的独立墙体，被命名为“思考之墙”（照片 1），其背后是一个贯穿到地下 2 层的总共有四层高的通高空间，被称为“学习与创造的交汇路”（照片 2）。该建筑有一个向外延伸的钢筋混凝土大屋檐，由 36 厘米见方的小型钢筋混凝土柱支撑，通过令人印象深刻的清水混凝土外墙与屋檐创造出特征明显的外观。由于通高空间贯穿整个建筑的前侧，所以前侧的外墙要承受两层高的土压力，墙体必须具备一定的厚度。但由于场地仅有约 17 m 的宽幅，因此有必要考虑控制墙体厚度。以上是结构方面的挑战，虽然该建筑的清水混凝土外观简洁明快，但我们在看不到的地方做出了结构上的努力，特别是活用了预应力技术。

由小立柱支撑薄屋檐——预应力结构的利用

地面层进深约 5.85 m 的教室组团外侧设置了一条 1.8 m 宽的通路，端部布置有用于支撑屋檐的 36 cm 方柱。这些小柱只承受竖向荷载，抗震构件则集中在后 5.85 m 进深的部分，但由于地下层有 9.45 m 宽的开阔空间，因此在地下层取消了在地面层作为抗震要素的柱子，形成了图 1 所示的结构形式。因此，1 层楼板采用预应力混凝土梁，梁高为 1.1 m（部分为 1.3 m），以支撑地上部分的柱子。

整个建筑的采光井深入地面以下达 8.4 m，抵抗土压力的墙体厚度对空间大小有很大影响，因此有必要尽可能地减薄墙体厚度。我们利用楼梯以及

照片 2　独立墙和通高空间（照片：小川重雄）

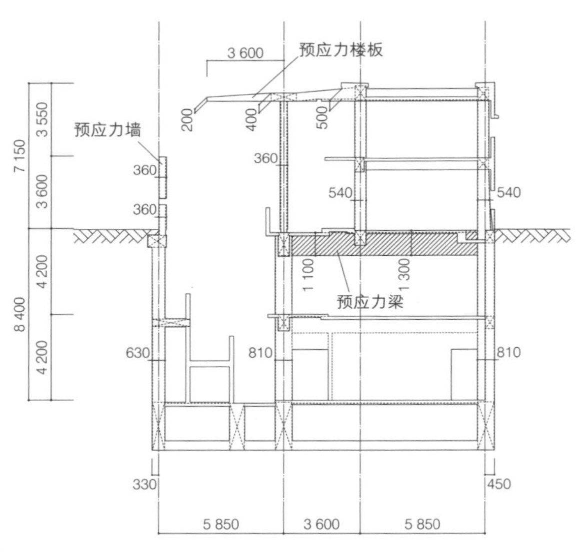

图 1　剖面图（S=1/360）

与建筑连接的桥：将楼梯作为倾斜的水平梁，将中间的连桥作为墙体与建筑的联系梁，从而将外围的墙体厚度尽可能控制在 630 mm（照片2，图1、图2）。

薄的屋檐由建筑四周的梁支撑，从梁向外出挑了 7.2 m。在 3.6 m 处设置了小柱，之外的 3.6 m 则是悬挑。根据文部科学省的设计指南，悬挑屋檐的设计荷载能力必须达到 1 800 N/m^2，考虑到上下震动，屋檐板不得不变厚。建筑外墙的楼板厚度为 600 mm，小柱处为 400 mm，端部为 200 mm，布置了 ϕ15.2 的无黏结预应力钢绞线。钢绞线在通用部位的间距为 1.4 ~ 2 m，考虑到应力集中在小柱周围，

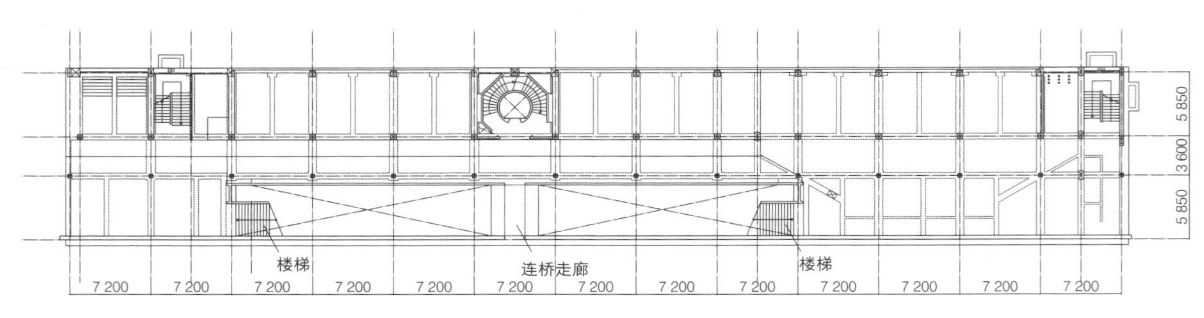

图 2　利用楼梯和连桥支撑挡土墙，以尽量减少墙体厚度

因此在柱子附近以较小间距布置（图 3，照片 3）。经过设计，即使考虑到活荷载，楼板中产生的弯矩也将小于混凝土的抗裂强度。

带水平长开口的 100 m 长钢筋混凝土墙——预应力的应用

建筑前侧 100 m 长的钢筋混凝土墙是独立于主体结构的墙体，其特点是有两个长约 20 m 的水平长开口。一般的独立墙体会像悬臂结构一样抵抗墙面的面外方向的地震力。但由于该墙体有水平长开口，因此在开口上部，墙面的面外方向的地震力会在水平方向传递，在两端没有开口的部分，作为悬壁墙的力进行传递。虽然应力状态简单，但开口上方墙体抵抗面外弯矩的强度较低。为了提高其强度而增加墙体厚度的话，地震力也会随着墙体自重成比例地增加。因此，有必要找到一种既能减轻自重又能保证强度的方法。为了提高面外抗弯强度和抗裂强度，我们考虑采用预应力结构。

照片 3　大屋檐的预应力施工（提供：鹿岛建设）

在厚度为 300 mm（包括涂层在内为 360 mm）的墙体中心布置了 5 根稍向垂直方向弯曲的 ϕ21.8 的无黏结预应力钢绞线，使得水平地震影响系数为 0.3 时受到的地震力低于其抗裂强度（图 4、图 5，照片 4）。

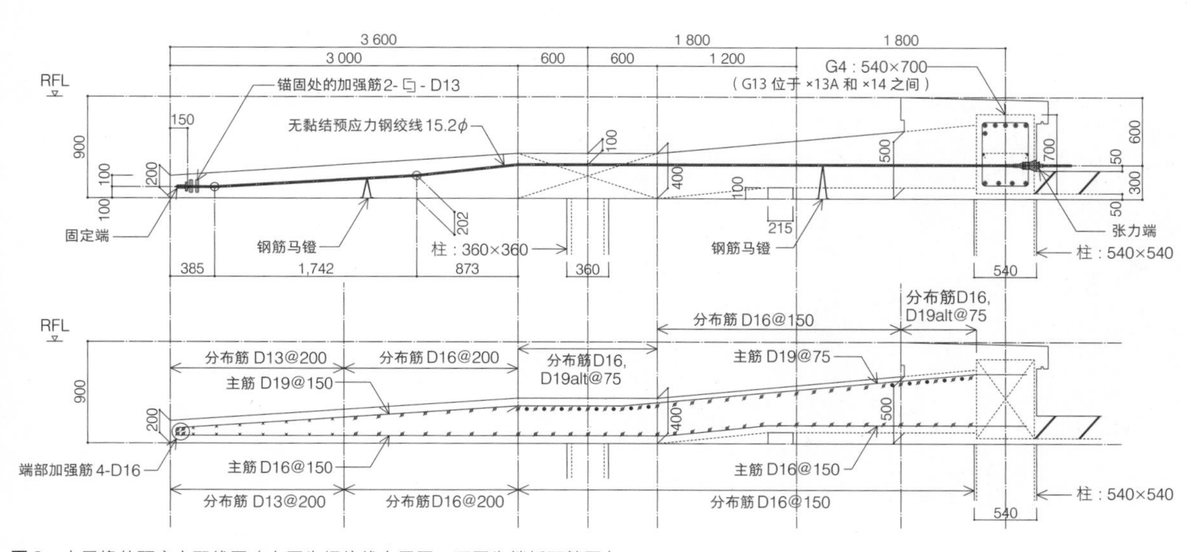

图 3　大屋檐的预应力配线图（上图为钢绞线布置图、下图为楼板配筋图）

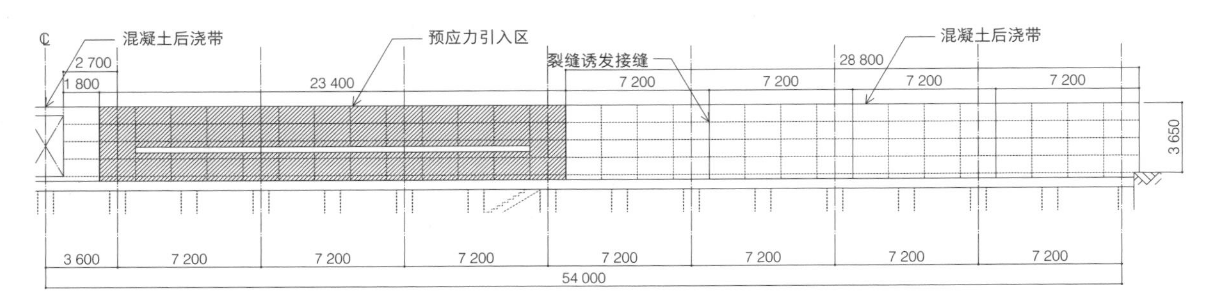

图 4 独立墙立面图（一半为示意图）

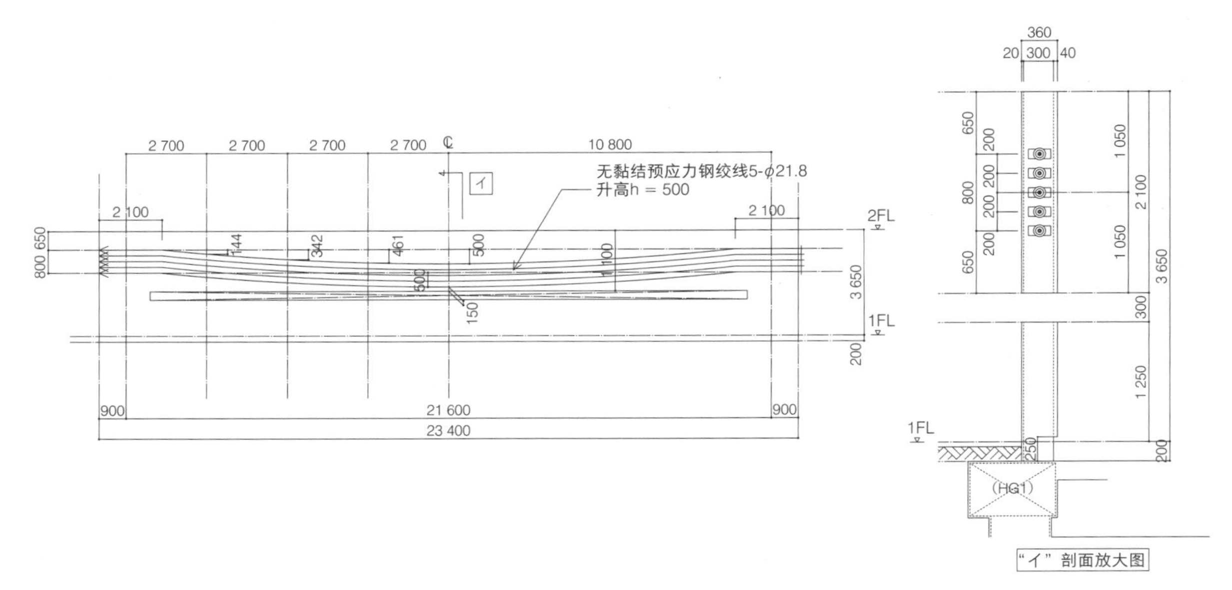

图 5 独立墙的预应力布线图（S=1/250）

照片 4 独立墙的预应力布线（提供：鹿岛建设）

工学院大学125周年纪念八王子综合教育楼

设计者：千叶学建筑计划事务所
所在地：东京都八王子市
竣工年：2012年8月
结构 · 层数：钢筋混凝土结构，预制混凝土结构，钢结构，地上4层、地下1层
建筑面积：12 028 m^2

照片1
由4个L形平面组成的建筑

预应力

由L形平面组合而成的教室组团

钢筋混凝土墙、钢结构柱、钢筋混凝土楼板、预制混凝土楼板等多种结构

建筑的挑战——L形平面建筑的结构，作为“教材”的结构

本项目通过方案竞赛选定千叶学为建筑师。作为校园设施新类型的建筑，四座L形平面建筑之间形成了一条被称为通廊（Passage）的通道。考虑到教室之间的流通性和建筑内外的可视性，设计出了具有统一感和张力的教室（照片1、照片2）。千叶学并不是在一开始就确定了设计，而是在项目推进过程中逐步明确设计方针的建筑师。在这个项目中，虽然设计的目标和面对的挑战产生了变化，但仅利用钢筋混凝土墙作为抗震要素来构成L形建筑的想法是一以贯之的。此外，该建筑是在工学院大学成立建筑学院时建造的，因此将整个建筑及其所包含的各种结构作为可视化的“教材”也是一项目标。

采用钢筋混凝土结构墙的开放式建筑

在矩形平面的学校和公寓建筑中，当房间呈线性布置时，房间的边界墙通常被用作结构墙，因此结构体系在短边方向上主要是抗震墙，而在长边方向上则是纯框架结构。在L形平面中，X和Y两个方向都可以用来布置房间的边界墙，那么似乎也可以在这两个方向上都使用抗震墙来设计结构。但实际情况并非如此简单，如果只在短边方向布置墙体，建筑物会产生很大的偏心（图1）。因此，在竞赛阶段，我们决定在外围走廊和教室之间设置墙体，以减小质心与刚心之间的偏移（图2）。

在基本设计中，由于设计条件的变化，平面尺

照片 2 建筑物之间设有通廊，形成一个供学生聚集的“街道”

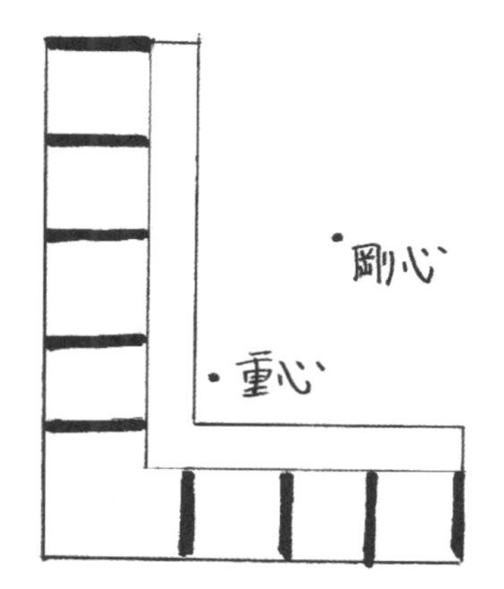

图 1 在 L 形平面中，如果仅在短边方向布置墙体，扭转会很大

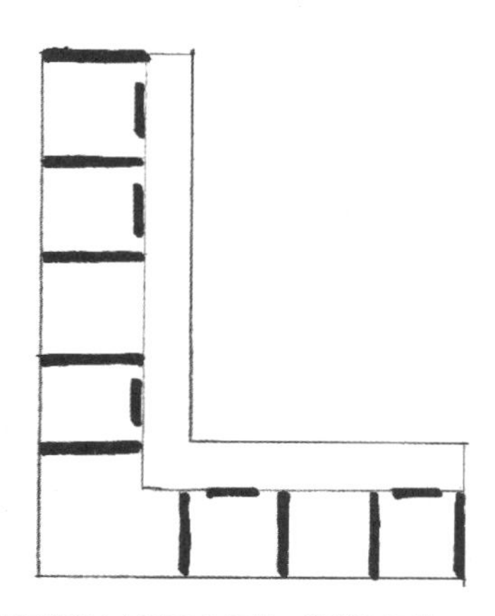

图 2 在走廊和教室之间追加抗震墙，以消除扭转

照片 3 基本设计完成时的建筑模型（左上是 W 号楼，下是 S 号楼）（提供：千叶学建筑计划事务所）

寸也发生了变化，特别是 W 和 S 两栋楼变成了大进深的 L 形平面（照片 3）。根据竞赛时的构想决定的抗震墙布置如图 3 所示。在 N 和 E 两栋楼的考虑上，我们希望有一条从通廊贯穿至外部的视线，因此考虑在走廊和教室、研究室之间不设置抗震墙，而只在短边方向设置墙体。另一方面，由于该设施是八王子校区的核心，我们向校方提出采用隔震结构的方案，以便维持建筑在地震后的运转，校方接受了这一建议。这就增加了上部结构抗震设计

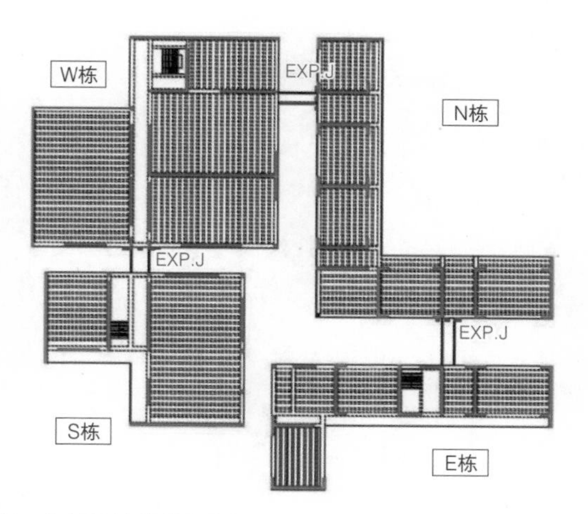

图 3 基本设计初期的墙体布局

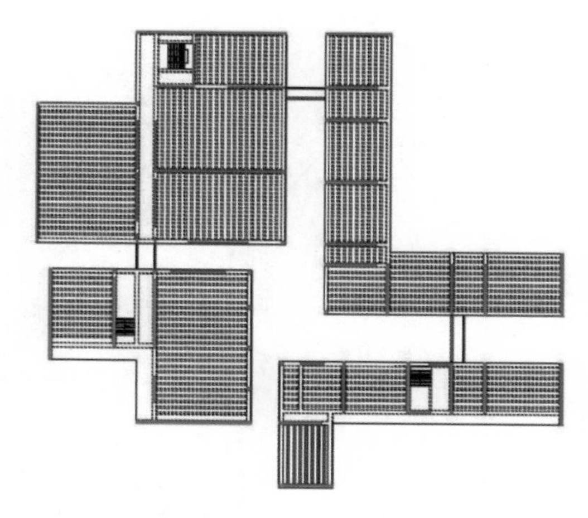

图 4 采用隔震结构时的墙体布局

的自由度，如图 4 所示，可以只用短墙作为抗震构件来设计 L 形平面。作为抗震构件的钢筋混凝土墙体厚 30 cm（W 楼和 S 楼的部分墙厚 40 cm），抗弯加强筋集中布置在两端部 40 ~ 50 cm 的部分。

根据空间大小采用不同的楼板结构

作为建筑“教材”，我们将隔震和抗震构件的钢筋混凝土墙可视化，除此以外，还能看到与空间大小相对应的不同的楼板形式，以及仅承受竖向荷载的钢柱。

建筑由四栋楼构成：N 栋和 E 栋由小教室、研究室等小房间组成，W 栋和 S 栋则由大阶梯教室和管理用房等房间组成。N 栋和 E 栋的楼板跨度在 10.35 m 以内，是带有次梁的钢筋混凝土结构；而 W 栋和 S 栋布置了大阶梯教室，最大跨度为 18 m，因此梁和楼板采用预制混凝土（预制混凝土）建造，通过这样的设计我们将空间大小与结构形式联系起来（图 5，照片 4）。楼板的竖向荷载由墙体支撑，此外，在需要实现开放感的部位使用钢柱支撑。钢柱采用组装式箱型柱的做法，以获得笔挺的边沿线，并施加了防火涂料，使得完工后也可展现材料的原貌（照片 5）。上部结构由四个 L 形建筑组成，1 层则作为整体采用了隔震基础。

细部——预制混凝土与现浇混凝土的混合结构

W 栋和 S 栋的 L 形平面整体而言宽度较大，内部被分成矩形平面的教室。教室的四周设置了由钢筋混凝土墙或钢柱支撑的预制混凝土梁构件，并在短边方向铺设预制混凝土楼板（图 5，照片 6）。预制楼板的跨度从 7.5 ~ 18 m 不等，但为了尽可能多地使用相同的模板来降低成本，我们考虑了通用化的形状：跨度从 7.5 ~ 14.5 m 的预制混凝土楼板使用肋间距为 900 mm 的双 T 板；14.5 m 跨度的楼板使用肋高为 650 mm 的楼板；在跨度较小的地方，将肋的端部做成切断的剖面形状，通过改变同一模板的分隔位置，应对不同的跨度制作三种类型的预制混凝土楼板（图 6）。

由于该建筑混合使用了预制混凝土与现浇钢筋混凝土，因此必须采用特殊的施工方法。首先组装预制混凝土梁和预制混凝土楼板，然后再浇筑钢筋混凝土的墙与梁。考虑到钢筋混凝土梁与预制混凝土梁的交接关系，我们设置了预应力钢绞线将钢筋混凝土梁制成预应力梁（图 7、图 8，照片 7）。

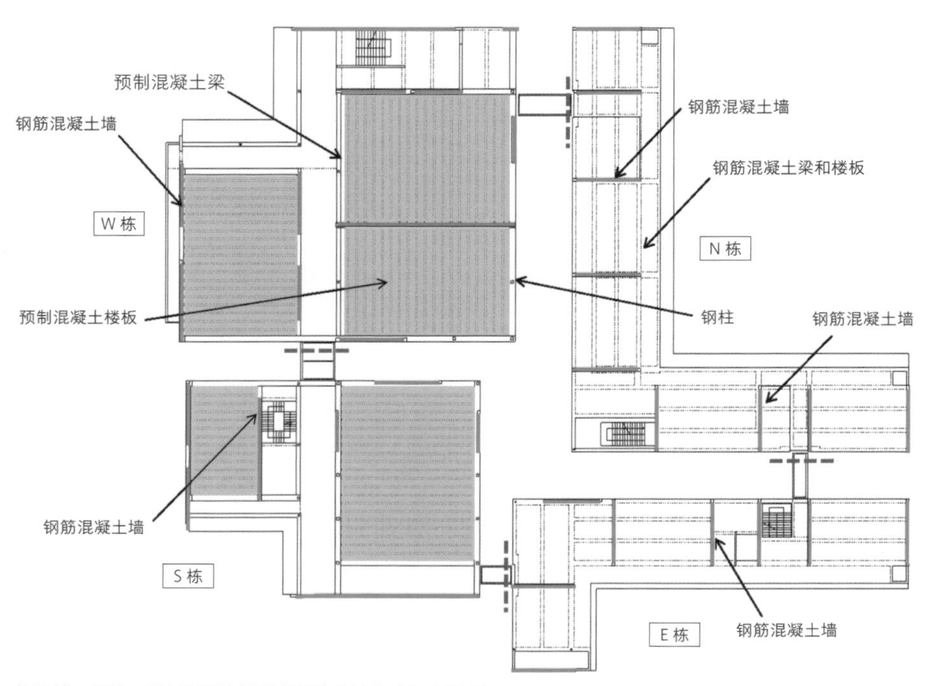

图 5 抗震墙、钢柱、预制混凝土板等各部位的结构（S=1/800）

照片 4 通过预制混凝土板实现的 18 m 跨度的大教室吊顶

照片 5 面向通廊的开口处设置钢柱以支撑竖向荷载

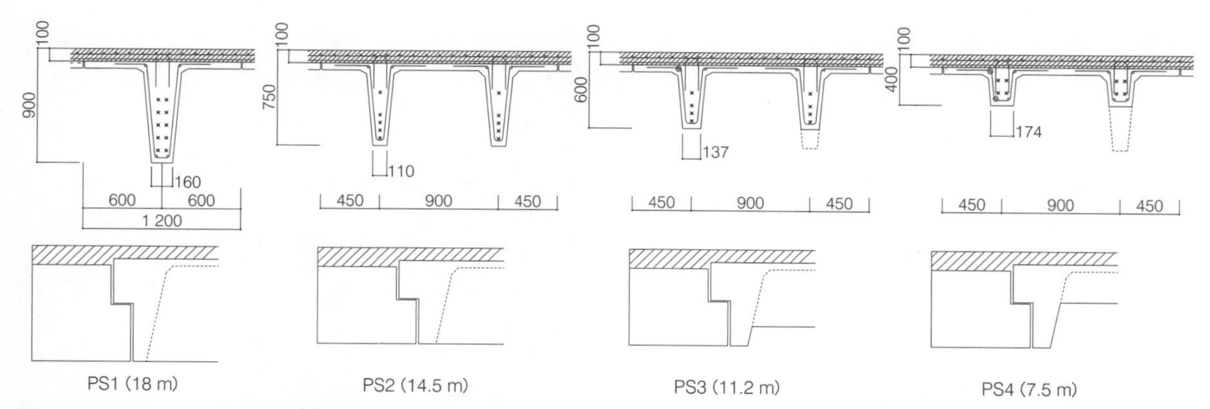

图 6 根据跨度确定预制混凝土构件的形状。14.5 m 以下的预制混凝土构件可使用相同的模板制造。预制混凝土梁上部设置现浇楼板

照片 6 预制混凝土楼板铺设在预制混凝土梁上

照片 7 提前组装预制混凝土梁，随后进行墙体和上部梁的施工

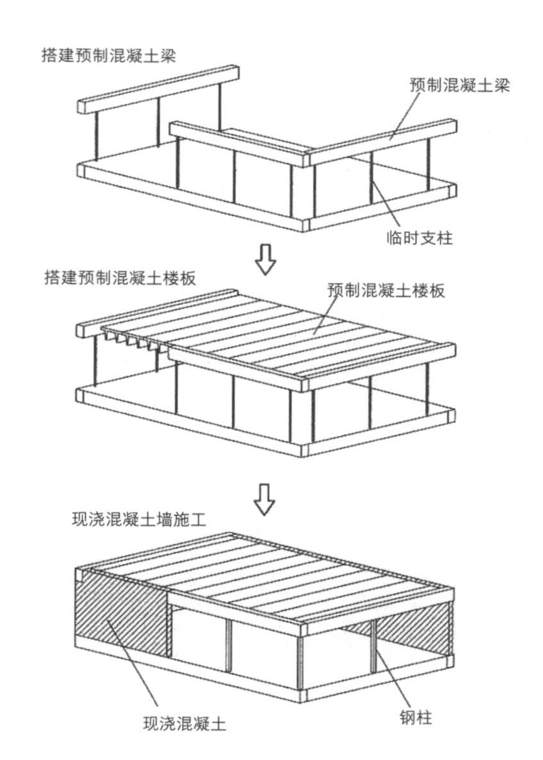

图 7 采用的施工方法是先组装预制混凝土梁，然后现浇钢筋混凝土墙部分的梁

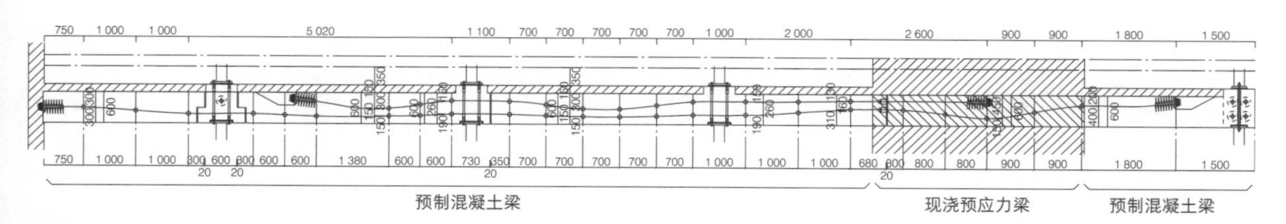

图 8 预制混凝土梁建造完毕后，现浇预应力梁，并整体导入预应力

低调的钢柱——钢柱与预制混凝土构件的交接

钢柱的尺寸和厚度根据所承受轴力的大小而不同，外径在 1 ~ 20 cm 见方之间。竖向荷载通过端部钢板与混凝土之间的承压强度来传递，混凝土中设有锚栓以防止位移。与预制混凝土梁交接时，锚固螺栓的位置由梁中鞘管的平面位置决定。如图 9 所示，有些预制混凝土梁只有一排鞘管，有些则有两排，对于前者，在预埋件中安装四个锚栓，而对于后者，则在柱子中间配置预应力混凝土用钢棒，将其一体化（照片 8）。

照片 8 钢柱与预制混凝土梁的连接

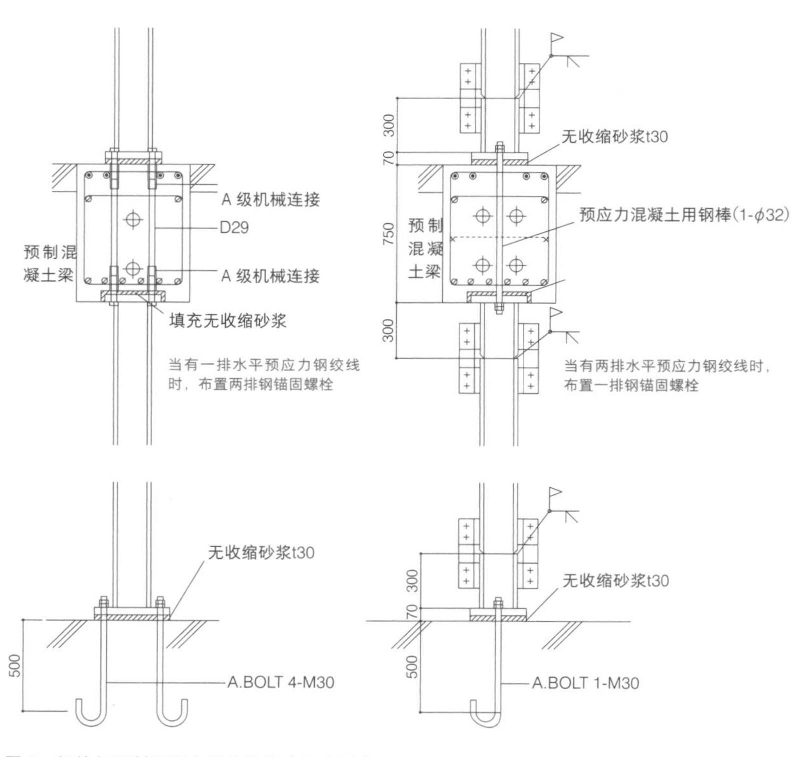

图 9 钢柱与预制混凝土梁的连接（S=1/40）

热海疗养中心

设计者：横内敏人＋前川建筑设计事务所
所在地：静冈县热海市
竣工年：1989 年 12 月
结构 · 层数：钢筋混凝土结构，预应力混凝土结构，地上 4 层
建筑面积：3 757 m²

照片 1
面向草坪广场的 1 层是疗养温泉，上部架设了预应力桁架并布置客房

用客房覆盖温泉空间的疗养所

架设预应力混凝土结构的桁架

预应力

建筑的挑战——创造非日常的空间

横内敏人与我一起参加了一个服务于健康保险协会会员的疗养院的设计竞赛，当时，我们两人都是三十岁出头。设计场地位于一座俯瞰太平洋的山丘上，由于这是一个康乐设施，因此我们的目标是创造一个非日常的空间。横内敏人的想法是在底层建造一个与外部融为一体的温泉空间，在上面建造两层客房（照片 1、照片 2）。26 m 跨度的客房使用桁架结构，两端由钢筋混凝土核心筒支撑，核心筒外部覆盖了反打式瓷砖。通常情况下会使用钢结构的桁架，但因为运往工地的通路较为狭窄，所以使用混凝土浇筑桁架比运入大尺寸的钢构件更为合理，且钢筋混凝土桁架的设计能与贴瓷核心筒形成鲜明对比。当然，由于钢筋混凝土结构抵抗拉力的能力较弱，因此前提条件是使用预应力，如何使用预应力就成了重要课题。

合理的预应力桁架结构——预应力钢绞线的巧妙布置

该建筑的平面四角均有钢筋混凝土抗震墙核心筒（图 1），用来支撑广场一侧（平面图的上部）客房的桁架结构，与两侧 20 ~ 40 cm 厚的钢筋混凝土墙形成一个整体。因此，宏观来看，桁架与核心筒共同形成了一个框架结构，桁架端部的上弦杆和中部的下弦杆会受到拉力。在单梁的情况下，通过弯曲布置预应力钢绞线，可以导入预应力来抵消受弯产生的拉应力。同样，在桁架结构中，如果能导入

照片 2 客房位于温泉空间上方

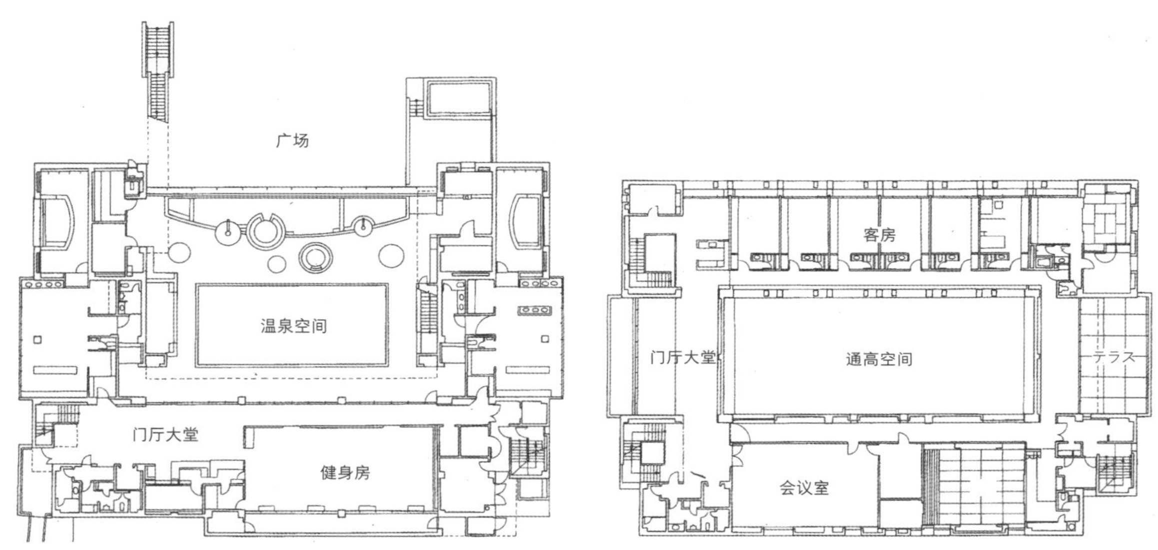

图 1 1 层（左）和 3 层（右）的平面图，温泉空间布置在 1 层（S=1/600）

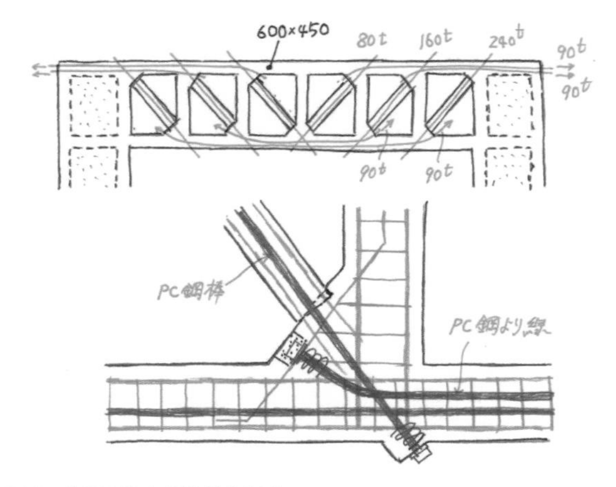

图 2 布置预应力钢绞线的想法

预应力来应对拉力，也能取得很好的效果。

在竞赛时，如图 2 所示，我们考虑过只在上弦杆的两端和下弦杆的中部通过布置预应力钢绞线导入预应力。后来，考虑到如果下弦杆的端部在锚固处快速受弯，摩擦力会导致预应力损失较大，此外，也考虑到简化节点，所以我们采用了图 3 所示的布线方案。在上弦杆的两端分别布置两根钢绞线，通过错开锚固部位，可以在两端施加更大的预应力。对于下弦杆，在中部设置锚固部位，从两

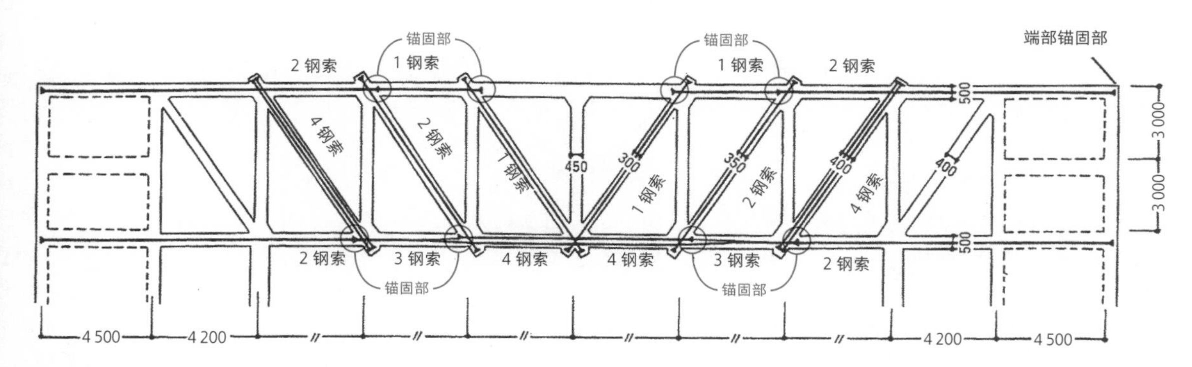

图 3 根据拉力大小确定预应力量，决定钢绞线的布置

侧各布置两根钢绞线，并在端部拉紧，就能在中部导入 4 根钢绞线的预应力，越往两端，预应力就越小。上弦杆与下弦杆的截面形状保持不变，为 900 × 600。斜腹杆的钢绞线的数量，则根据拉力的大小，从中心向两端由 2 根增加到 4 根，从而增加预应力，斜腹杆的截面尺寸随钢绞线数量的变化而变化。

考虑锚固板与钢筋之间的关系——细部设计

预应力混凝土需要锚固板来锚固预应力钢绞线。这里使用的钢绞线一束由 6 或 7 根 $\phi 12.7$ 的钢线组成，锚固板的尺寸为 190 × 190。桁架的布筋比较复杂，除了弦杆、腹杆、斜腹杆的钢筋外，还涉及正交方向的梁的主筋，还需要预应力钢绞线和锚固板（图 4，照片 3）。上下弦杆构件的锚固板可设置在梁内，但如果将斜腹杆的锚固板安装在梁内，则会与梁的主筋冲突，因此斜腹杆的锚固板被设置在弦杆构件之外（照片 4）。因此，斜腹杆被设计成突出在弦杆之外。施工时，与各方人员讨论了模板、钢筋和预应力的工序等问题，并进行了试验性施工。在进行布筋和预应力布线工作时，一侧的模板是敞开的，最后再安装另一侧的模板（照片 5）。

为了突出桁架，客房的体量与桁架脱开，客房部分由设置在最上层和最下层垂直于桁架的横梁支撑（照片 6）。在施工过程中，先浇筑客房三层部分的混凝土，而桁架部分的混凝土则在最后浇筑。

照片 3 钢筋与预应力钢绞线的节点

照片 4 斜腹杆的锚固板布置在桁架弦杆的外侧

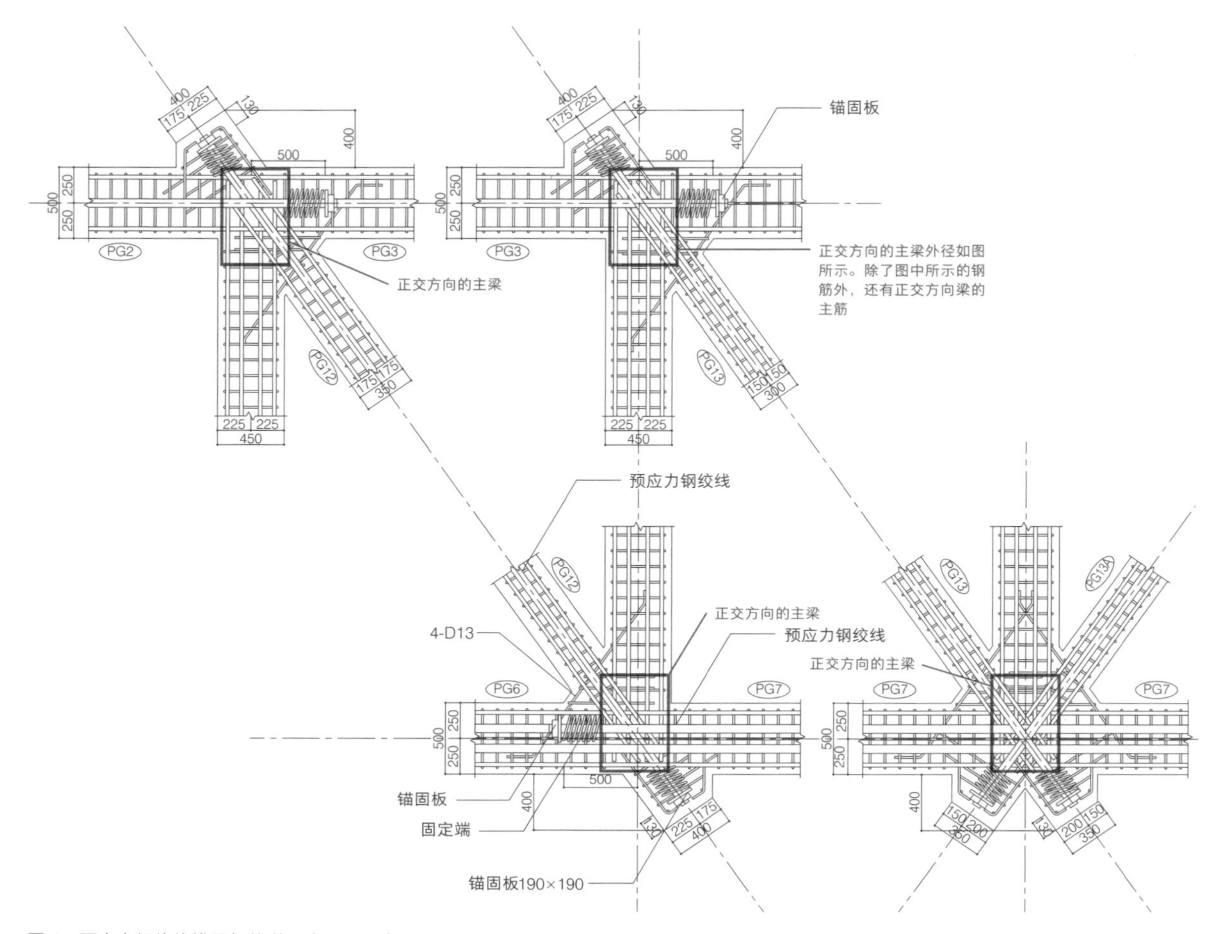

图 4 预应力钢绞线锚固部的详图（S=1/50）

照片 5 桁架施工时，保留单侧的模板，对钢筋和预应力钢绞线进行布置

照片 6 将桁架与客房外墙分开以突出桁架。斜腹杆锚固部分的混凝土向外突出

若狭三方绳文博物馆

设计者：横内敏人建筑设计事务所
所在地：福井县三方上中郡若狭町
竣工年：2008 年 3 月
结构 · 层数：钢筋混凝土结构，地上 2 层
建筑面积：2 612 m²

照片 1
建筑形状如同倒扣的碗，被绿色覆盖

曲面屋盖

被草坪覆盖的山丘，绿树掩映的博物馆

由钢筋混凝土曲面楼板和井格梁及带斜撑的梁建成

建筑的挑战——采用钢筋混凝土结构的有机建筑

博物馆的主要功能是展示绳文时代的考古遗址鸟浜贝冢中的出土文物，设计主题是用建筑表现绳文及其世界观。整个建筑呈山丘形状，上面覆盖了草坪，圆柱形的混凝土竖井（排气塔、天窗、电梯井、楼梯等）像遗迹废墟一样朝向天空突出（照片 1、照片 2）。本项目的挑战是通过钢筋混凝土结构体来实现一个有机的建筑。

中央大厅的结构——无梁楼板构成的曲面屋盖

建筑平面近似椭圆形，有许多墙体，包括建筑外围平缓的曲面墙、围绕中央椭圆形剧院的曲率较大的曲面墙、管理部门和储藏室周围的直线墙，以及中央大厅内圆柱形竖井的墙（图 1）。屋盖是三维曲面，其高度是根据弧线和直线的几何规则确定的。因为支撑屋盖的圆柱形竖井是不规则布置的，所以屋盖结构是由竖井和周围墙壁支撑的无方向性的曲面状无梁楼板。竖井直径为 2 ~ 4 m，围绕中央通高布置，相邻竖井的中心点间距为 5 ~ 10 m。竖井延伸至屋盖上方，在屋盖标高处内部是空心的。在屋盖上设计了一个直径为 70 cm 的开口，以便从顶部采光，开口位于屋盖楼板应力最小的位置（图 2，照片 3）。

屋盖荷载相对较大，完成面的荷载为 8 000 N/m²，长期雪荷载为 4 500 N/m²。如果将其视为楼板竖井之间有跨度的单向板，则可以大致确定应力，因此粗略估算可使用厚度为 25 cm 的楼板来应对荷载。

照片 2 屋盖上的裂口是建筑的入口

照片 3 屋盖楼板由竖井支撑，顶部设置天窗采光

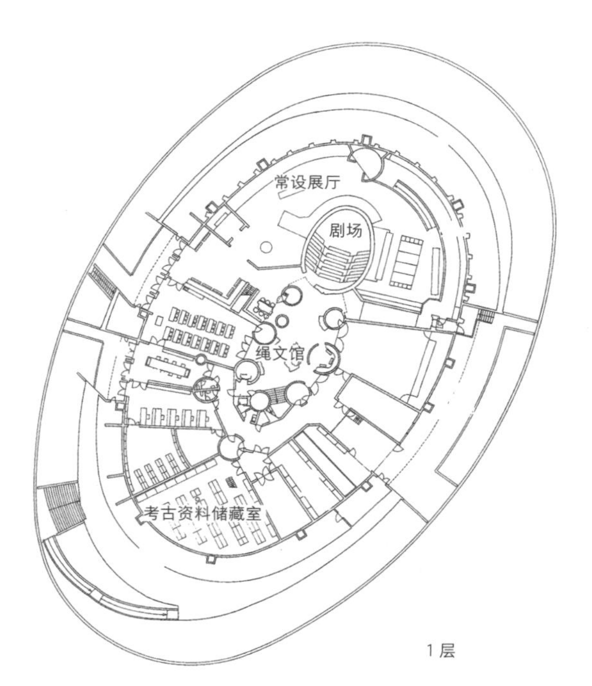

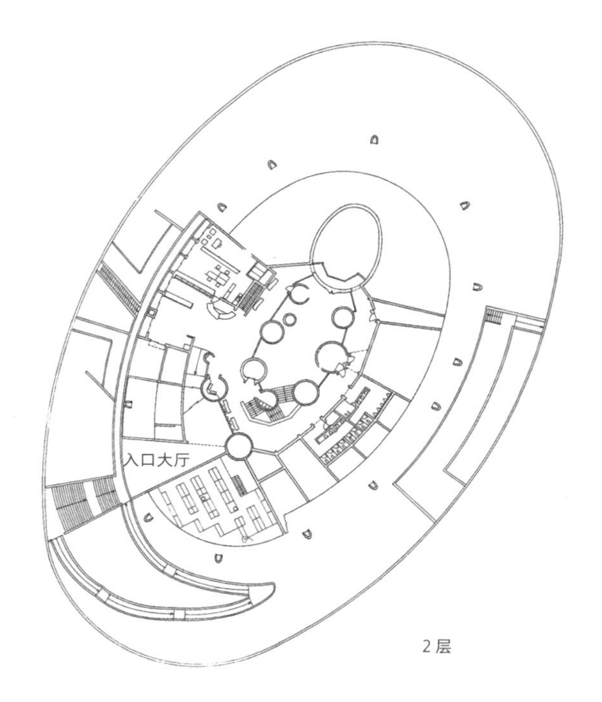

图 1 平面图（S=1/1 000）

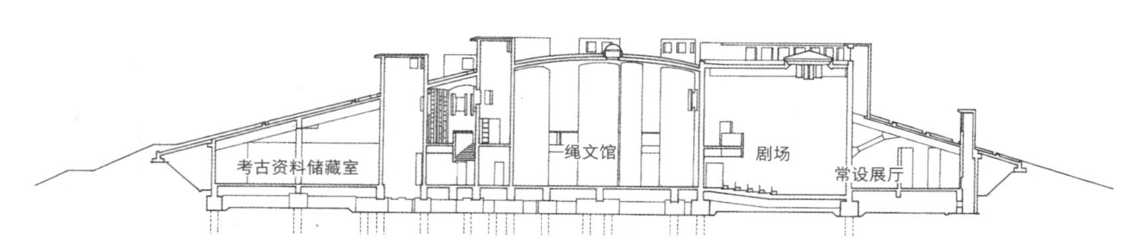

图 2 剖面图（S=1/500）

圆柱形墙体和楼板作为一个整体进行建模，并使用有限元法进行应力分析。由于竖井内部没有楼板，因此楼板端部的应力应与圆柱墙体的应力平衡。图3和图4分别示意了楼板在长边方向和短边方向的弯矩。楼板和竖井墙体连接处的弯矩会局部变大。

楼板厚度设定为25 cm，在X与Y方向上按照200 mm的间距布置D13钢筋，在弯曲应力较大的区域增加用筋量。由于与墙体交接处的弯曲应力较大，因此就像锚固在墙体上一样，放射状地布置了L形钢筋，并在顶部天窗开口周围布置了开口补强筋（图5，第92页照片1）。

椭圆形剧场和周围的展厅进行了梁结构的表达——钢筋混凝土梁的设计

稍偏离中心的是一个椭圆形剧场，长边10 m，短边6 m，四周是钢筋混凝土墙。屋盖采用径向梁结构，屋盖楼板浮在梁上，形成高侧向采光。从结构上看，形成了六个方向的交叉梁，梁在中心相交，六段主筋重叠（照片4），梁高对应主筋高度，略有不同（照片5）。

在剧场周围的展厅中，中央墙体和周围墙体之间布置了角度略有不同的梁，梁上设置了斜撑以减少梁的应力。这种结构也表现了建筑设计中的森林意向，并突出了梁架与中央大厅的对比（照片6）。因为剧场四周的墙体会受到斜撑的轴力而产生面外弯矩，因此墙体厚度设定为40 cm。

基础结构的合理化——建筑物周围的可动屋面板

场地是三方湖附近的一块填海地，从岩土构成来看，洪积层的上部呈钵状分布，其上是软质的土层夹杂着砂石层，固结层达到30 m厚。建筑呈现出被草地覆盖的山丘状，与周边平缓的草坡连续。

建筑本身由28 ~ 53 m长的预制桩支撑，不受固结沉降的影响，但四周斜坡的做法是个问题。如果采取用土筑堤的方法，有可能会因为地基强度不够而产生固结沉降。如果像建筑一样用桩基支撑，再铺设土壤的话，技术上是可行的，但成本太高。解决的办法是使用可动屋面板，既不需要使用桩基础，又可以应对固结沉降。

我们在建筑物周围筑起约2 m的土堤，在其上建造钢筋混凝土基础，在基础与建筑外墙之间设置楼板，并在楼板上部覆土。土堤增加的接地压力小于50 kN/m^2，因此不存在地基强度的问题，沉降量也可控。如果上部的楼板设定为可在两端进行旋转，那么当产生固结沉降时，楼板就会随之运动，并通过平缓的坡度变化，吸收产生的应力。在楼板

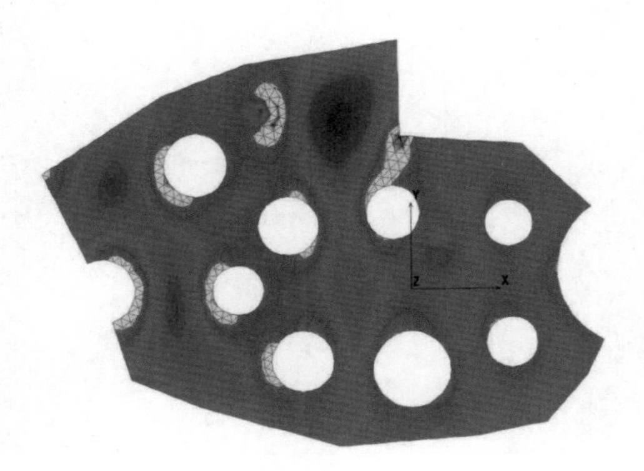

图3 楼板在X方向的弯矩分布

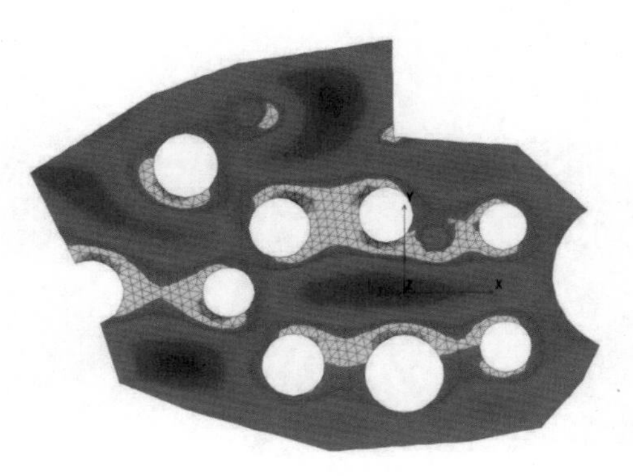

图4 楼板在Y方向的弯矩分布

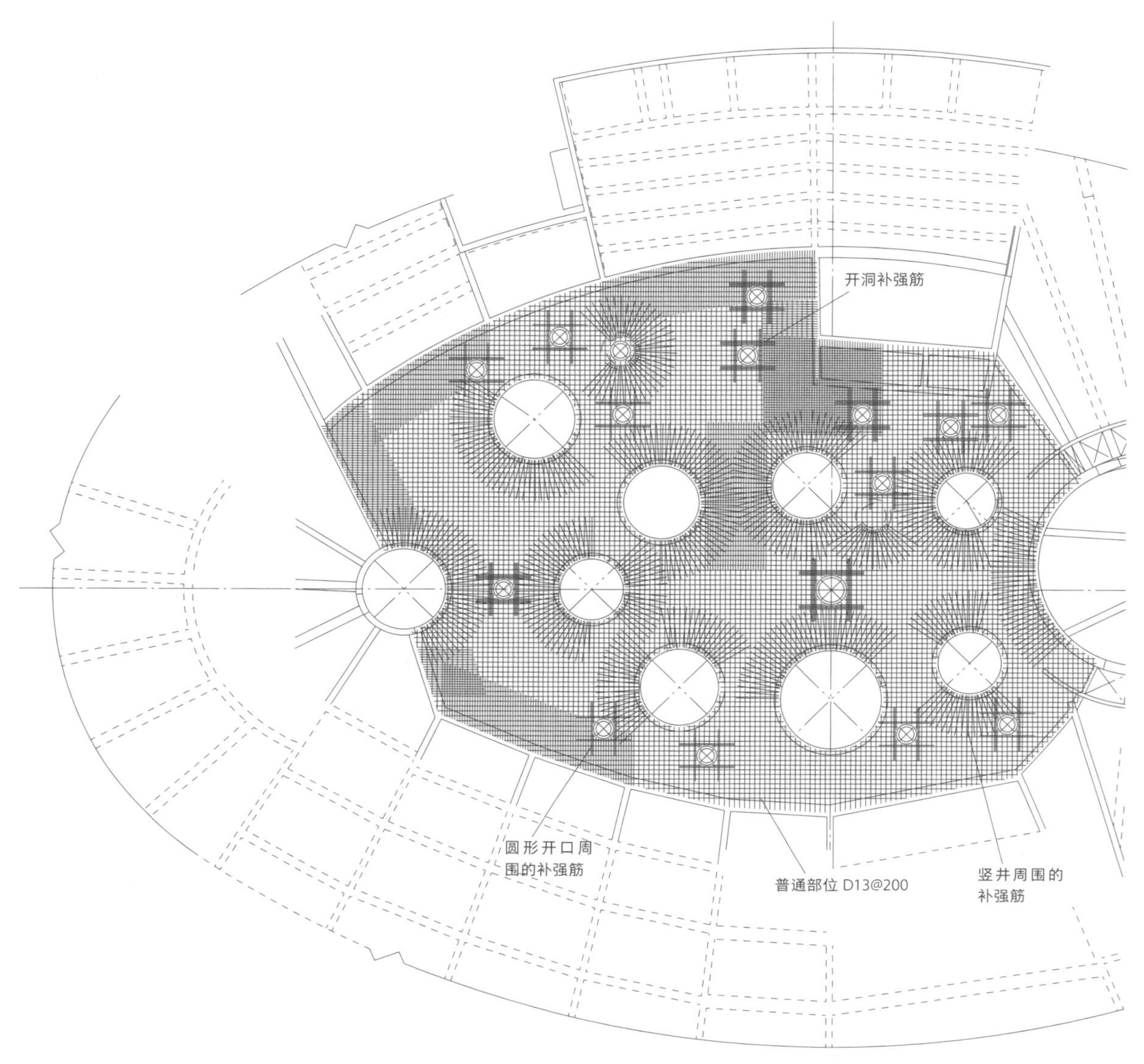

图 5　楼板配筋图（S=1/250）

照片 4　六个方向钢筋混凝土梁的主筋标高全都不同

照片 5　椭圆形平面的剧场的屋盖使用了径向的梁架

照片 6 剧场周围的展厅采用梁加斜撑的结构

与建筑物外墙以及垂直墙体之间的连接处，我们将混凝土接触面积最小化，以 200 mm 的间距布置 D19 抗剪加强筋，约束垂直和水平方向，形成可以自由旋转的节点（图 6）。

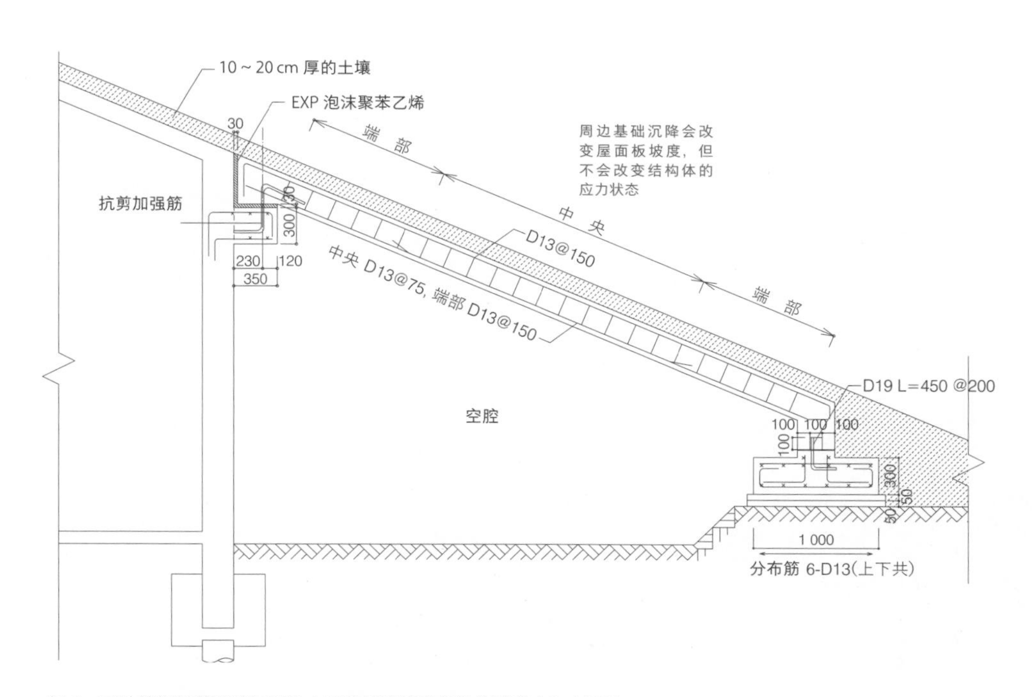

图 6 可动楼板随着建筑与周边土堤的沉降量而变化的原理（S=1/60）

宇土市立网津小学校

设计者：坂本一成研究室 + Atelier and I

所在地：熊本县宇土市

竣工年：2011 年 3 月

结构 · 层数：钢筋混凝土结构，地上 2 层

建筑面积：2 967 m²

照片 1
带有连续拱形屋盖的建筑外观（照片：Atelier and I）

2_8 由拱形屋盖的错动营造出的优质环境

屋盖推力的处理 · 追求错动与统一性的并存

曲面屋盖

建筑的挑战——钢筋混凝土结构的错动拱形屋盖

本项目是一座小学教学楼，也是熊本 Artpolis 计划的一部分。错动的钢筋混凝土连续拱形屋盖覆盖着教室，从错动产生的缝隙中，建筑师通过将光线引入建筑，并引导通风和换气，创造出高质量的环境（照片 1）。

竞赛提案时的透视图（照片 2）展现了一个开放的学校形象，错动布置的拱形屋盖被柱子轻轻支撑着。为了实现这样的效果，我们面临的挑战是如何处理拱形屋盖产生的推力，以及确保错动布置的拱形屋盖的统一性。

照片 2 竞赛提案时的透视效果图，表现出错动布置的拱形屋盖被轻轻地支撑起来的效果（照片提供：坂本一成研究室）

拱屋盖的形态——考虑与框架的结合

由立柱支撑的拱顶承受竖向荷载时，力在曲率方向上呈拱形传递，在正交方向上沿着梁高大的弯曲梁传递，在支撑处产生推力。在跨度和曲率相同的连续拱顶中，中间部位的推力会相互抵消，但在两端会产生推力；如果连续拱顶的跨度不同，则在边界处左右两侧的推力会有差异。无论如何我们都必须解决推力的问题（图 1）。

在最初的设计中，8 m 跨度和 4 m 跨度的拱顶被组合在一起，在外端布置了 8 m 跨度的拱顶。重新布置拱顶后，4 m 跨度的拱顶被置于建筑的两端，以减少推力的影响，但即使在这种情况下，如果使用悬臂柱的话，柱子截面也会很大。要想用支柱轻巧地支撑拱顶，可以安装连系梁来抵抗推力，但从设计的角度来说不能接受。不使用连系梁的话，可以在两端设置框架抵抗推力，或使用整体柱梁框架（图 2）。出于建筑需要，4 m 跨度的部分做成平屋盖，若将该部分作为柱梁框架结构的话，由于在连续的 8 m 跨度拱顶中推力已经得到平衡，外端也能够通过这 4 m 跨度的框架结构来抵抗推力。

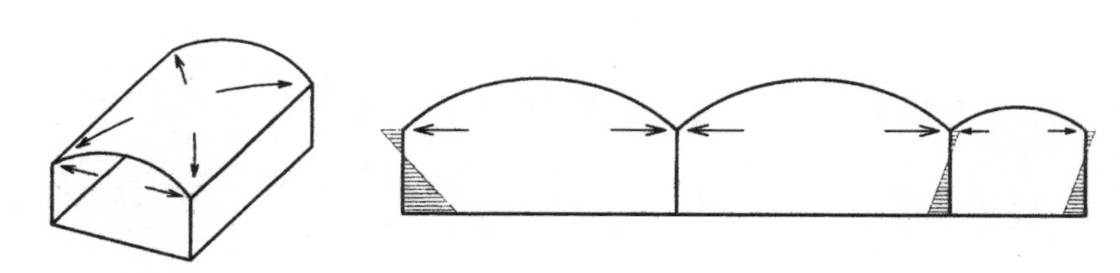

图 1 拱形屋盖的推力原理

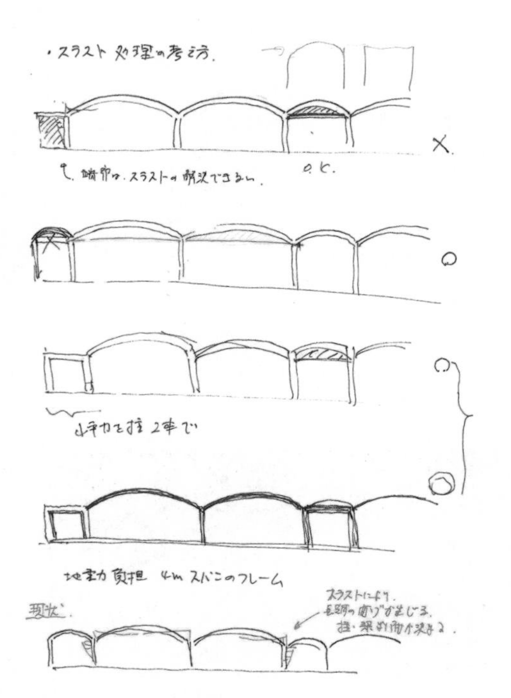

图 2 应对推力的研究草图

竖向荷载的问题解决了，但还有地震力的问题。长边方向的地震力需要使用框架结构来应对，如果仅由跨度为 4 m 的框架来抵抗地震力，则该部分的柱梁将过于庞大。因此，我们考虑沿拱形屋盖采用弧形反梁形成框架结构（图 3，照片 3）。然而，当看到建筑模型中，拱形屋盖表面有梁的时候，我们感到这个结构方案不能很好地表达设计，应该实现一种没有梁的轻型结构形式。

除了 4 m 跨度的框架结构，8 m 跨度的拱顶之间的悬臂柱也用来抵抗地震力，通过扩大柱子尺寸，实现了拱顶的无梁结构（图 4）。当产生地震力时，如果框架发生塑性变形，其刚度就会降低，因此增加了中间的框架・悬臂柱的刚度，以负担更大

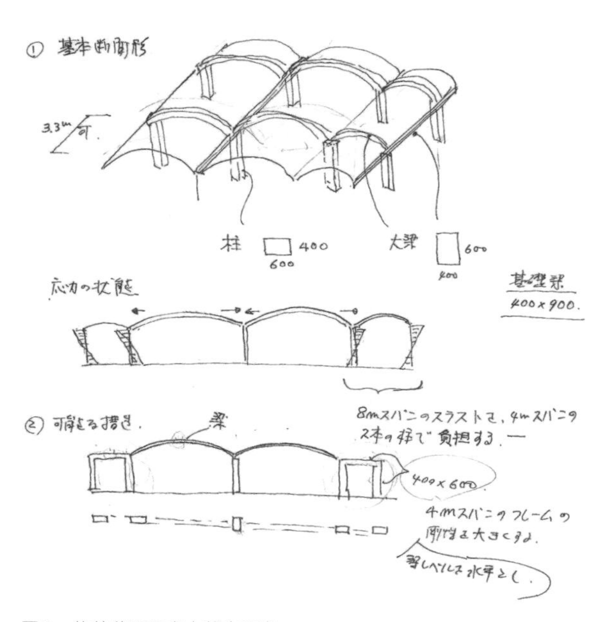

图 3　构件截面和应力状态研究

的地震力，并尽可能避免两端抵抗推力的框架发生塑性变形。中间柱子的截面尺寸为 450 × 800，两端为 450 × 600。

照片 4 是调整后的建筑模型照片。虽然对结构的调整很轻微，但与照片 3 中的模型相比，从建筑设计的角度来讲变化很大。可以在 1 层的教室里看到拱形屋盖的错动（照片 5）。

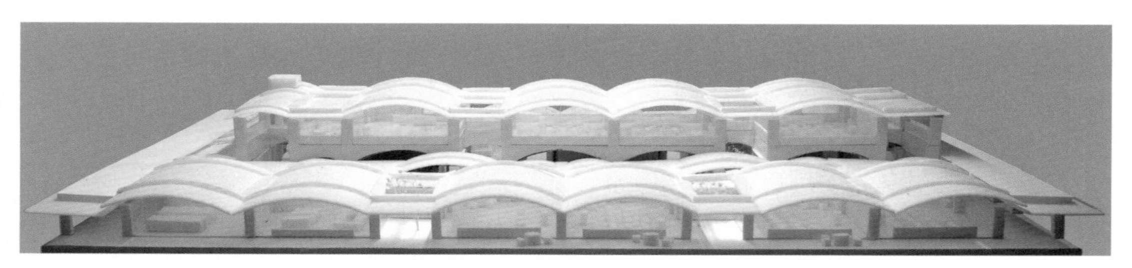

照片 3　结合拱顶形状的柱梁框架方案的模型（照片：坂本一成研究室）

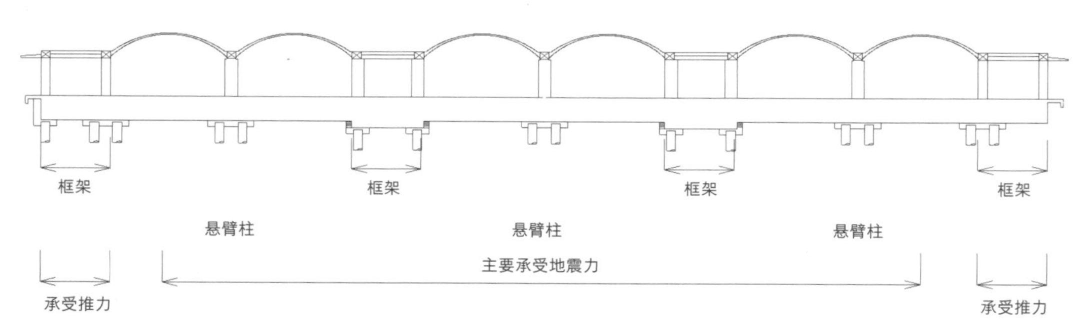

图 4　最终方案的结构体系及各部分框架的作用

照片 4　无梁拱形屋盖的方案模型（照片：坂本一成研究室）

照片 5 1 层的普通教室能看到拱形屋盖的错动（照片：Atelier and I）

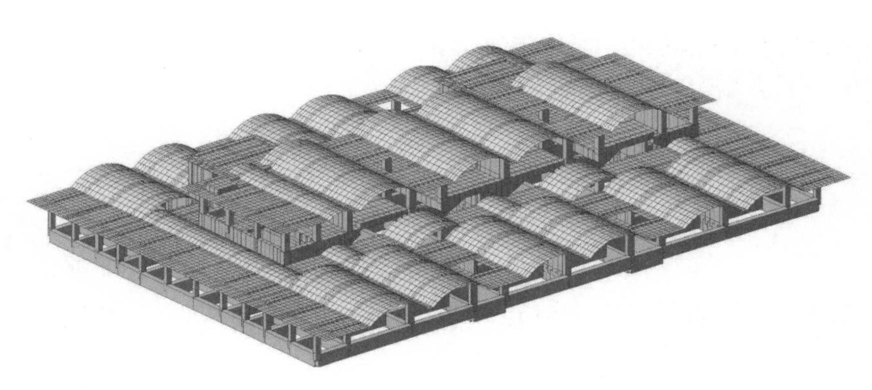

图 5 有限元分析模型

拱形屋盖的应力和配筋

受推力约束的拱形屋盖的拱方向弯曲应力较小，长边方向因为对应跨度具有一定的高度，所以轴向力也较小。采用有限元法对整个屋盖和下部结构进行了分析，屋面板作为板要素，柱和梁作为线要素进行建模（图 5）。竖向荷载的应力状态如图 6 所示，图中颜色表示弯矩大小，白线表示轴力的主应力方向和大小。可以看出，平顶部分的弯矩较大（红色），拱顶部分的弯矩较小（绿色或黄色）。图 7 显示了局部放大的应力图，从图中可以看出，在有教室边界墙的区域，拱顶的垂直方向得到连续支撑，显示出与拱相同的受力特性，而没有边界墙的区域则显示出圆柱形壳体的受力特性。

屋盖中央部分几乎没有弯矩，因此板厚为 9 cm，采用单层配筋。两端的弯矩达到 5 kN · m/m，需要使用双层钢筋，因此厚度至少为 15 cm。为了与屋谷处 60 cm 宽、40 cm 厚的梁在视觉上保持连续性，将两端做成了 20 cm 厚。拱顶部分的钢筋整体统一，配筋整齐（图 8，照片 6）。在南侧，有 3 m 长的拱形屋檐突出部分，悬挑的端部都设定为 9 cm 厚度（照片 7）。

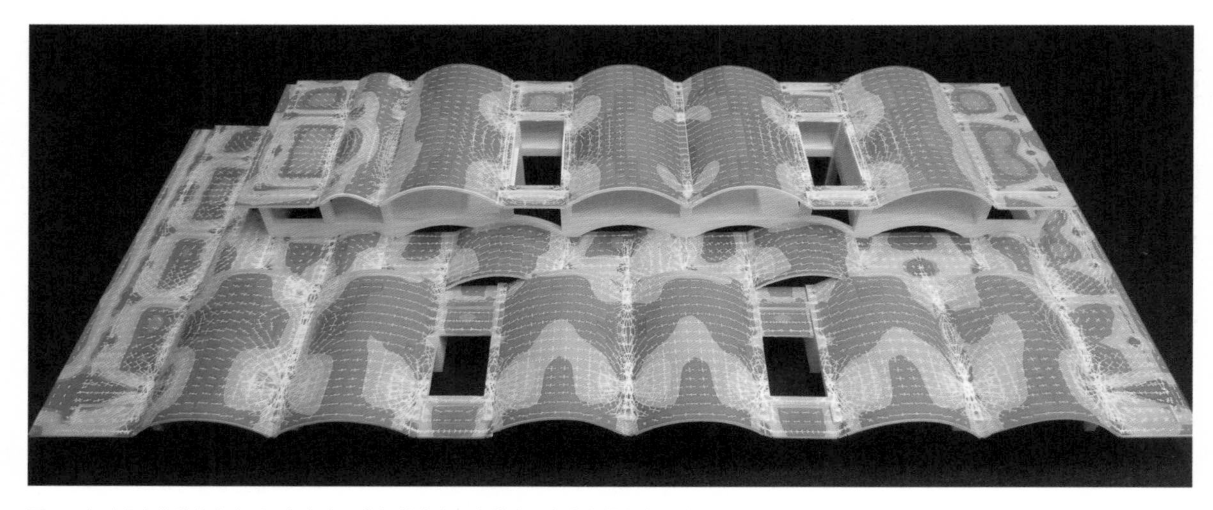

图 6 应对竖向荷载的应力图。颜色表示弯矩的大小，白线表示主应力的方向和大小

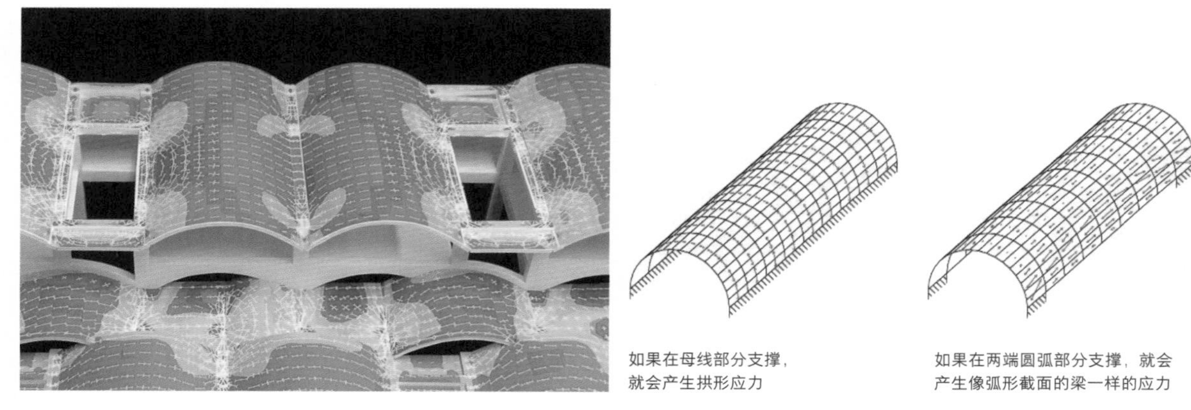

图 7 放大的应力图。轴力的主应力方向根据拱顶的位置而变化。底部有墙的部分的力流如左侧图所示，底部无墙的部分的力流如右侧图所示，形成混合的应力状态

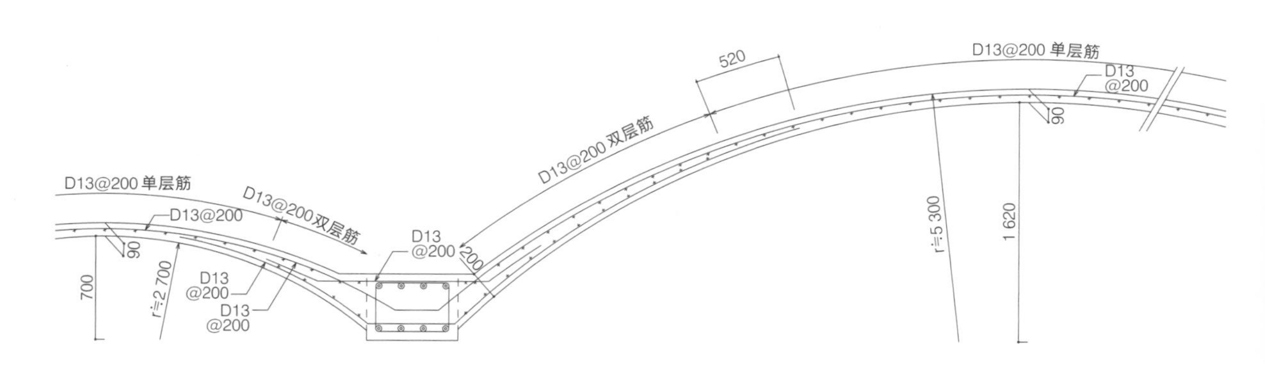

图 8 拱顶剖面和配筋（S=1/50）

照片 6 拱形屋盖的模板和配筋的状态。中间板厚 9 cm，单层配筋；两端板厚 20 cm，双层配筋

照片 7 3 m 长的悬挑屋檐，端部厚度为 9 cm

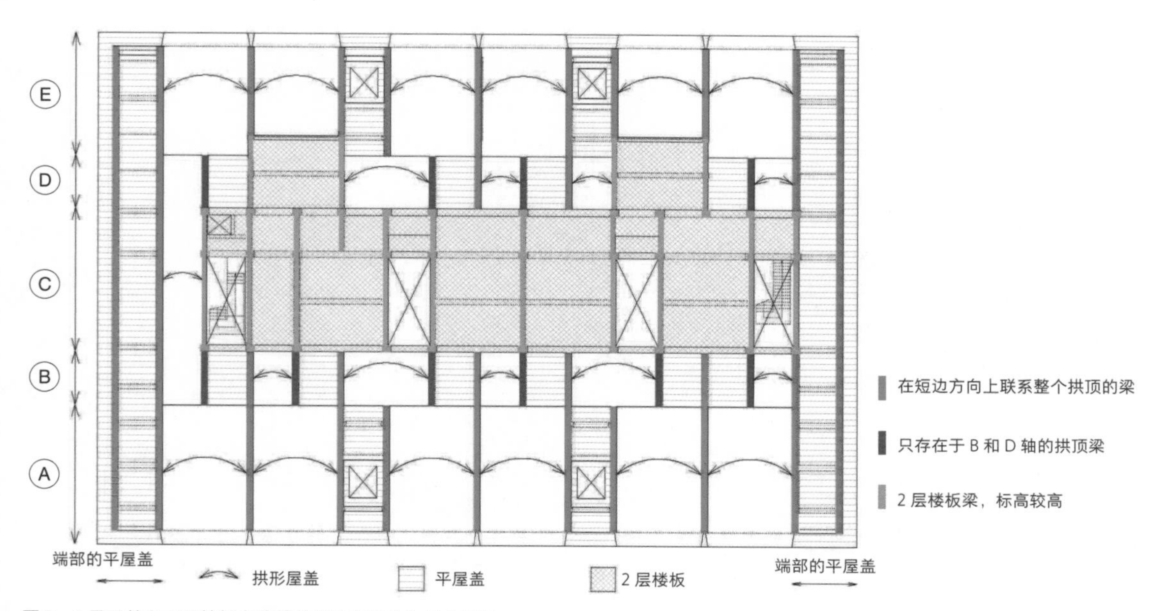

图 9 1 层屋盖和 2 层楼板在建筑的长边方向分为 5 个区域

如何确保屋盖的整体性——连续的板和加腋梁

在抗震设计中，如果保持屋盖面的完整性，地震力的传导就会很清晰，但该建筑的特点是错动的拱形屋盖，因此有必要明确地震力的传导路径。如图 9 所示，1 层的屋盖和 2 层的楼板被划分为 A ~ E 五个区域。在长边方向，B ~ C 之间和 C ~ D 之间，2 层楼板与平屋盖有 0 ~ 1.2 m 的高差，但设置了梁进行连接，并将总长度的 60% 连续起来（图 10），而 A ~ B 之间和 D ~ E 之间，则通过两侧的水平屋面板连成一体。此外，在 A 和 B 或 D 和 E，尽可能将水平抵抗构件的单位面积重量与刚度比调整为一致，以减少拱顶局部连接处的过渡剪力。在短边方向上，图 9 中红色粗线所代表的梁在几个区域内是连续的，在高差处的 2 层梁端部加腋，实现屋盖的整体化（图 11）。

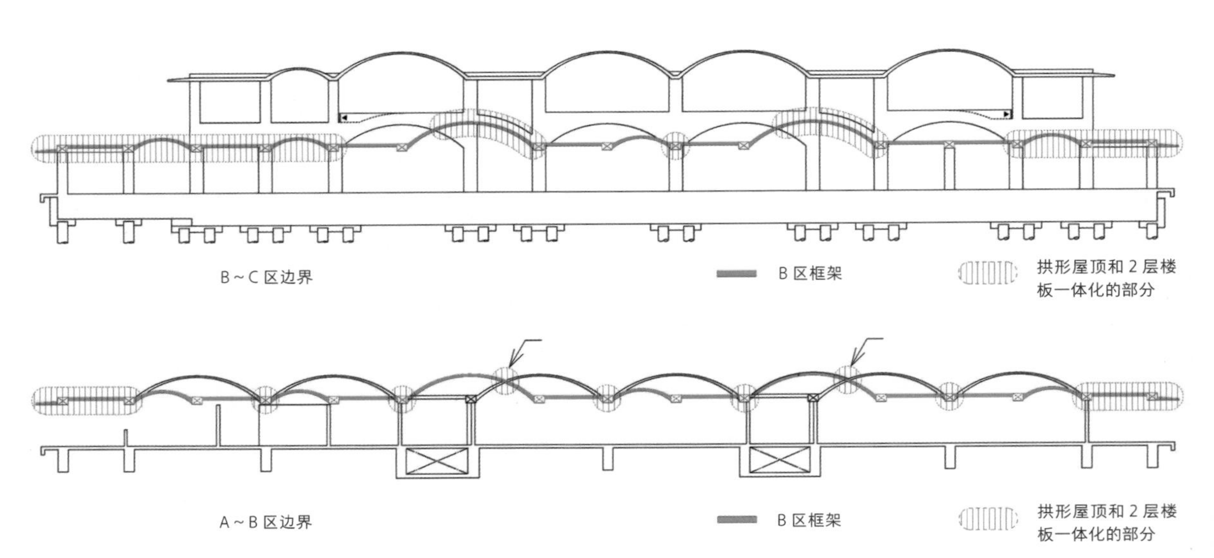

图 10 设置梁以消解不同分区交界处的高差，实现屋盖的整体化

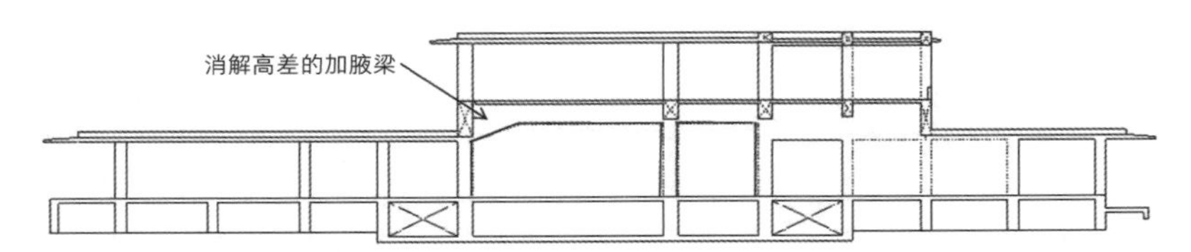

图 11 在短边方向的架构中，2 层楼板局部通过加腋以实现梁的整体化

小松科学之丘

设计者：Studio 建筑计划 + UAo
所在地：石川县小松市
竣工年：2013 年 10 月
结构 · 层数：钢筋混凝土结构，地上 3 层
建筑面积：6 063 m^2

照片 1
四排波浪形状并列在一起的外观
（照片：DAICI ANO）

2_9 由四个波浪创造的景观和建筑

梁楼板混合的结构

曲面屋盖

建筑的挑战——由四个曲面屋盖组成的结构

科学馆的形态由一组起伏的曲面屋盖（波浪）组成（照片 1）。人们可以在这些屋顶上自由行走，在提交竞赛方案时，我们采用了“PULSE”的口号（照片 2）。在实现波浪群组内部空间连续的同时，如何确保结构的合理性是该项目的挑战。

弯曲的屋盖可以是受轴向力的，因此可以利用钢筋混凝土结构的优势，但从力学上来说，弯曲的形状需要较大的高跨比，这与建筑意图实现的形态不同。此外，如果降低高度，就会产生很大的推力，这在结构上是不合理的。而跨度增大时，接地的部分会受到集中的垂直方向的力，因此需要高强度的基础结构。我们必须综合考虑这些因素之间的平衡，来确定结构设计。另一个主要问题是基础。在提出竞赛方案时，我们考虑到地表附近的地基强度缺乏的情况，设想进行地基改良。但进入到基本设计的阶段后，业主要求使用浅基础，以防止对地表下 3 ~ 5 m 处埋藏的文化遗产造成破坏，这给结构设计带来了困难。

拱形屋盖的形态——考虑与框架结合

如前文所述，虽然可以使用钢筋混凝土壳体结构实现屋盖，但必须使其与建筑形式相协调，并分散荷载以满足使用板式基础的条件。从外观来看是四排曲面屋盖并列，但内部是复杂的大小空间共存的状态（图 1）。此外，抗震墙的布置有密有疏，由于不同“波浪”下抗震墙密度不同，如果将整个结

照片 2 屋盖下落到与地面连接，人们可以从这里上屋顶自由行走

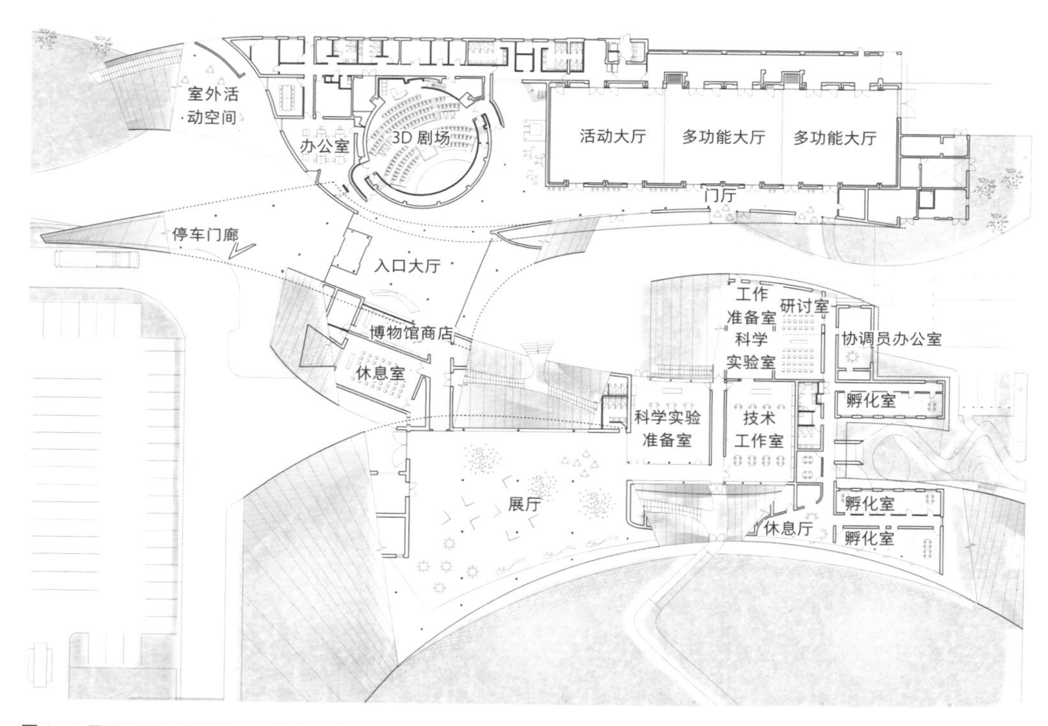

图 1 1 层平面图。通过将四个波浪形体量连接在一起，布置各种大小不一的空间（S=1/1 000）

构作为一个整体考虑，地震力将会在邻接的“波浪”之间流动。也就是说，抵抗竖向荷载的系统和抵抗地震力的系统各有各的难点。我们根据建筑设计图纸，研究了抗震墙和柱的布置，以及由地震力引起的“波浪”间的剪力传递（图 2）。

应对竖向荷载，我们在较大的空间中适当设置了钢柱，而在实验室等较小的房间则设置柱和墙体来支撑屋盖，以分散荷载并减轻重量。在最大的空间，即跨度为 14 m 的活动空间，屋盖几乎是平的，因此我们使用了钢梁来减轻整体重量。

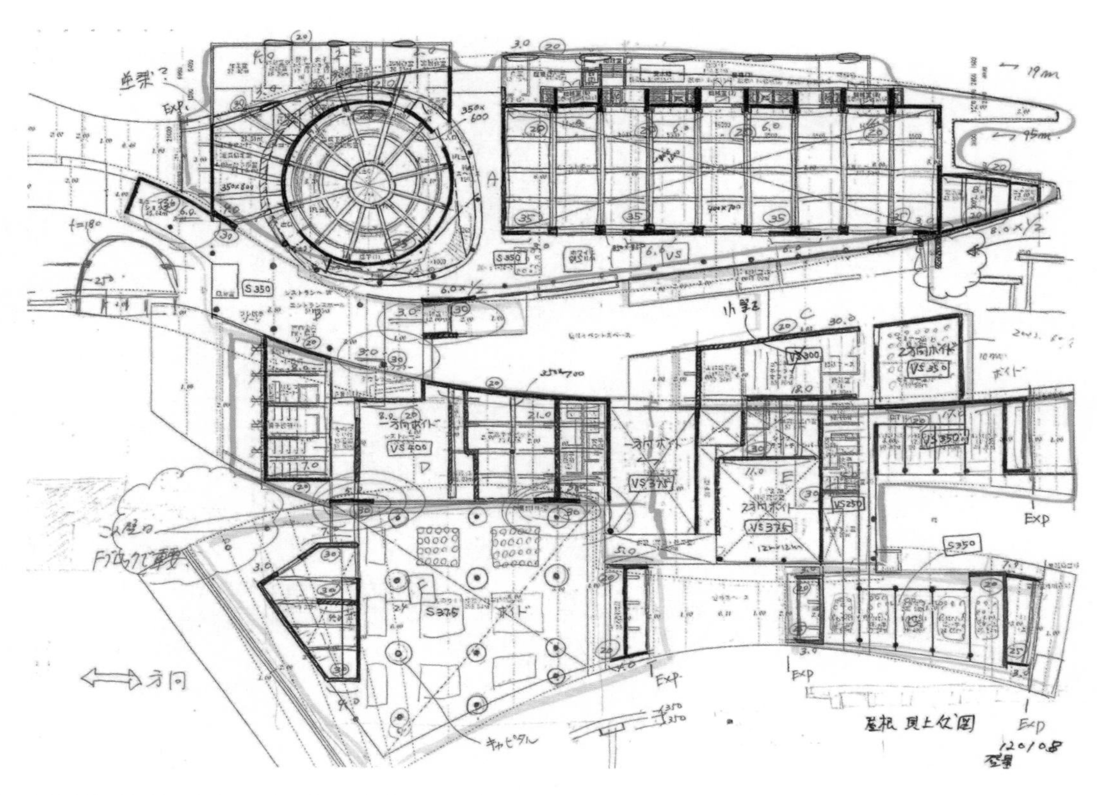

图 2　根据初期的建筑设计图纸，研究结构布置和剪力传递的草图

抗震设计的挑战，在于相邻“波浪”之间的地震力流动，因为有些“波浪”的抗震墙密度大，有些密度小。“波浪”群的起伏程度不同，所以屋盖楼板在邻接的地方几乎都是错开的。因此，在楼板交汇处布置了一定宽度的结构墙来弥合高差。正交方向上，在相邻“波浪”的同一框架内设置了一段连续的抗震墙，以实现两个方向的“波浪”之间的剪力传递。这些调整最终决定了曲面屋盖的形态和边界开口的做法。

与简洁的外观形态相比，内部空间复杂，各个部分都采用了相应的结构（图 3）。为了便于施工，从最初阶段就考虑将曲面屋盖设计为可展曲面的组合，并采用锥形和圆柱形相结合的方式来构成屋盖的形态。这使得铺设模板和配筋等施工工作合理化（照片 3）。由于入口大厅和展览空间等能在室内直接看到“波浪”的曲面，因此采用了无梁楼板，设置了间距约为 9 m 的钢柱（照片 4）。

3D 剧场是一个直径 19 m 的钢筋混凝土半球形穹顶，为减轻重量，穹顶采用了肋结构，由 300 × 600 的加强肋和 150 ~ 200 厚的墙体构成。出于经济性的考虑，办公室等带吊顶的房间采用了带次梁的楼板，次梁布置在可展曲面的母线方向，以便于施工。

活动大厅的跨度为 14.5 m，屋盖面几乎是水平的，因此布置了间距为 5.5 m 的钢梁 H–900 × 300，支柱采用钢骨混凝土结构。活动大厅的“波浪”上方，布置了一个钢架构的开放式餐厅。

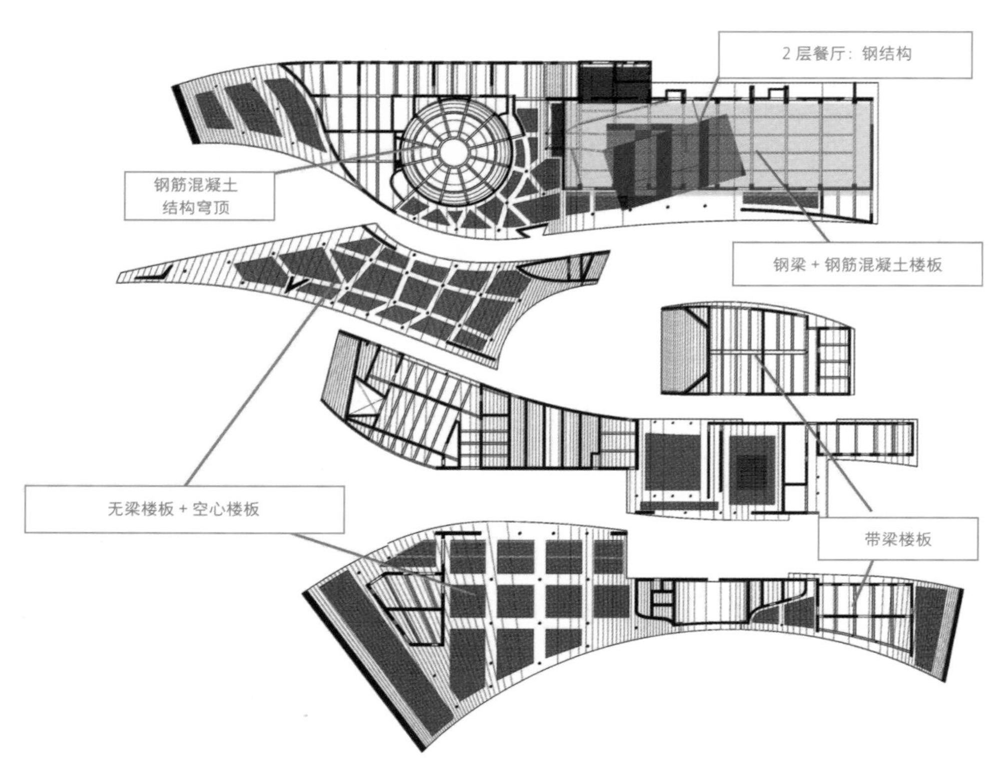

图 3 结构概念图。图中还表达了无梁楼板和空心楼板的组合使用

照片 3 钢筋混凝土曲面屋盖由圆柱面和圆锥面组合而成

照片 4 设置了 9 m 网格柱的展览空间。吊顶呈现了屋盖形态本来的样子

简化钢筋混凝土曲面楼板——无梁楼板的细部

入口大厅和展览空间的楼板厚度为 300 ~ 375 mm，根据应力状态，我们在柱间区域（柱与柱相连的部分）使用无梁楼板，其他部分使用空心楼板，在实现轻量化的同时保证强度与刚度（图 4）。楼板空腔由平面尺寸相同的 ϕ175 椭球体组成，间距为 200 mm，根据板厚调整空腔的高度，配筋采取同样间距，使用 D16 或以下的主筋（照片 5）。

钢柱的间距约为 7 ~ 9 m，根据柱的长度不同，区分使用 ϕ139.8 ~ 216.3 的钢管。支撑无梁楼板时，柱头处混凝土的剪力会增大，因此有时会使用柱头

（增加厚度的圆盘），或在不改变板厚度的情况下设置钢板圆盘，或在混凝土中预埋钢梁。在本项目中，我们结合楼板坡度将圆盘埋入混凝土中，圆盘顶面有垂直肋，底面有 30 mm 厚的混凝土包裹，表现出楼板和钢柱简洁的交接（图 5，照片 6）。

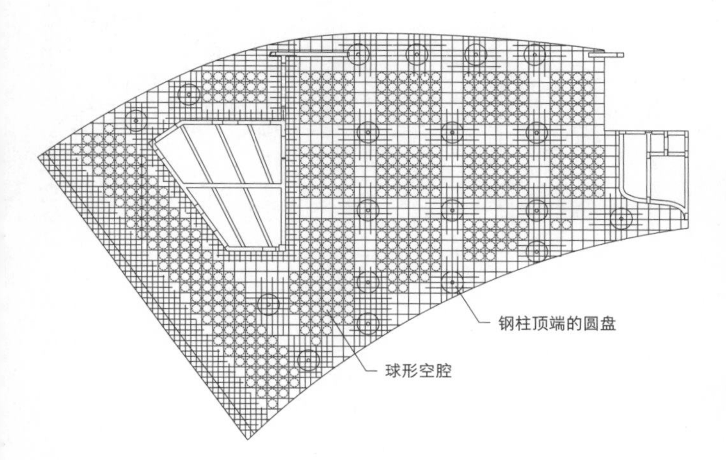

图 4 分别使用了无梁楼板和空心楼板的屋盖结构

照片 5 曲面屋盖上无梁楼板和空心楼板的施工

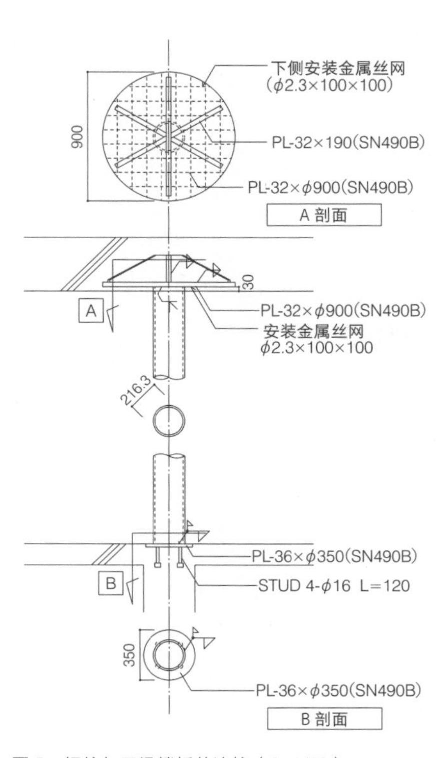

图 5 钢柱与无梁楼板的连接（S=1/50）

照片 6 钢柱顶部的板

照片 7 位于“波浪”上部的开放式餐厅

照片 8 餐厅的钢架构。“波浪”内部设置了钢梁

“波浪”之上的开放式餐厅——无梁楼板与钢框架结构的节点的细部

在活动大厅的屋顶上，我们规划了一个可以眺望白山山脉的餐厅（照片 7）。为了创造一个开放的空间并减轻重量，我们采用了一种将支撑集中在核心筒部分的钢结构，并在前方设置 ϕ100 的圆钢柱，以确保视野开阔（照片 8）。构成核心筒的电梯井由 200 × 200 钢柱和斜撑组成。柱子是贯通到一层的，钢斜撑只布置在“波浪”上部。为了将地震力传递到“波浪”楼板上，在钢结构柱与“波浪”楼板的交界处，我们将钢梁埋入弯曲的钢筋混凝土楼板内部（图 6）。

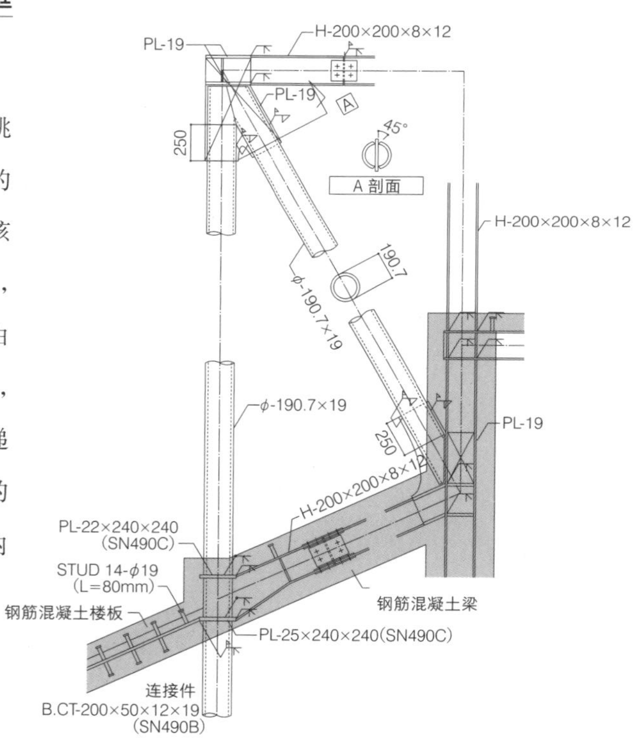

图 6 钢梁与楼板的锚固（S=1/50）

木结构及其细部

木结构的特点

木结构建筑中经常能看到结构设计与建筑设计的一体化，从设计上来说，木结构建筑具有柔和温暖的形象与轻量化的特征，而木材作为环保材料，近年来也广受关注。作为一种天然的结构材料，木材的强度偏差较大，强度与刚度会随着方向而变化，具有各向异性（图 1），此外，强度还会受树种与含水率的影响。因此，与钢结构和钢筋混凝土结构相比，木结构有其难以处理的方面。同样值得一提的是，木材有多种多样的产品形式，如锯材、胶合木、LVL（单板积层材胶合木）、CLT（正交胶合木）等。

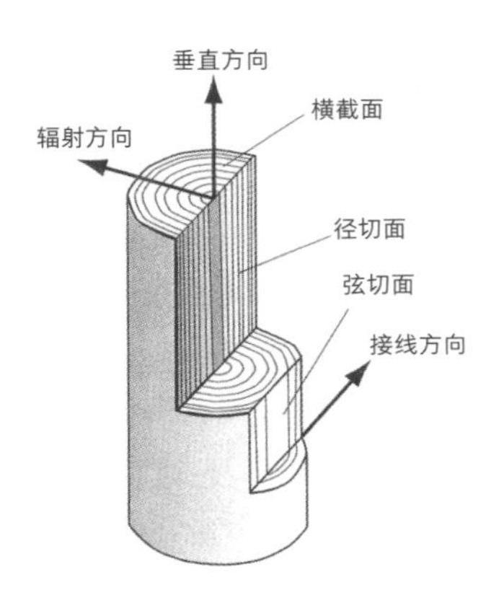

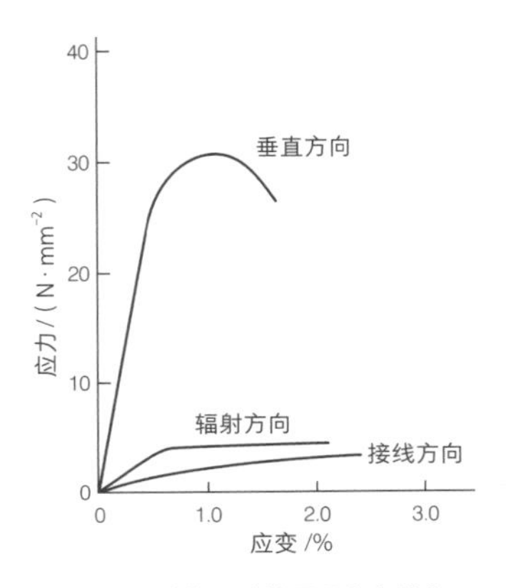

图 1 木材具有各向异性，在不同方向上具有不同的强度和刚度（资料来源：金箱温春，《结构设计的原理和实践》，建筑技术，第 81 页）

木结构的交接形式

木结构的节点在力学上是很复杂的，木材与木材之间或者木材与紧固件之间，力的传导原理是不同的；此外，在木材的纤维方向和垂直纤维方向，强度与刚度也是不同的。任何交接形式下，节点的强度通常都是由木材交接处的凹陷决定的，一般只能传递构件强度的 30% 或更小的力。

交接形式的种类包括：①使用传统交接方式；②使用螺栓、销子等交接件；③使用五金件和接合紧固件；④使用胶合剂连接（图 2）等。在①的情况下，力基本上是由木材的承压和剪力传递的，强度较低。在②的情况下，木材用连接件紧固，剪力螺栓和受拉螺栓的传力机制不同，但节点的强度取决于紧固件对木材造成的凹陷。③用于需要更高强度的情况，强度取决于木材和连接紧固件的组合以及紧固件的布置。④是通过交接件进行胶合连接，被称为“胶合杆”。

设计木结构节点的难点之一，是节点的强度无法与木材本身的强度相同。因此，有必要采用不传

图 2 木结构节点的大致类型

递弯矩的连接方法，并通过考虑紧固件的受力方向与木材的纤维方向之间的关系来判断节点强度，且构件尺寸的确定也常根据需确保的节点强度来考虑。此外，即便是同一种交接方法，在纤维方向和纤维正交方向的强度是不同的，这也是结构设计中需要注意的点。

图 3 表现了对受拉构件的交接形式、节点强度与构件强度之间关系的研究。在表格的最下面一行，N_F/N_A 表示节点效率（节点强度 / 构件强度）。在 A 情况下，即用钢板插入木材并将螺栓或销子打入每根木材进行连接，节点效率（节点强度 / 构件强度）较低，为 0.38，并且在木纤维方向和垂直木纤维方向上强度是不同的。从理论上讲，可以通过增加连接紧固件的数量来提高强度，但是钢构件在木结构构件中所占的比例会增加，也就不能说是木结构了。B 情况则是使用受拉螺栓传导沿木材纤维方向的承压力，节点强度受限于承压板的尺寸限制以及削切木材引起的基材横截面的减小。

大型结构的节点通常使用钢构件，为了提高节点的强度，接合件的尺寸也会增大。为了使节点紧凑，有效的办法是减少木构件的弯矩负担，尽可能将其用作受压构件，通过木纤维方向的承压来传力，并在弯矩较小的部位将其连接起来。因此，有时会使用所谓的混合木结构梁，其中木构件主要承担压力，而钢构件则承担拉力，形成包含节点在内的简洁的结构。如照片 1 和照片 2 中分别所示，桁架的斜腹杆使用钢构件的案例，以及上弦杆为木结构而下弦杆为金属杆的张弦梁案例。

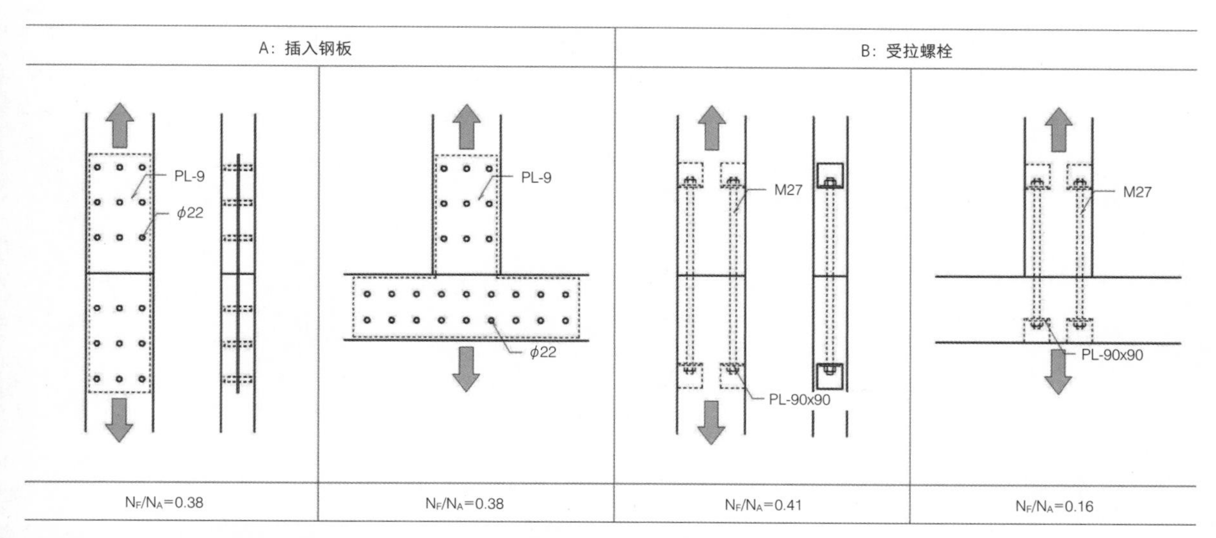

图 3　节点形式和节点强度的研究结果。其中 N_F 表示节点的容许强度，N_A 表示构件的容许强度

木结构的抗震要素

由于节点的特性，木框架结构的效率很低，而且和钢筋混凝土结构一样，柱和梁构件的截面很大。因此，通常会采用所谓的“Post and Beam 工法”（柱梁框架结构），其中包含抗震构件，由梁承担竖向荷载引起的弯矩和剪力，由柱承担轴力。使用面状的结构墙（结构胶合板、CLT）作为抗震要素，

当需要开放性时，则使用斜撑或支撑。这些抗震构件的布置是木结构建筑不可避免的一部分，也是建筑与结构之间的重要关联。

照片 1 桁架的斜腹杆使用钢构件的例子

照片 2 上弦杆为木结构，下弦杆为金属杆的张弦梁

薮原宿社区广场笑馆

设计者：信州大学寺内美纪子研究室 + 山田建筑设计室
所在地：长野县木曾郡木祖村
竣工年：2014 年 11 月
结构 · 层数：木结构，地上 2 层
建筑面积：439 m^2

照片 1
集会空间的屋盖架构采用和小屋的样式（译者注：“和小屋”，由瓜柱和梁构成的屋盖架构，日本传统木结构建造方法之一），由层级分明的梁构件组成（提供：信州大学寺内美纪子研究室）

具有和小屋氛围的集会设施

由层级分明的构件组成的屋盖架构

使用小截面构件的传统木结构

建筑的挑战——用现代风格的和小屋建造屋盖架构

本项目作为人口稀少地区地域振兴项目的一部分，是一个临街的集会设施建筑（照片 1）。为了控制建筑尺度，与街道融合，建筑采用了坡顶屋盖组合的形态（照片 2）。内部以 6 m × 18 m 的集会空间为中心，其他房间在其周边布置。为了让集会空间能有大开口与广场相连，我们希望能尽量减少柱子的数量。此外，项目的前提条件是使用当地产的落叶松木，并运用传统轴组工法（注：日本传统木结构做法，柱梁组合的框架结构）进行建造。建筑的挑战在于，屋盖架构要在当地残存的传统木结构住宅屋盖的基础上，引入现代的氛围。

屋盖架构——控制了构件尺寸的桁架方案和没有倾斜构件的梁组方案

平面设计中集会空间面向广场，面包房等其他房间则布置在另一侧，这些房间周围能布置足够的结构墙，以满足建筑的整体要求。通过在集会空间朝向广场的一侧设置一些墙体，可以获得平面上的平衡（图 1）。

在最初的讨论中，寺内美纪子要求集会空间的屋盖架构以 1.82 m 为轴网，向两个方向布置构件，希望能创造出和小屋那样，使用小尺寸截面构件来进行搭建的感觉。建筑短边方向的跨度为 6 m，我们考虑在广场一侧以 3.64 m 的间距布置柱子，以减小梁的截面尺寸。我们研究了使用圆钢作为倾斜构

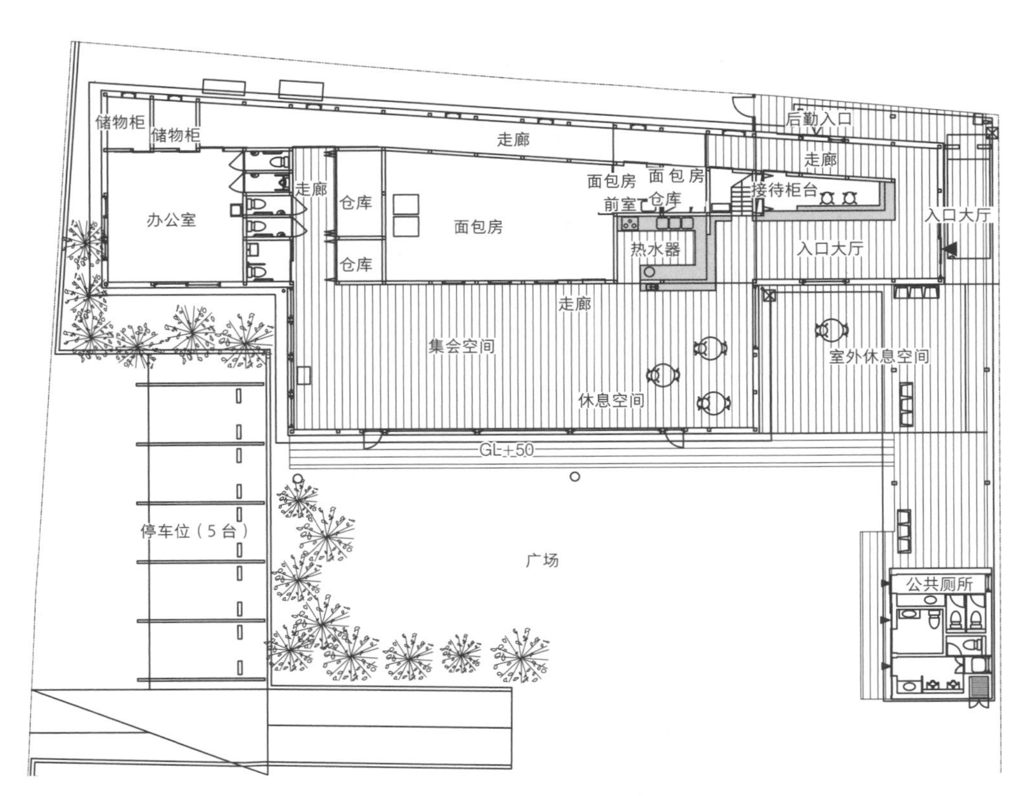

图 1　平面图。集会空间面向广场。场地右侧为旧中山道的街道（S=1/300）

照片 2　从广场看建筑。由坡顶屋盖组合而成的建筑形态（提供：信州大学寺内研究室）

件时，可以将梁构件的截面尺寸控制在 120×240 左右的结构方案（图 2）。本来在 6 m 跨度的方向上进行力的传导是很自然的，在短边方向布置桁架梁也是很好理解的做法，但这会破坏木结构架构朝两个方向延展的氛围。因此，我们考虑间断式布置倾斜构件，混合使用普通桁架与空腹桁架的结构形式［图 3（a），照片 3］。在这个方案中，由于没有倾斜构件的区域弯矩较大，梁的截面尺寸定为 120×240。圆钢斜杆的安装节点有一个简单又经济的做法，即在端部将弦杆穿孔，穿入圆钢后，在另一侧使用承压板进行固定（图 2 的右侧）。就结构效率而言，像图 3（b）那样把长边方向的支撑构件位置在端部对齐的话，可以把梁的截面尺寸缩小到 120×180，但是倾斜杆件有序排列后，就没有了分散式架构的感觉。此外，如果在平面上布置 45° 的倾斜构件［图 3（c）］的话，既能呈现出分散式架构的状态，从力学上来说，结构效率也很高，但问题是节点会变得复杂。

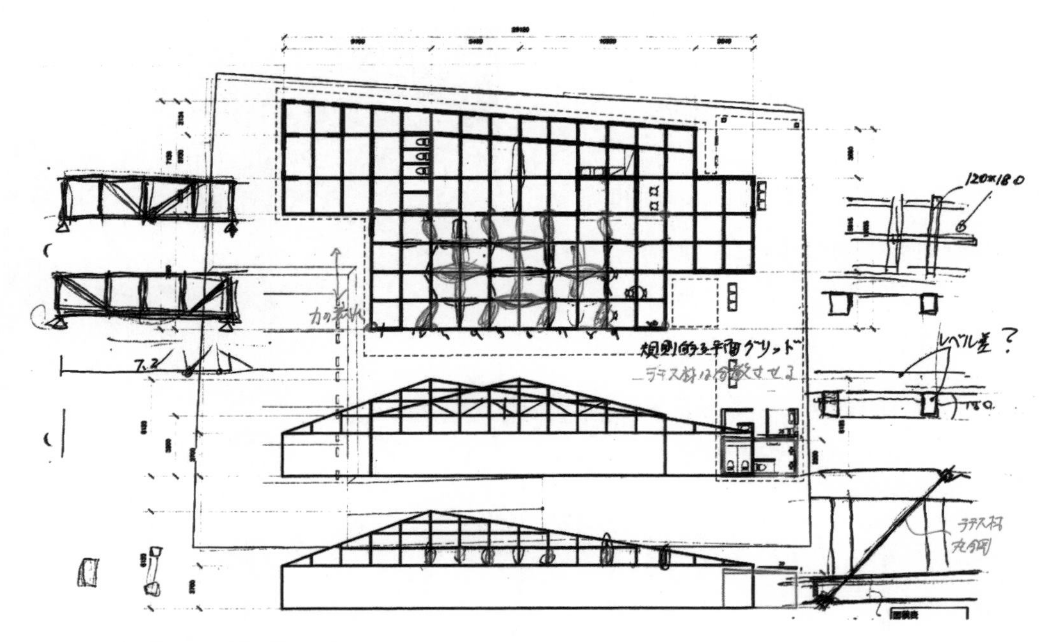

图 2 与建筑师讨论时绘制的屋盖架构草图

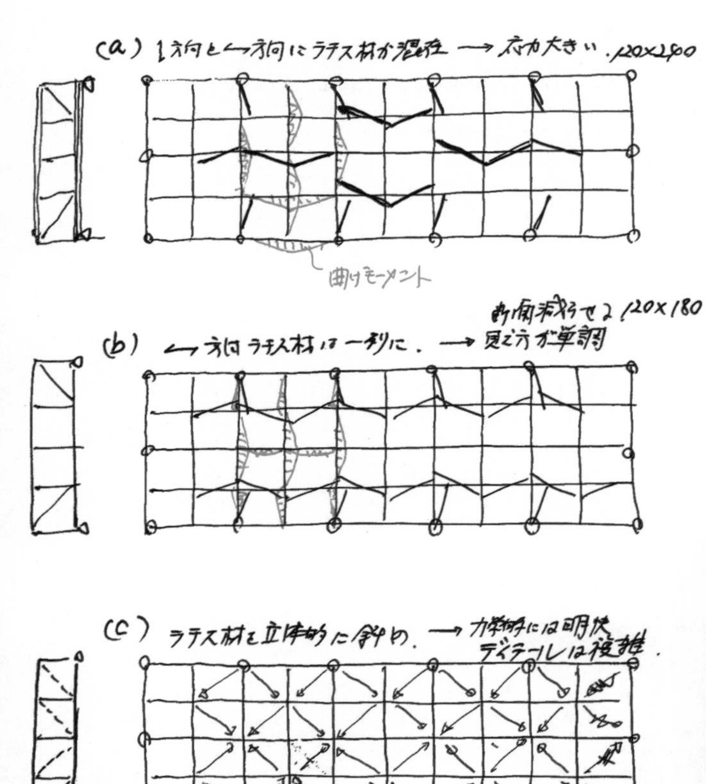

图 3 设计初期对木结构梁和圆钢斜杆组合模式的研究

经过讨论后，建筑设计团队做模型进行了研究，最后认为该项目不适合使用圆钢斜杆。回到最开始的阶段，我们研究了如果使用只有梁构件的格网来建造会有怎样的效果，并提出了一个对构件进行层级区分的方案。

照片 3 使用木结构梁和将圆钢作为受拉构件的结构模型

如图 4 所示，柱子之间架设的主梁使用了 120×450 的胶合木（A），垂直于主梁的次梁使用了 120×300 的锯材（B），孙梁（连接在次梁上的梁）使用了 120×180 的锯材（C），广场侧的梁使用了 120×240 的锯材（D）。通过增强屋盖面的刚度，我们就不需要使用小屋组中的斜撑构件了，使得小屋组看上去更加简洁。桁条标高处的梁，以 1.82 m 为网格，布置 120 的木方作为短柱，120 的木方作为檩条（照片 4）。

照片 4　在桁条标高的梁上布置短柱形成坡顶屋盖的结构概念模型

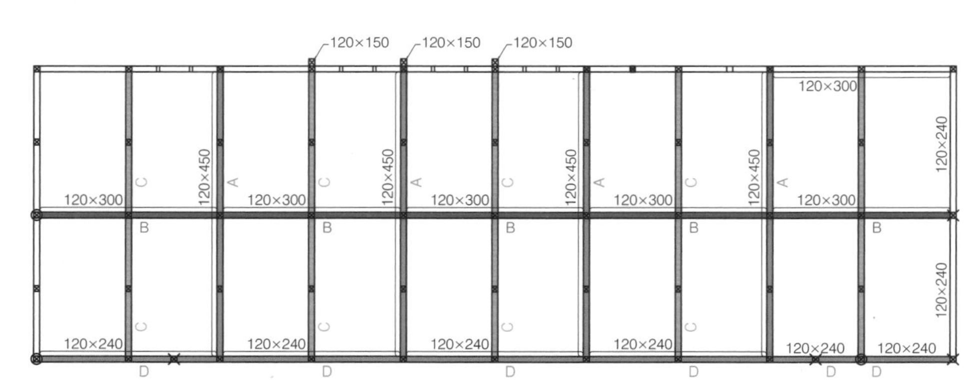

图 4　在桁条标高处使用三种截面尺寸的构件，形成简洁的架构（S=1/150）

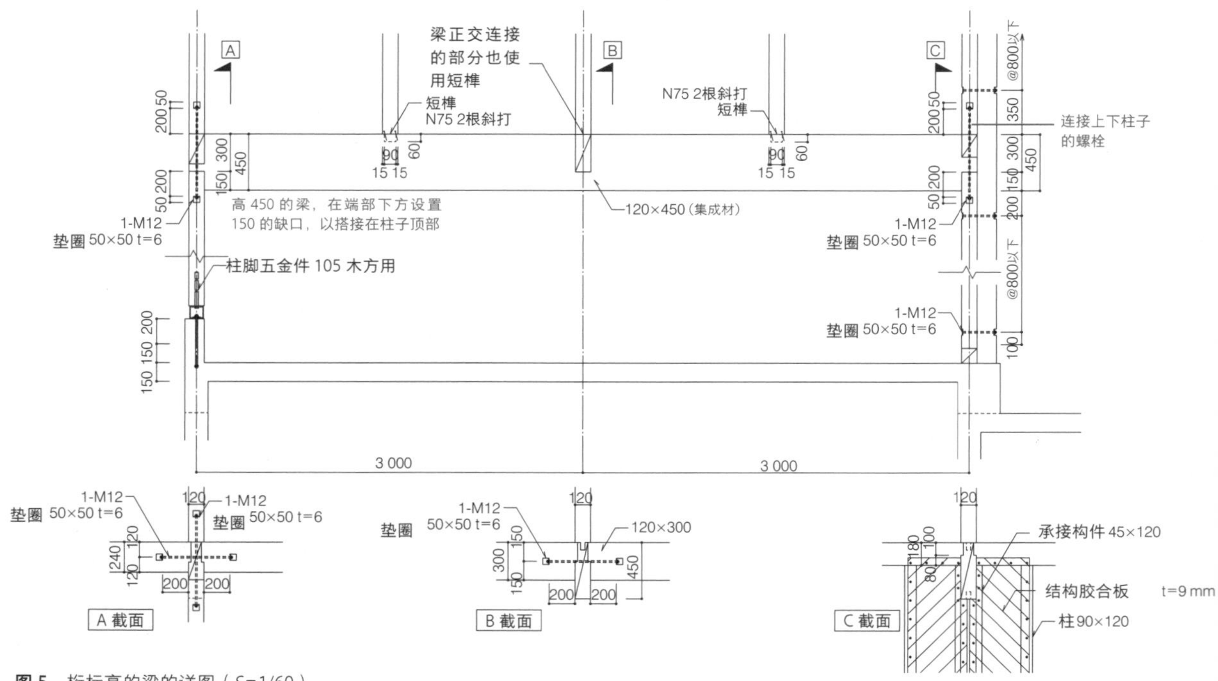

图 5　桁标高的梁的详图（S=1/60）

细部——简洁拼装的木结构

项目中最大的梁构件是 120×450 的胶合木，通过工厂提前加工并使用五金标准件，而不使用定制五金件。120×450 的梁如果用普通的榫卯搭接在柱子上的话，无法传递剪力，因此在梁下部设置 150 mm 的缺口，将梁搭接在柱子上，在交接处上方再搭接柱子，用受拉螺栓将上下的柱子连接在一起。其他梁则采用通常的榫卯进行搭接，并用受拉螺栓固定。包括短柱与屋盖梁的交接在内，我们采用了在所有木构件表面都看不到五金件的节点形式（图 5、图 6，照片 5、照片 6）。

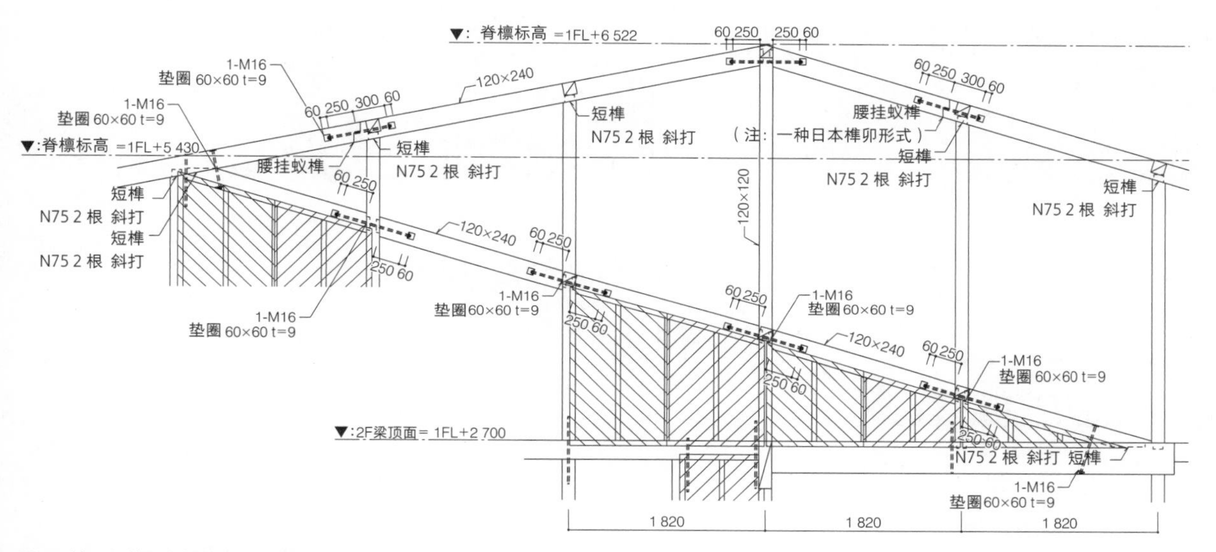

图 6 坡顶屋盖梁与短柱之间的交接（S=1/70）

照片 5 将梁组装成网格状

照片 6 在梁上立短柱，形成坡顶屋盖

骏府教会

设计者：西泽大良建筑设计事务所
所在地：静冈县静冈市
竣工年：2008 年 5 月
结构 · 层数：木结构，地上 1 层
建筑面积：313 m^2

照片 1
礼拜室中光线透过吊顶和墙壁

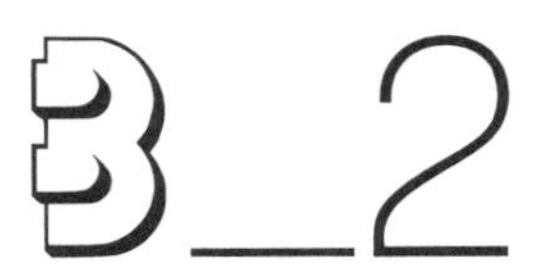

3_2 将光线引入封闭的礼拜空间

用小截面桁架柱和桁架梁建造的木结构箱体

使用小截面构件的传统木结构

建筑的挑战——将静谧的氛围与光的引入纳入考虑的结构

作为一座小型新教教堂，本项目有必要营造一个“宁静”和“光明”的空间（照片 1）。该建筑外形简单，平面尺寸为 9 m × 9 m，高度为 9 m（照片 2）。建筑外围用墙包裹，以确保内部的静谧，并意图使天窗引入的光线，通过吊顶格栅和双层墙壁渗透进礼拜空间。为了不遮挡光线，墙和屋盖都采用了小截面构件，形成透明的架构。这座建筑是由信徒们捐款建造的，因此自然需要考虑经济性。

结构的形状和布置——桁架柱和桁架梁

如果使用单根柱子支撑 9 m 高的空间，柱子的横截面会很大，但由于这里需要有双层墙，因此我们考虑在内外布置两根并排的柱子并将他们连接起来，形成桁架柱（照片 3，图 1）。以 900 的间距布置桁架柱，其弦杆使用 90 × 90 的长尺寸的单板层积胶合木（LVL），腹杆使用 30 × 70 的锯材，并注意简化腹杆的节点。柱子受风荷载的影响很大，如果在两个柱脚处使用固定五金件来确保其抗拉性，那么抵御风荷载时，柱脚会呈固定状态，靠近柱脚的地方剪力和弯矩都会增大。剪力由斜腹杆抵抗，因此斜腹杆构件的应力和节点处传递的力在高度方向上是不同的。上部的剪力较小，所以可以采用简单的节点形式，将斜腹杆构件布置在弦杆构件的两侧。斜腹杆构件在确保端部余长的基础上布置两根 M12 螺栓，在弦杆一侧充分利用安装件的宽度，细密地打上螺钉以确保强度。在靠近柱脚的部分，采用上述连接方法的话，螺栓和螺钉的数量会增加，因此构件截面和连接板也需要加大。不过，从建筑的角度来看，下部内侧的墙壁几乎没有设置间隙来透光，因此没有必要做成有透明性的结构。所以在剪力较大区域，两根柱子之间安装了结构胶合板，以低价的方式实现了高强度的结构（图 2，照片 4）。

桁架梁的弦杆使用 120×180 的胶合木，斜腹杆则使用锯材，在两侧或单侧进行布置。端部的斜腹杆的剪力较大，两侧布置 45×90 的构件并用螺栓连接，而中部则两侧布置 30×90 的构件并用螺钉连接，因无须使用五金件从而降低成本（图 3，照片 5）。

照片 2 外观大部分被外墙包裹，角部是教堂的入口

照片 3 木结构建造时的样子，桁架柱由小截面构件组成

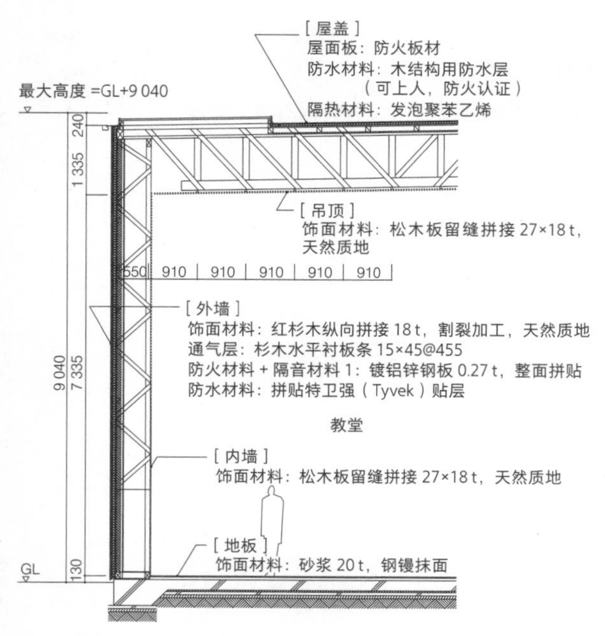

图 1 桁架柱和桁架梁的剖面图

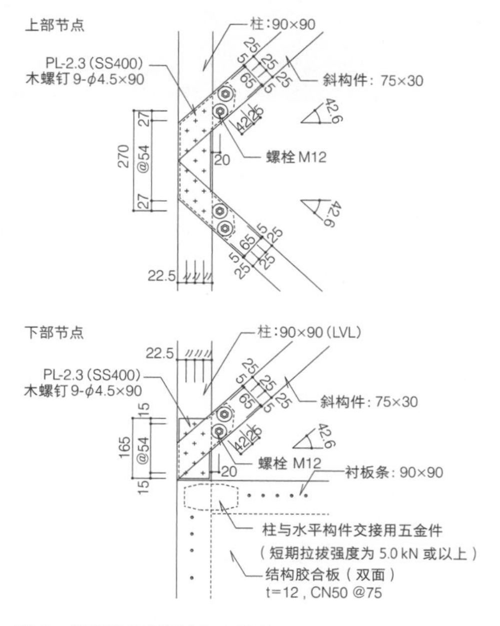

图 2 桁架柱的细部（S=1/20）

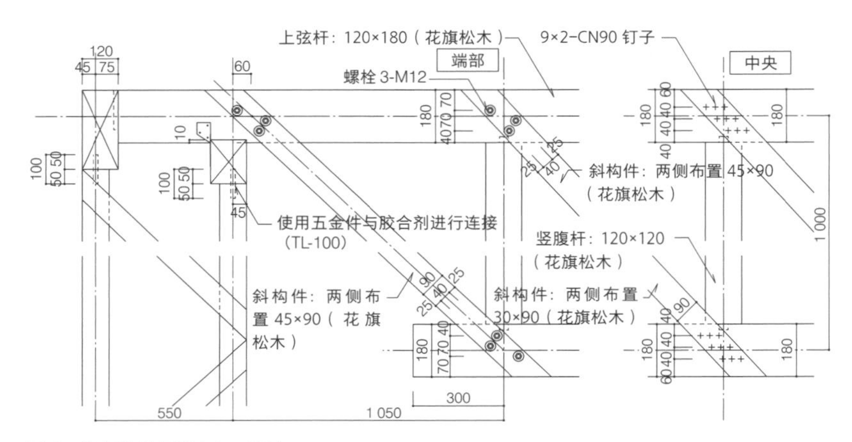

图 3 桁架梁的细部（S=1/30）

照片 4 桁架柱的建造

照片 5 桁架梁的建造

盐尻市北部交流中心
En Terrace

设计者：宫本忠长建筑设计事务所
所在地：长野县盐尻市
竣工年：2019 年 3 月
结构 · 层数：木结构，地上 2 层
建筑面积：2 172 m²

照片 1
外观具有民居风格的大屋顶（图片：Rococo Produce）

B_3 使用简洁的木结构建造作为当地核心的综合设施

使用胶合木的建筑

使用了胶合木与五金标准件的木结构

建筑的挑战——应用通用技术打造合理的木结构建筑

本项目位于地方城郊的一个靠近车站的地方，规划为一个由办事处、图书馆、社区中心和儿童保育支持中心组成的综合设施（照片 1）。通过设置与周围街道连续的“通道”空间，建筑师意图将不同年龄段的人使用的各种空间串联起来。建筑融合了民居的形态，并连接不同的体量，形成了复合的木结构建筑，各处所需的空间都各不相同。项目设计的前提是要使用当地产的落叶松木，建筑的挑战在于应用通用技术打造合理的木结构建筑，且需要在设计的同时推进木材的运输工作。

为了使用当地生产的木材，在初步设计阶段就计算出了大致的木材用量，并在施工图设计阶段确定了构件和开始采伐的时间表。此外，客户希望能在建筑的某处使用县内产的落叶松木制成的 CLT，以起到推广作用。我们将其用作活动室的结构墙，实现了县内第一座使用 CLT 材料的建筑。

传统轴组工法——使用斜撑的木结构与节点

该建筑由办事处、交流大厅、图书馆和雨棚四个体量构成，除了雨棚为钢结构，其他几栋都使用了落叶松胶合木，以传统轴组工法建造（图 1）。

办事处大楼的中央是一个通高大厅，两侧是会议室和办公室，两边屋顶的空间跨度都是 10 m，因此结构上使用斜撑来支撑梁的中部。这是一种有效的木结构形式，因为它利用木材的承压来传力，并具有节点简明的优点。不过，由于斜撑会增加水平方向的力，因此有必要增大柱子的截面，或者在另一侧也加上斜撑进行平衡。面向通高空间的柱子在朝向会议室一侧和朝向大厅的一侧都设置了斜撑。在图 2a 的情况下，通高空间的上部结构很简明，但作用在斜撑上的屋盖荷载在左右两侧不同，会导致柱中产生弯矩。在图 2b 的情况下，柱子的弯矩较小，但通高空间上部构件较为密集。不过，a 和 b 的成本差异很小，在结构上也没有明显区别，最后根据视觉效果选择了方法 b。

由于预制技术的发展和预制工厂的普及，如今大多数这种规模的木结构都是预制制作的，而且还有许多五金标准件可用作柱梁的连接件。本项目也计划利用预制技术和五金标准件，从而实现一个易于施工的木结构（图 3）。在斜撑交接等特殊部位，使用了受拉螺栓等简单的节点形式（照片 2、照片 3）。

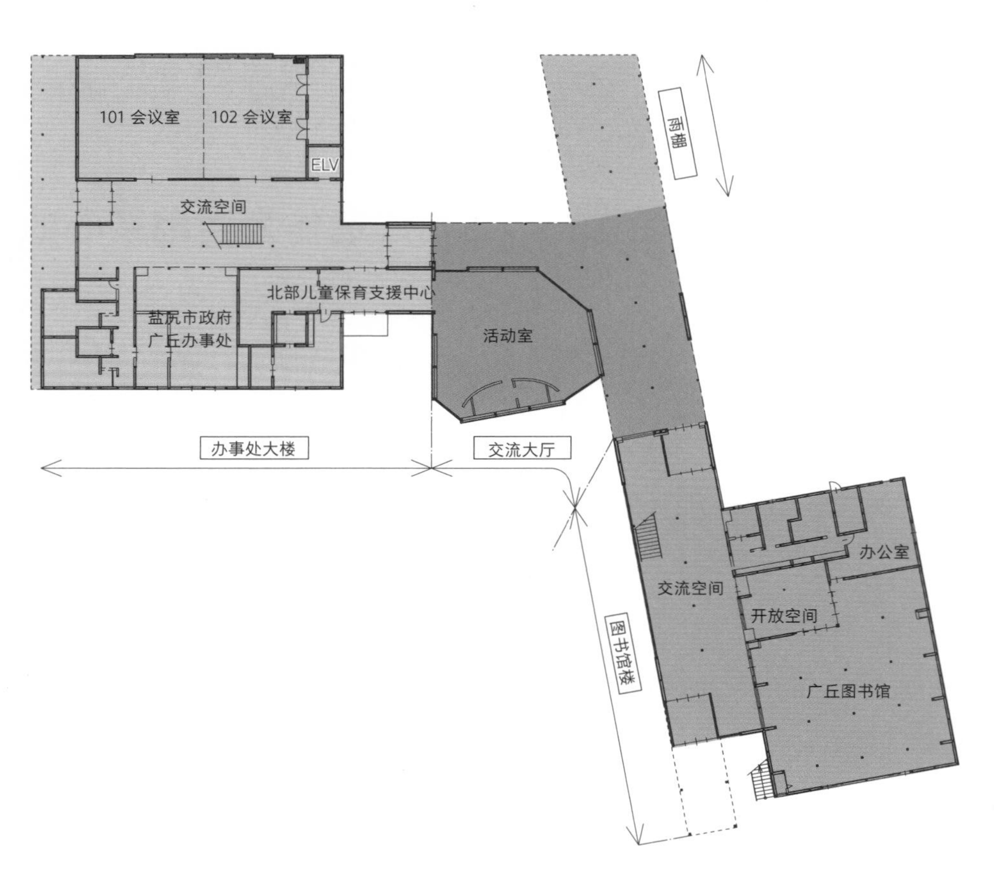

图 1　1 层平面图。建筑由办事处、交流大厅、图书馆和雨棚四栋楼构成（*S*=1/600）

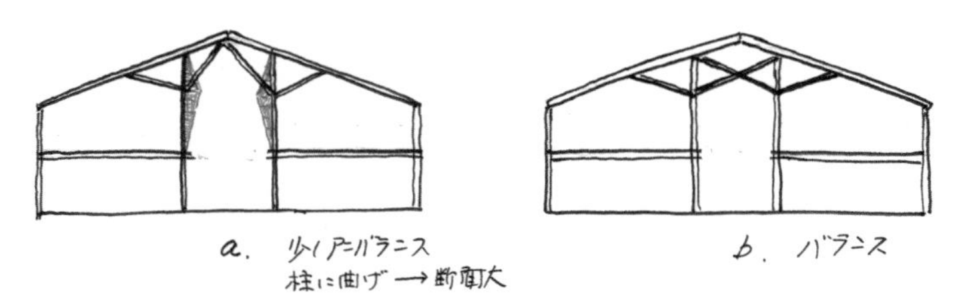

图 2　办事处大楼中斜撑的建造方式

用木结构创造多边形平面的空间——组合使用钢梁和 CLT 墙体的木结构

交流大厅由活动室和走廊空间组成，活动室呈不规则的八角形平面，夹层设置了环绕的回廊（照片 4）。活动室的四周设置了许多墙体，这些墙可作结构墙，因此用了客户要求使用的 CLT 材料作为外露的结构墙。因为平面是不规则的，所以建筑物的转角处不是 90°，转角处柱子朝向哪一个方向布置就成了问题。如果角度偏差较小，那么朝哪个方

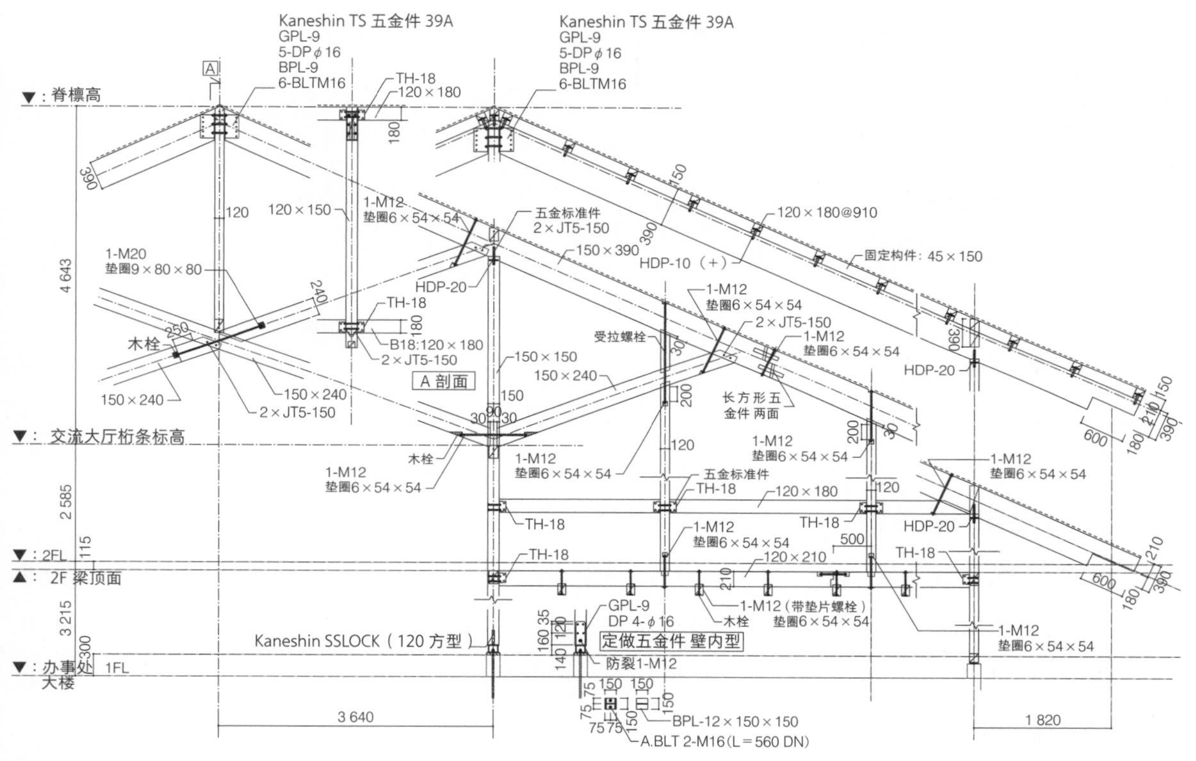

图 3 节点使用五金标准件和螺栓以降低成本（S=1/100）

照片 2 使用了五金标准件的细部看起来很清爽

照片 3 为了在通高空间两侧实现平衡，设置了交叉的斜撑

照片 4 活动室夹层走廊的端部从屋盖上悬吊下来（摄影：Rococo Produce）

向问题都不大；如果角度偏差较大，在梁柱的接触面，相对于梁的宽度，柱子的宽度就会变小，这样就很难预先加工或使用五金标准件。为了解决这个问题，我们考虑在各条边的两端都设置柱子，或者放大转角处的柱子，使柱子可以支撑从两侧延伸过来的梁（图 4）。在该项目中，CLT 墙设置为两层高，中间的梁横向安装在墙侧面上，因此柱构件的横截面自然就需要做到 360 mm，这就解决了平面上梁的角度问题。

CLT 墙体不承受竖向荷载，仅用作剪力墙。柱脚节点处使用受拉螺栓应对弯矩，使用受剪螺栓应对剪力，中间和上部梁的节点则使用受剪螺栓和普通连接件（图 5）。结构胶合板剪力墙的设计，是通过强化柱脚，用钉子固定胶合板，使胶合板塑性化而得以进行；但在 CLT 剪力墙中，柱脚处的受拉螺栓会先进行塑性化，因此剪力墙的强度取决于螺栓的强度。完工后，从室内仍可看到柱脚上的受拉螺栓节点，这体现了 CLT 墙体的特征（照片 5）。

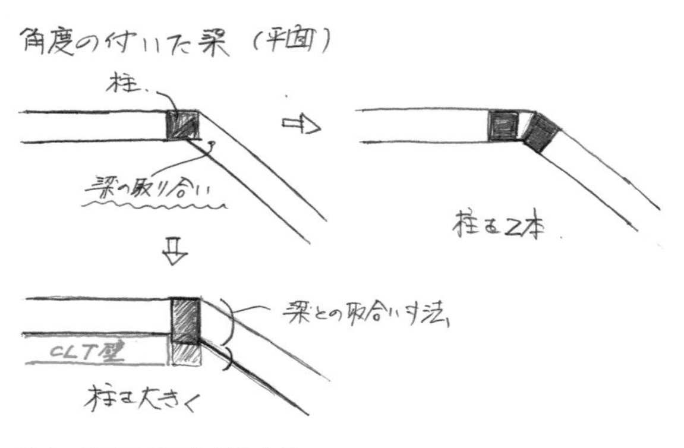

图 4 活动室的梁与柱的交接

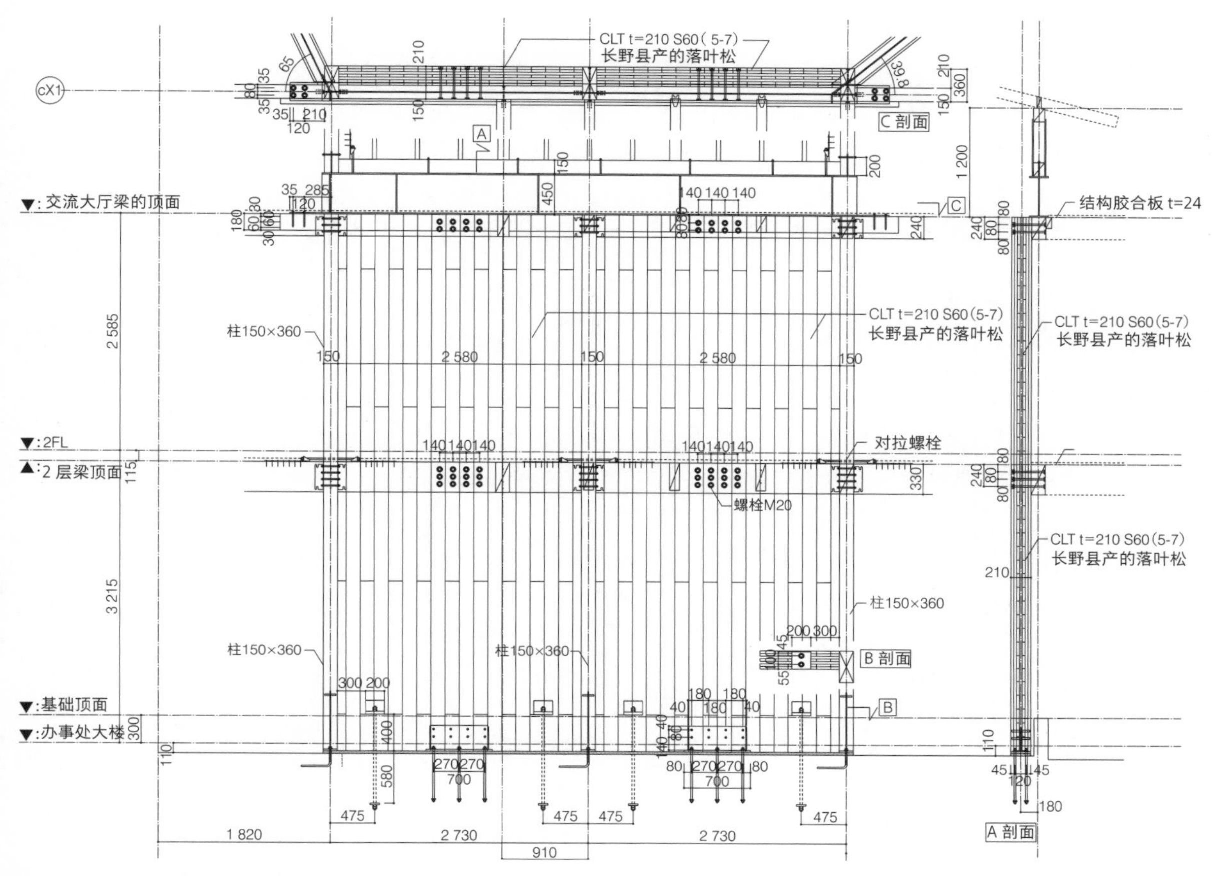

图 5 CLT 墙的节点细部（S=1/80）

照片 5 CLT 抗震墙。在完工后仍能看到 CLT 的节点

为了应对不规则的平面形式，屋盖被设计成寄栋形状（注：寄栋，同中国的庑殿顶形式），最初的构想是采用木结构径向梁组成的三维结构。然而，由于要封吊顶，且夹层走廊出挑的楼板末端会悬吊在屋盖上，因此决定在桁条标高建造一个水平钢结构（图 6）。由此顶部的木结构屋盖得到了支撑，下部的夹层则被悬吊起来，从而简化了木结构的连接，降低了成本（照片 6）。在两个方向上分别布置三根 H–450 × 200 钢构件，形成了井字形状的钢结构，并用 H–244 × 175 的次梁进行连接。

寄栋形状屋盖的顶部设置了一个环状钢板，支撑周围的木梁。

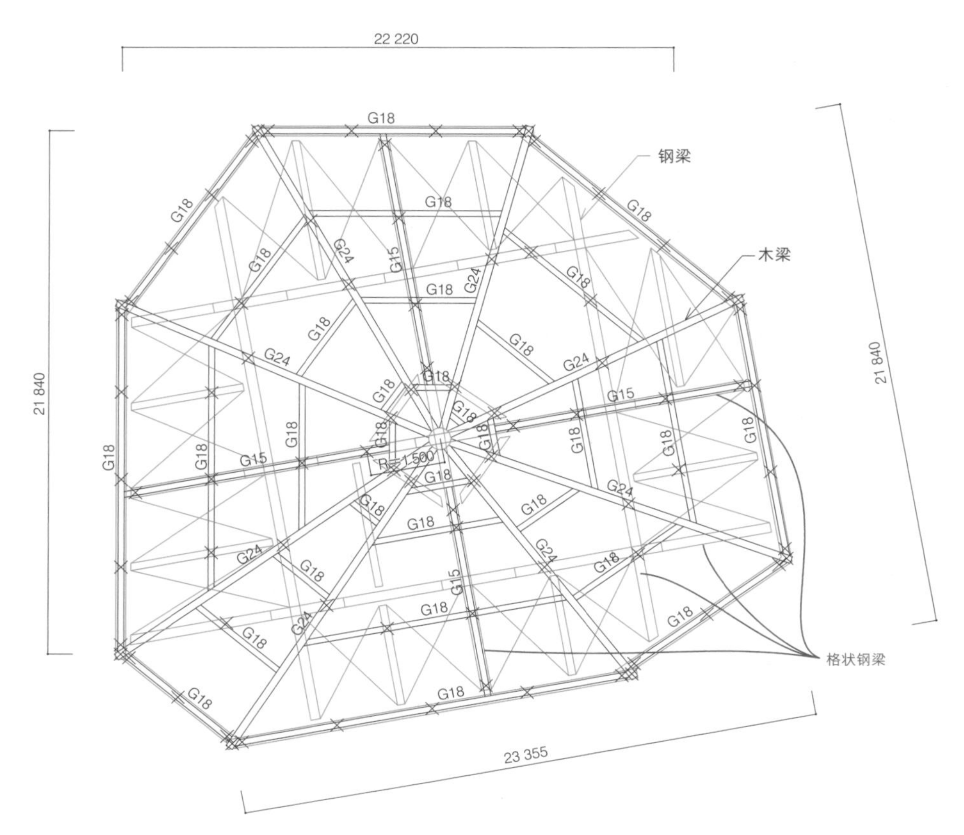

图 6　活动室屋盖的钢梁和木梁的结构平面图。红线表示水平钢构件，黑线表示木结构的寄栋屋顶形状的构件。G24、G18、G15 分别表示梁高 240、180、150

在这座建筑中，除了活动室，在许多其他地方的墙壁和吊顶表面也都做了饰面，形成了木结构框架与白墙、吊顶面之间的鲜明对比（照片 3）。

照片 6　活动室的屋盖由水平钢梁支撑寄栋形状的木结构构件

上士幌生涯学习中心
Wakka

设计者：Atelier BNK
所在地：北海道河东郡上士幌町
竣工年：2017 年 6 月
结构 · 层数：木结构，部分钢筋混凝土结构，地上 2 层
建筑面积：2 331 m^2

照片 1
圆形大厅耸立在中央，具有象征性的外观（摄影：酒井广司）

3_4 带有象征性圆形大厅的地域交流中心

旋转正方形得到的木结构屋盖架构

使用胶合木的建筑

建筑的挑战——以具有象征性的架构来建造圆形大厅的屋盖

本项目是当地城市的地域交流中心，集多种功能于一体（照片 1）。建筑由两层高的钢筋混凝土结构部分和一层高的木结构部分组成，并计划与旁边现有的图书馆融为一体。从设计之初，我们就考虑使用当地产的落叶松，并采用通用技术建造木结构。建筑四面均可自由出入，布置在中央且吊顶很高的圆形活动大厅，是建筑的中心，且空间具有象征性。如何赋予这部分结构以独特的个性，是本项目的挑战（照片 2、照片 3）。

通用部的结构——整齐的架构

在中等规模木结构建筑中使用胶合木时，可以使用 6 m 或更短的构件来节约成本。然而在本项目中用到的胶合木，将会在附近一家使用本地木材的工厂进行生产，因此在工厂可制造范围内的大尺寸构件都可以使用，我们在设计中利用了这样的优势。建筑被设计为 7.2 m × 7.2 m 的有序网格，作为木结构来说是比较大的，以 1.8 m 的间距单向布置 150 × 540 的梁，主梁截面为 180 × 900（照片 4，图 1）。抗震构件使用了具有高承载力的胶合木支撑。

活动大厅的结构——什么是适合圆形平面的木结构

活动大厅的结构是本项目的挑战，我们提出了若干想法。首先，在木结构中很难在同一水平面上建造井格梁，构件一般都是朝一个方向排列，但这并不适合圆形平面。

可以将梁放射状布置，中央设置短柱，下部使

照片 2　有序的空间中，置入了一个圆形活动大厅

照片 4　整齐的胶合木架构

照片 3　八边形平面的活动大厅的架构，采用了向两个方向延伸的木结构形式（摄影：酒井广司）

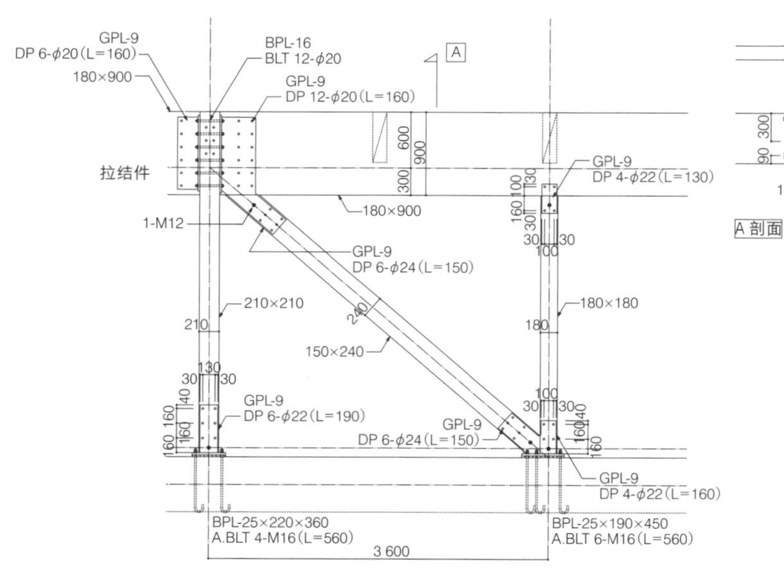

图 1　木结构的节点（S=1/80）

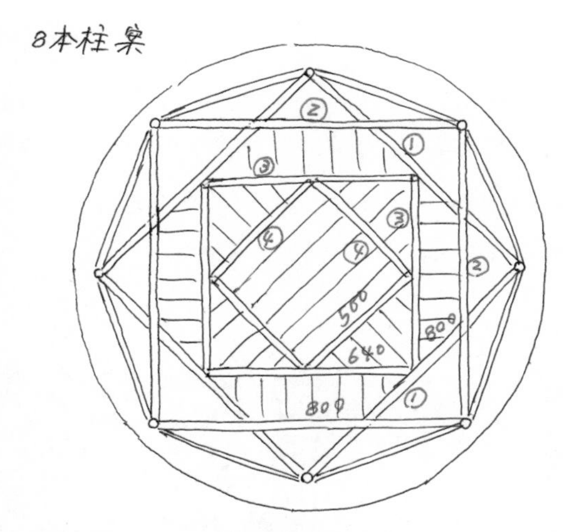

图 2　圆形大厅 8 柱方案的屋盖架构草图

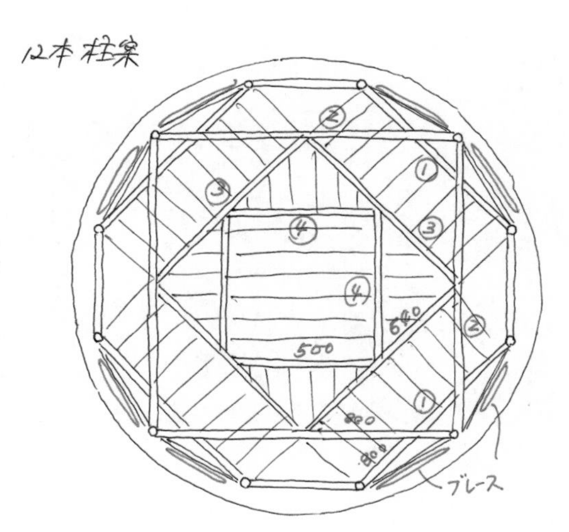

图 3　圆形大厅 12 柱方案的屋盖架构草图

用受拉构件形成张弦梁的形式，但这种做法似曾相识。因此，这次采用了不同的做法，设置了围成正方形的梁，由圆形平面四周的柱子支撑，并在这些正方形中间搭接较小的正方形梁组件。这种方法避免了梁在同一水平面交叉。图 2 所示为 8 根柱子的方案，其中梁①和梁②在力学上是等同的，但如果梁②放置在梁①的顶部，则梁②由梁①支撑。如果将梁③旋转 45° 以连接到梁②的中心上，则可以在同一水平面上布置两个方向的梁。此外，通过布置梁④，使其由梁③以同样的方式支撑，跨度可以逐渐减小，梁的截面尺寸也可以减小。不过我们注意到，在设置 8 根柱子的情况下，用直线梁来连接周围的柱子会导致与圆形之间出现较大的错位。

接下来，当我们考虑图 3 所示的 12 柱方案时，发现情况略有不同。梁①跳过 1 根柱子，由两根柱子支撑，这与 8 柱的方案相同。将梁①未连接的其余 4 根柱子接续起来，通过梁②形成了较大的正方形。因为梁②被梁①支撑，所以跨度小于柱间距离。之后就与 8 柱方案相同，设置梁③和梁④构成较小的正方形，梁的横截面尺寸也随之减小。

就这样将正方形四条边的中央连接起来，配置木结构梁形成旋转 45° 的小正方形，重复这样的操作，逐渐形成更小的正方形，建造了通过两个方向的梁向周围柱子传力的架构（图 4）。12 柱的方案与圆形外周更相称，我们通过模型验证了这一点（照片 5）。

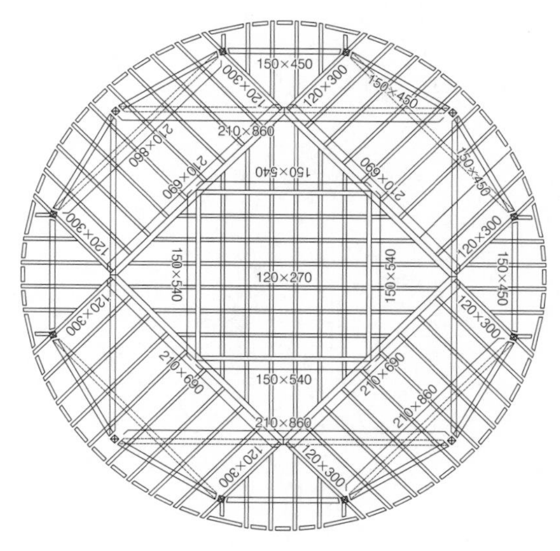

图 4　圆形大厅的屋盖结构平面图

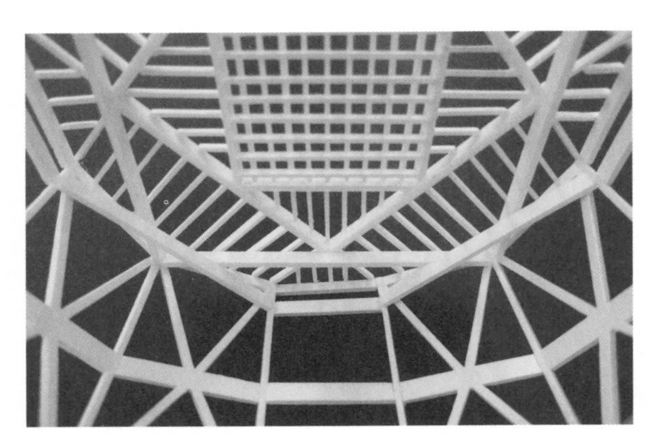

照片 5 屋盖的架构模型

梁组的细部设计——嵌套接合方法与销钉支撑方法的兼用

梁组的细部考虑如下。首先在梁①（210×860）与柱子的交接部插入钢板，并使用销钉连接进行支撑，梁②（210×690）嵌套在梁①上部，为了控制高度，两者都设置了缺口。梁③（120×640）通过销钉连接由梁②支撑，抬高的高度为檩条的厚度。梁④（150×500）与梁③在同一水平面，通过销钉进行连接。如上所述，从梁①开始依次支撑各个构件，给人的感觉是架构向中心逐渐抬升，从梁①的底端到檩条的上端，有 2.17 m 的高度（图 5，照片 6）。

照片 6 盖木结构架构的组装

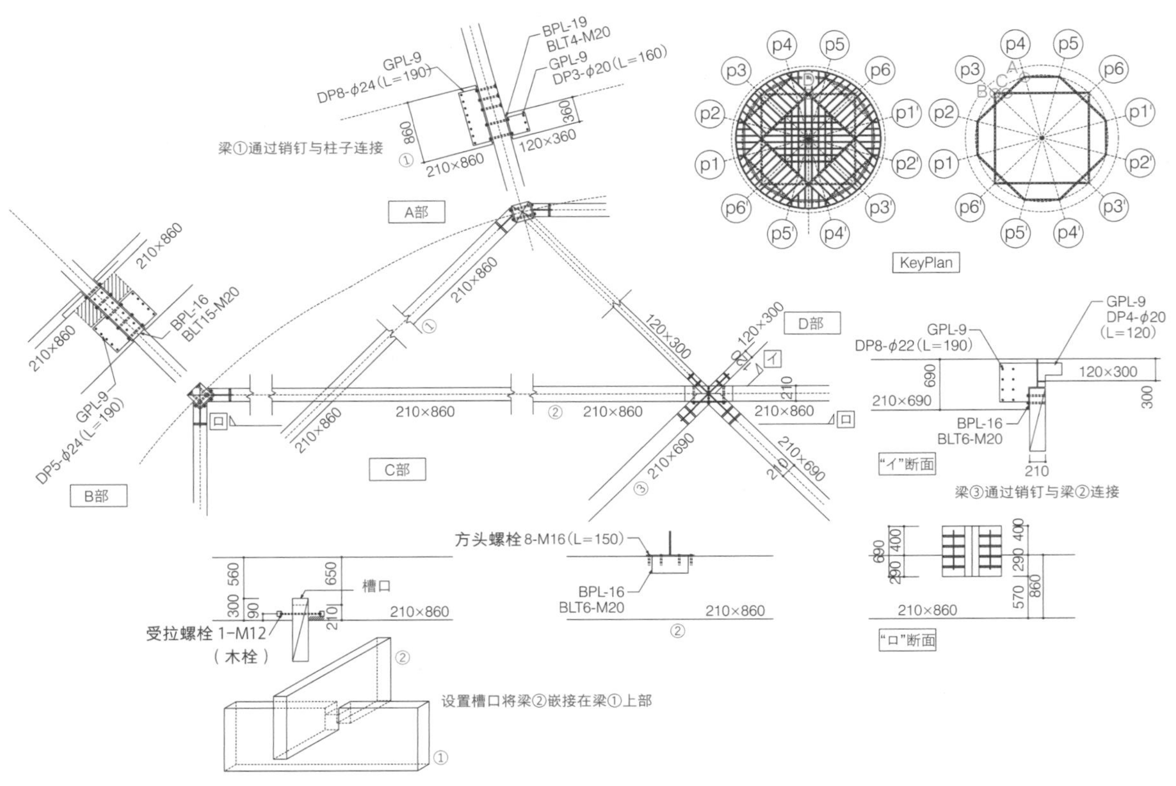

图 5 木结构屋盖详图（S=1/100）

八代的托儿所

设计者：MIKAN
所在地：熊本县八代市
竣工年：2000 年 3 月
结构 · 层数：木结构，地上 1 层
建筑面积：663 m^2

照片 1
托儿所的外观很方正，同时也考虑了室内外的连续性（提供：MIKAN）

屋盖架构将内部和外部空间连接起来

由锯材和胶合板构成的复合井格梁与钢板剪力墙

建筑的挑战——内外一体化的屋盖与面向庭院一侧的开放性

本项目是一座单层木结构的托儿所，有一个最大面积为 9 m × 20 m 的游戏室（照片 1）。平面呈矩形，但与外部相连的露台和庭院也在同一个屋顶下，所以设计的挑战在于创造内外统一的空间感受。此外，对于朝向南侧庭院的部分，强化其开放度也很重要。因此，在建造屋盖架构和庭院一侧剪力墙时，我们花了不少工夫（照片 2）。设计要求使用熊本县产的木材作为主要的结构构件，还需要使用小截面的杉树锯材进行建造。

屋盖架构——井格梁的构成及其细部

虽然房间和走廊是分开的，但是为了创造屋盖架构连续的状态，我们考虑使用斜向井格梁。正如“Re-Tem 东京工厂”项目中描述的那样，长方形平面中使用斜向井格梁的话，在力学上是与双向梁等效的，并且能弱化房间分隔带来的视觉影响。考虑到锯材的常规长度为 4 m，我们将井格梁的间距设置为 1.8 m，每个单元的梁的长度为 3.6 m，将它们交替布置成双向梁，这样的做法是比较经济的（图 1）。

问题在于节点的做法，因为在木结构中，将梁在同一水平面连接起来组成井格梁，是需要花工夫的。一般来说，木结构的节点为了传递力矩，要么通过受拉螺栓或者连接板进行交接，要么将梁布置在不同标高面上相互穿插（图 2）。

照片 2　屋盖由宽度较小、有一定高度的斜向井格梁建造（提供：MIKAN）

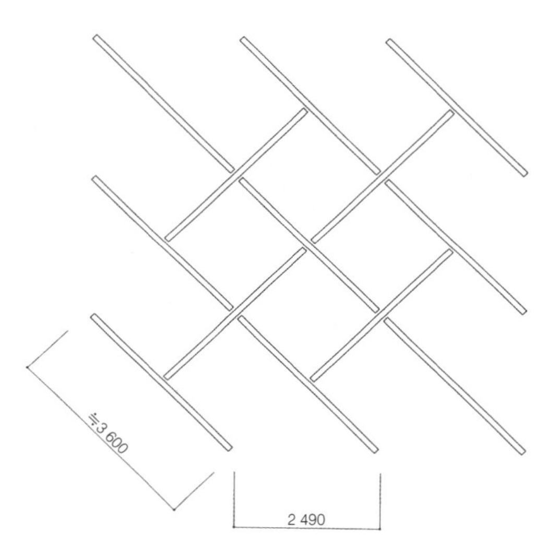

图 1　梁的布置方法

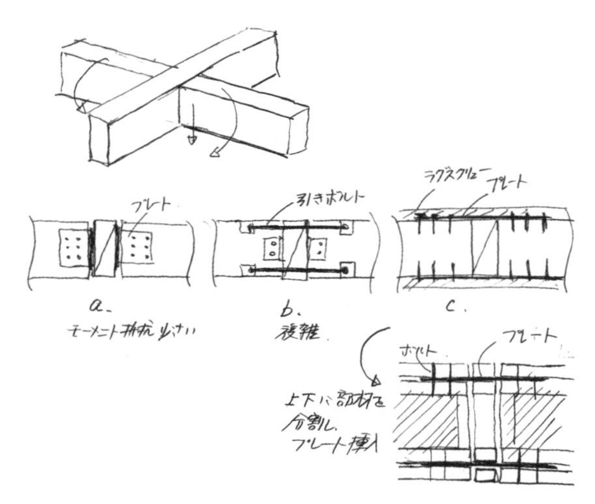

图 2　利用锯材与胶合板的叠合梁建造井格梁的构思

为了使同一水平面上的梁能抵抗弯矩，可以像图 2 a 所示那样，使用钢板连接并用螺栓固定。但是，这种方法不能提供足够的抗弯强度，因此可以像图 2b 那样在顶部和底部布置受拉螺栓，以增强抗弯能力。但是，端部结构复杂，节点数量多，这么做的话成本过高。如果能像图 2c 那样将构件分开，并在水平面上布置连接板，就能形成简单明了的节点。

延续这个想法，就得到了图 3 所示的系统，将梁分为了翼缘要素和腹板要素。由小截面的锯材上下两段并置，形成相当于翼缘的构件；使用结构胶合板来构成相当于腹板的部分。

梁的上下弦杆（翼缘）使用 60 mm 方锯材上下两层重叠，用竖杆将它们连接在一起，形成梯子一样的架构，并覆盖 12 mm 厚的结构胶合板作为腹板，一体化形成叠合梁（图 4）。锯材承担弯矩，胶合板承担剪力，节点系统能够分别传递各自的力。翼缘的轴力通过水平布置的节点五金件和螺栓传递，水平五金件会从正交方向的两根弦杆间穿过，这是该节点的特征之一。

剪力通过将胶合板钉到框架木材上来进行传递，框架木材之间则通过螺栓连接成正交的框架单元。柱子与梁交接的部分，胶合板由两段 120 × 300 的锯材替换，上下布置 120 × 60 和 120 × 120 的锯材并采用与通用部一样的节点，这部分用到了特殊的五金件（图 5）。这样就可以使用县里生产的小截面木材来建造低成本的井格梁了。施工时，在预组装的状态下，只安装了一侧的结构胶合板来进行搭建，减少了临时支柱的使用（照片 3、照片 4）。

钢板抗震墙——使用穿孔金属板

钢板抗震墙使用 6 mm 厚的钢板，并用 75 mm 的方形钢管作为框架进行加固，在钢板上以 75 mm 的间距开 50 mm 直径的圆洞（照片 5）。从力学角度看，它可以被视为连续布置的受拉支撑，但与钢板抗震墙不同的是，其受到的拉力方向是由开孔的位置决定的。因此就像图 6 所示，在柱中部会产生与角部相平衡的拉力，导致柱中产生弯矩，削弱了作为支撑的效果。为了避免这种情况，需要在中间加入水平约束构件，以确保强度和刚度。从内部看不见水平构件，所以能实现均质的穿孔金属板墙面。

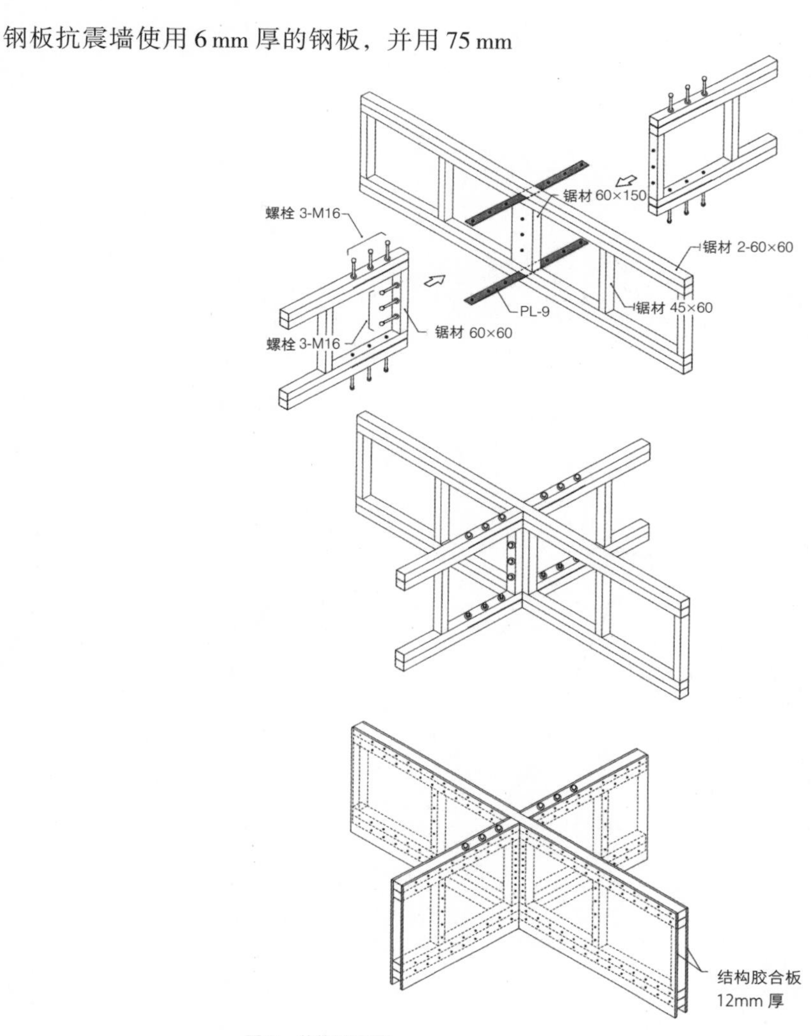

图 3 井格梁系统

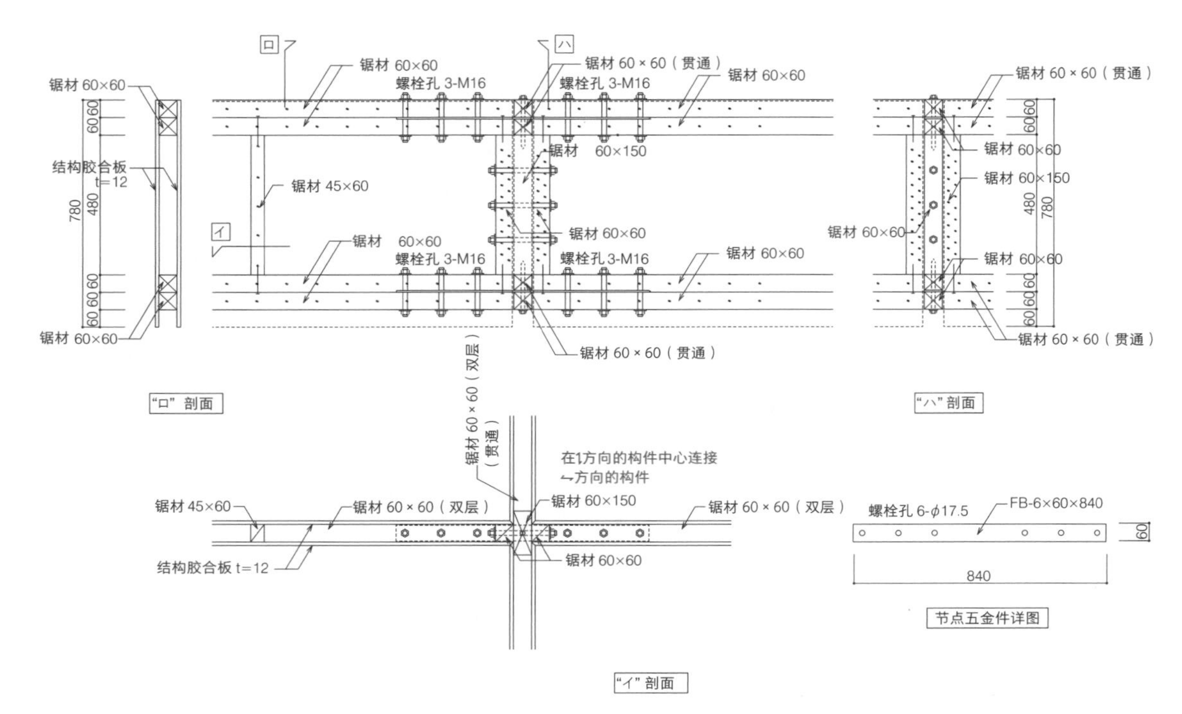

图 4　叠合梁通用部的详图（S=1/25）

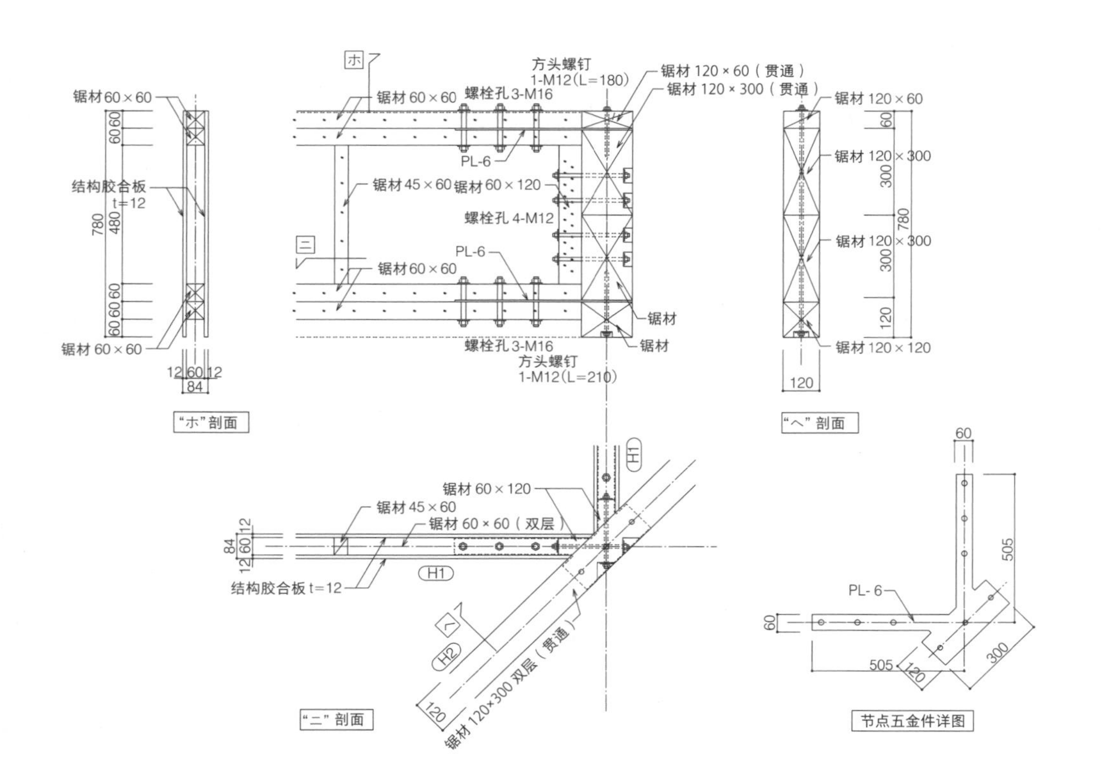

图 5　叠合梁的柱列与梁的交接详图（S=1/25）

照片 3 井格梁的施工

照片 4 井格梁在单侧覆有胶合板的状态下被组装

照片 5 使用穿孔金属板作抗震墙（提供：MIKAN）

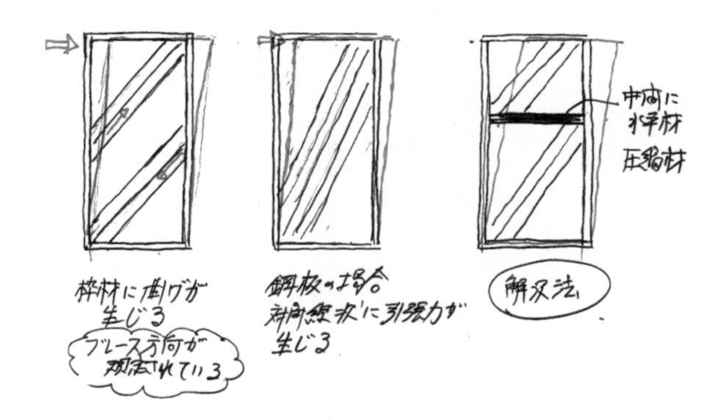

图 6 穿孔金属板抗震墙在力学上与钢板抗震墙不同，需要在中间使用约束构件

Moya Hills

设计者：K 计划事务所
所在地：青森县青森市
竣工年：1997 年 10 月
结构 · 层数：钢筋混凝土结构 + 木结构，地上 3 层
建筑面积：2 685 m²

照片 1
滑雪小屋的外观，木结构大屋顶由下部钢筋混凝土结构支撑（提供：K 计划事务所）

暴雪地区的木结构大屋顶

拥有不同标高的构件且混合使用钢构件的木结构双向井格网架

建筑的挑战——暴雪地区的木结构网架屋盖

本项目建造在积雪深度为 2.4 m 的暴雪地区，作为滑雪小屋，内部设有泳池和展陈空间。建筑的下部结构为附墙的钢筋混凝土框架结构，有几条不同角度的轴线，屋盖为木结构（照片 1）。屋盖覆盖了整个建筑，长边方向长度为 86 m，短边为 14 ~ 22 m，中部是隆起的形状，短边向外出挑 4 m，长边出挑 7 m。木结构大屋盖由下部的钢筋混凝土结构支撑，同时也必须考虑到双向的出挑。本项目的挑战在于，在考虑雪荷载的情况下，使用胶合木建造一个高效的木结构。

屋盖的构成——木结构井格网架梁

最初的设想是在 2 m 的轴网中将不同标高的梁进行双向布置，形成井格梁，并从钢筋混凝土柱中伸出几根斜柱支撑梁的中部，但后来发现如此设计梁的截面会很大，包括斜柱在内的成本将大大超出预算，因此考虑采用网架结构来降低成本（图 1）。我们采用了 2 m 网格的井格梁，由底部的双向 12 m 轴网的钢筋混凝土结构支撑（图 2、图 3）。

木结构网架节点的建造方法是需要考虑的重点，尤其是双向网架，正如在八代的托儿所项目中提到的那样，需要花一些巧思。通常构件的节点需

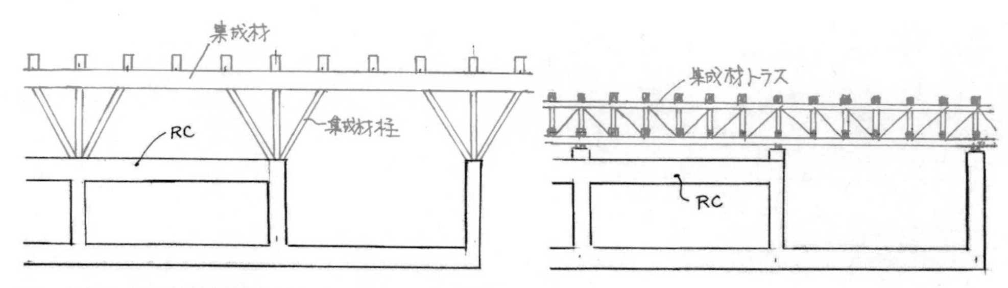

图 1 最初的方案使用斜柱支撑胶合木，但为了降低成本，改为网架结构

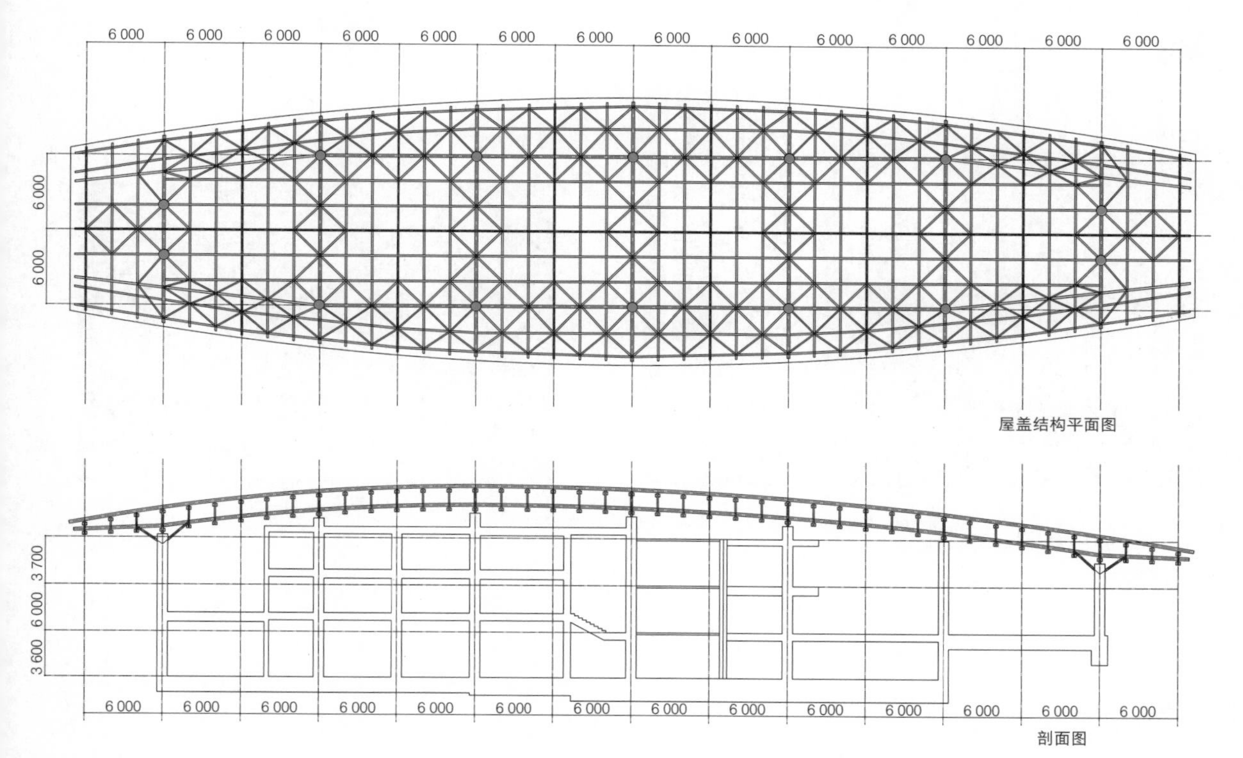

图 2 （上）木结构屋盖的平面图。红点表示被钢筋混凝土结构支撑的位置

图 3 （下）木结构屋盖由下部的钢筋混凝土结构支撑

要使用连接板，在本项目中，因为荷载和跨度都很大，用作弦杆的胶合木的截面也很大，因此节点处的螺栓数量增加，需要更大的连接板。间隔 2 m 的井格梁有很多节点，所以节点板数量变得相当多，加工也很复杂。

因此，两个方向的构件布置在不同标高处，并将部分构件设计为钢构件，以简化木构件的加工与节点的做法。网架构件中，弦杆是最显眼的，双向布置的弦杆使用了花旗松的胶合木，以表现出木结构的感觉；竖杆和斜腹杆使用了截面较小的钢构件，易于连接（照片 2）。两个方向的弦杆上下错开各自保持连续，节点处不用切断从而简化节点，同时表现出延伸到屋盖面的木结构特征。通过使用钢构件作为竖杆和斜腹杆，所有复杂的节点都成为钢构件之间的连接，木构件的节点也得以简化，从而降低了成本。

照片 2 弦杆使用胶合木，竖杆和斜腹杆使用钢构件，形成混合结构的网架（提供：K 计划事务所）

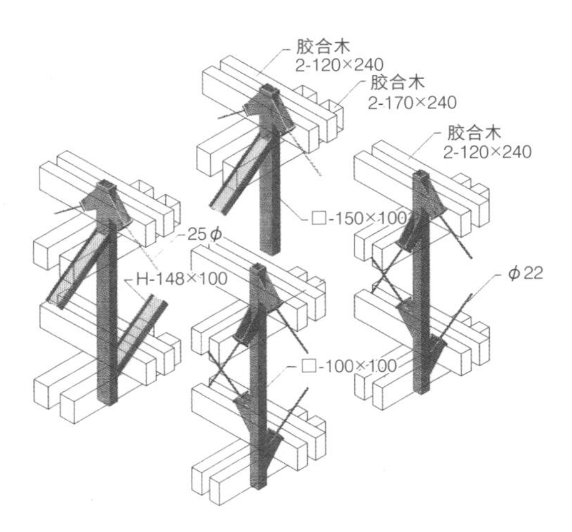

图 4 网架细部

照片 3 两个方向标高不同的网架细部

网架的节点

网架的平面轴网是 2 m，高度为弦杆的芯线间距，即 1.5 m。上下弦杆的普通部使用 120 × 240 的双梁，而联系柱与柱之间的相当于主梁的部分则使用了 170 × 240 的双梁。网架交点的竖杆使用方钢管，由螺栓固定在胶合木之间；斜腹杆的钢构件使用连接板或工字钢，以与方钢管一起传递应力。使用方钢管作为竖杆，可以非常顺利地处理双向网架的高差。斜腹杆的普通部使用了 ϕ16 ~ 25 圆钢作为受拉构件，构件非常细，几乎没有存在感，能起到强调木构件的作用。圆钢的节点利用弦杆之间的缝隙，在竖杆上设置盒形五金件，圆钢穿透连接板，并用螺母固定，不需要使用螺丝扣。上弦杆的双向构件之间的空隙中布置了方钢管水平支撑，确保了屋盖面的整体性（图 4、图 5，照片 3）。

相当于主梁的网架部分应力较大，因此与普通部构件的截面不同，方钢管尺寸为 100 × 150，斜腹杆则根据应力分别使用 H–150 × 150、H–148 × 100、H–100 × 100 的构件（图 4）。为了增加悬挑部分的刚度，斜腹杆使用了工字钢，特别是长边方向的两端，出挑多达 7 m，1.5 m 高的网架在强度和刚度上都不够，因此在向外一个轴网距离的网架交点处，使用了钢斜撑构件来支撑（照片 4）。

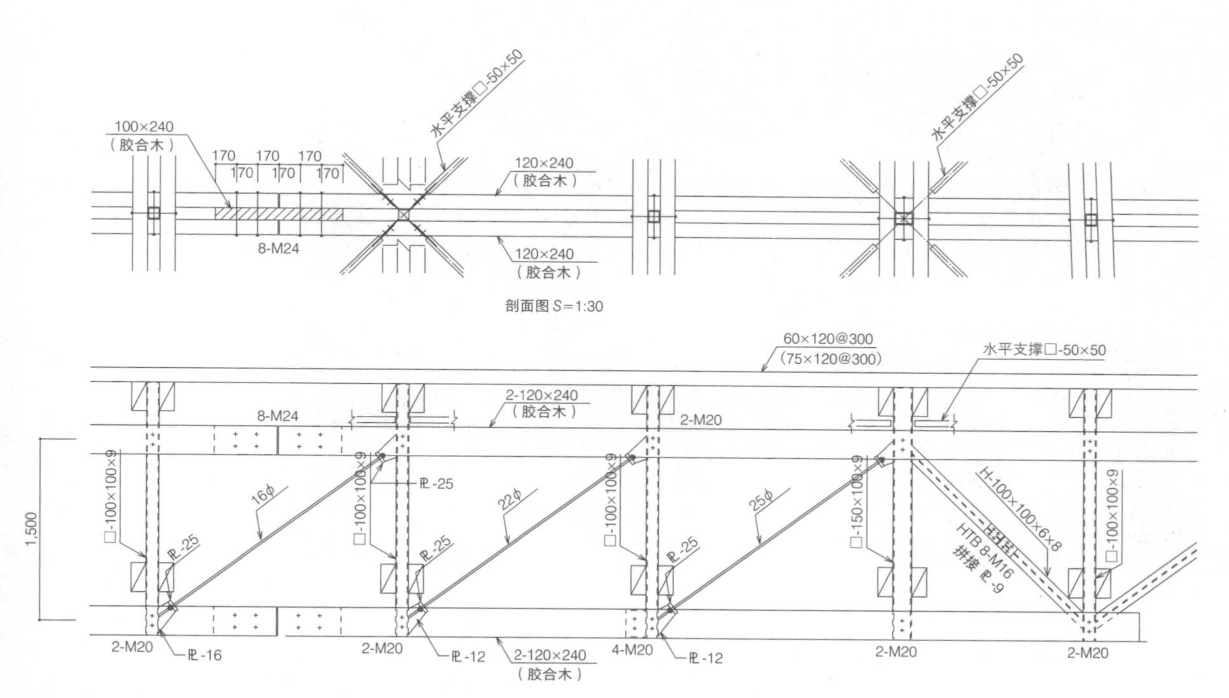

图 5 使用了木结构弦杆、钢结构竖杆和斜腹杆的网架详图（S=1/60）

照片 4 端部出挑 7 m 的木结构网架部分，设置了工字钢斜撑（提供：K 计划事务所）

鸿巢市川里馆

设计者：仙田满 + 环境设计研究所
所在地：埼玉县鸿巢市
竣工年：2014 年 3 月
结构 · 层数：钢筋混凝土结构 + 木结构，地上 3 层
建筑面积：2 589 m^2

照片 1
体育馆的木结构空腹桁架屋盖（摄影：藤塚光政）

3_7 综合设施中使用木结构屋盖覆盖的体育馆

木结构空腹桁架的屋盖结构

空腹桁架

建筑的挑战——以简洁的木结构屋盖覆盖的体育馆

本项目是一个社区设施，具有多种复合功能，是钢筋混凝土结构的二层建筑。二层的一部分设置了跨度为 18 m × 24 m 的体育馆，该部分的屋盖要比其他部分高出一层，屋盖使用木结构建造。建筑的挑战在于创造一个简洁的且具有木结构材质感的架构（照片 1、照片 2）。

充分利用支撑条件的屋盖架构——由钢筋混凝土结构支撑的木结构空腹桁架

到二层为止都是钢筋混凝土结构，屋盖是双坡屋盖形态，中央有小屋顶突出，设置了高侧窗。考虑到这一条件，如果屋盖采用合掌形的梁排布，并用钢筋混凝土结构来抵抗推力，轴力会在结构中占主导，结构效率较高。但是，这种情况下即使结构只有整体跨度的一半，也会产生弯矩，因此采用单根梁的结构效率很低，于是采用了将构件分为上下

照片 2 顶层设置了一个木结构屋盖的体育馆（摄影：藤塚光政）

两段，中间设置抗剪构件的做法，即所谓的空腹桁架结构（图 1）。这可以看作是一种重叠的镂空梁。另一种可能是考虑张弦梁结构，但本次项目的想法是只使用木材，通过重复层叠的方法来体现木材的存在感。

空腹桁架中，通过竖杆的剪力，整体的弯矩被转化为上下弦杆的轴力，越靠近两端的地方，竖杆引起的反弯越大。为了应对这种情况，端部的竖杆截面尺寸相应变大。此外，由于中部承载了外突的小屋顶，立柱部分的集中荷载使空腹桁架梁受到的弯矩也增加了，因此在中间使用受拉构件形成三角形，联系承载小屋顶的部分，防止产生额外的弯矩。

通过使用圆钢，实现了受拉构件的极小化，在端部使用贯穿下弦杆的钢接头，通过承压连接，简化了节点。用木构件将圆钢包裹起来，看上去就像是木结构一样（照片 3）。

梁的间距为 1 m，上下弦杆使用 180 × 320 的

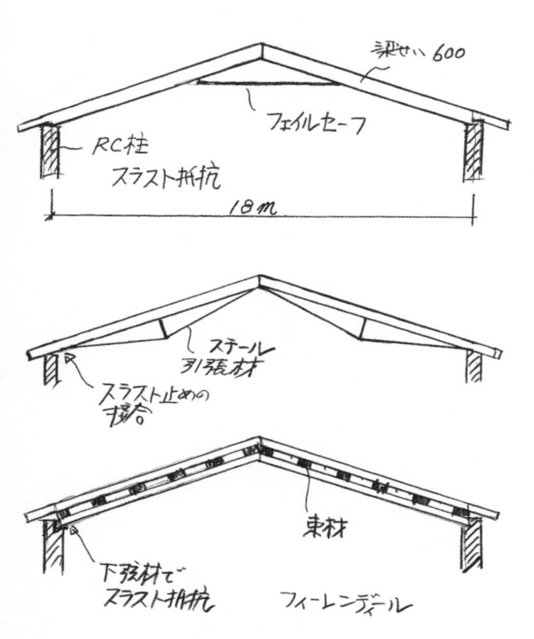

图 1 合掌形屋盖的结构研究

照片 3 受拉构件被木构件包裹，整体呈现出木结构架构的样子

花旗松胶合木，竖杆使用同种材料，中部的竖杆截面尺寸为 180 × 240，端部为 180 × 480。受拉构件内侧的竖杆几乎不受剪力，因此在构件中心布置了一个 M20 螺栓；外侧针对 180 × 240 的构件，布置了两个 M20 螺栓；最外端的竖杆尺寸为 180 × 480，布置了两个 M20 螺栓来抵抗剪力和弯矩。在与钢筋混凝土结构的交接处，将下弦杆放在钢筋混凝土向上突出的部分，以确保推力充分传递，而上弦杆则在水平方向上保持松动状态（图 2）。施工过程中，在地面上将两侧的斜梁一体化组装，进行搭建（照片 4、照片 5）。

支撑木结构屋盖的下部结构——钢筋混凝土结构的设计

下部的钢筋混凝土结构受到木结构屋盖的推力。如图 3 所示，一侧由于和较低标高的屋盖梁交接，所以刚度较大，另一侧则是 8.2 m 高的悬壁柱，刚度较小。屋盖面的梁以及在中间层设置的兼用作检修道的水平梁能起到提高刚度的效果，同时将检修道下部的柱子截面尺度放大，以确保必要的刚度。

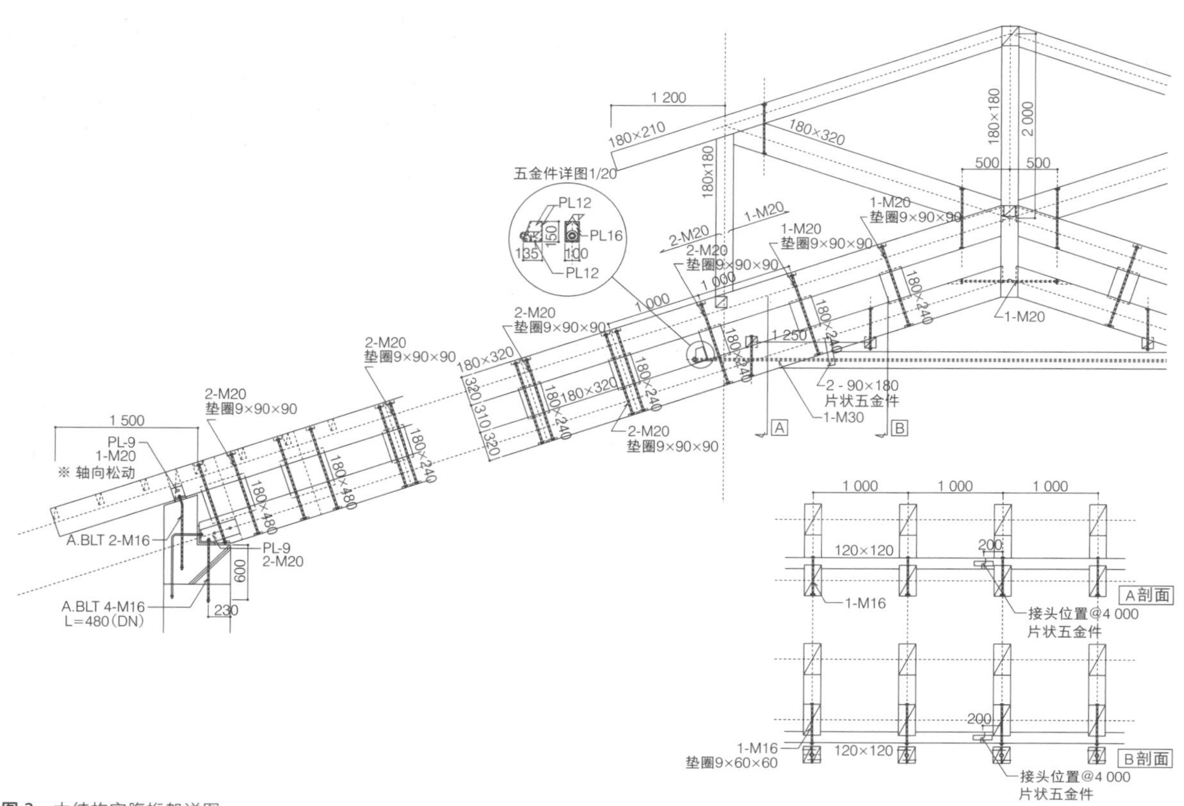

图 2 木结构空腹桁架详图

照片 4 木结构空腹桁架的详图

照片 5 空腹桁架梁的预组装

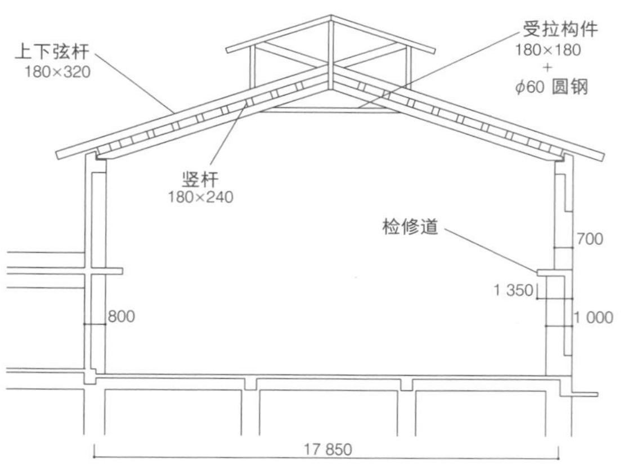

图 3 下部钢筋混凝土结构的架构图

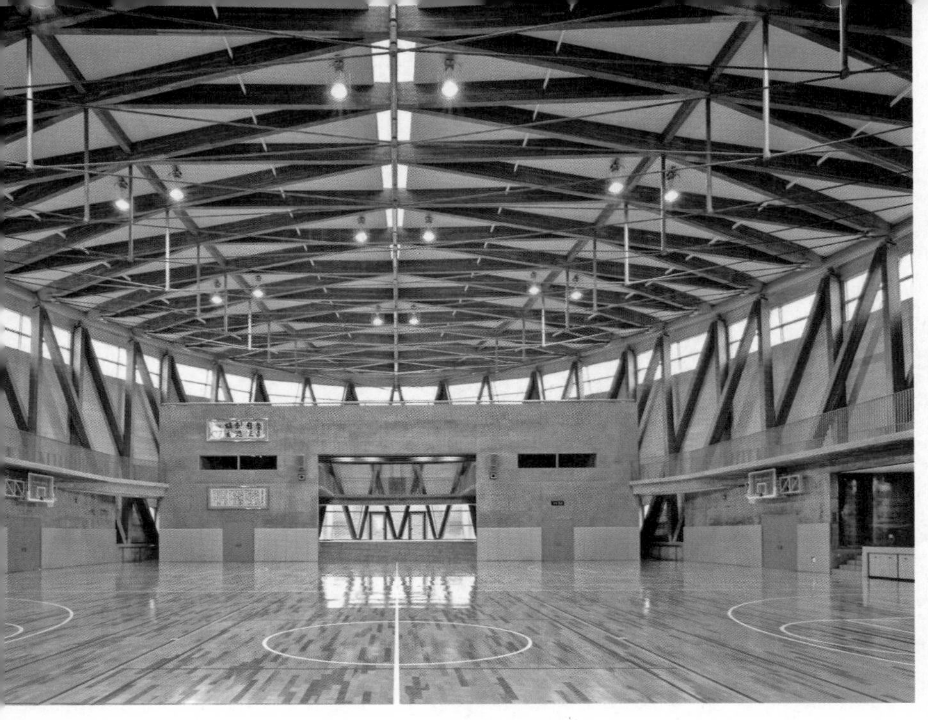

新潟市立葛琢中学校体育馆

设计者：安藤忠雄建筑研究所
所在地：新潟县新潟市
竣工年：2003 年 3 月
结构 · 层数：木结构，地上 2 层
建筑面积：2 972 m²

照片 1
为了呈现木结构膜的形象，采用了钢索组合的张弦梁结构（摄影：松冈满男）

张弦梁

具有木结构膜形象的体育馆

由木结构与钢索建造的斜向网格张弦梁

建筑的挑战——如何实现木结构覆膜的外形

这是一个中学的改造项目，规划了一栋教学楼和一个体育馆。体育馆是椭圆形平面，外墙的外侧形态上有 5° 的倾斜，墙和屋盖全部由木结构斜网格建造，此外设计希望木结构屋盖能呈现出覆膜的形象（照片 1）。根据建筑师的设想描绘出如图 1 所示的草图，先不用说墙，要实现这样的屋盖就已经很困难了——这个建筑的挑战就在于如何实现这样的建筑外形。

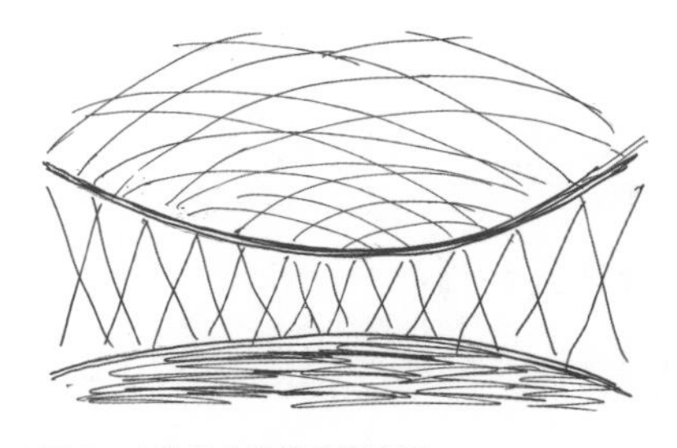

图 1 木结构体育馆的意向图

探索结构系统——斜向网格的张弦梁

国际艺术中心青森的木结构拱廊（照片 2）与建筑师的设想比较接近，该项目是与安藤事务所一起设计的，在本项目开始前的一段时间竣工。它是一个单层木结构网格，从地面升起成高拱形。拱由地面支撑，在地里设置了连系梁来抵抗推力，以形成较薄的结构。本项目是建在木结构墙上的，因此不能指望下层结构来抵抗推力，屋盖必须实现自平衡的结构形式。屋盖面尺寸为短直径约 43 m，长直径约 67 m。

照片 2　国际艺术中心青森。由木结构覆膜建造的拱廊

照片 3　木结构网架模型

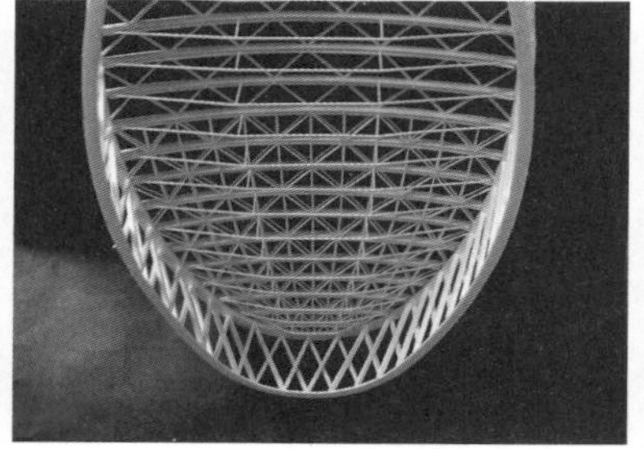

照片 4　木结构梁 + 钢索的方案模型

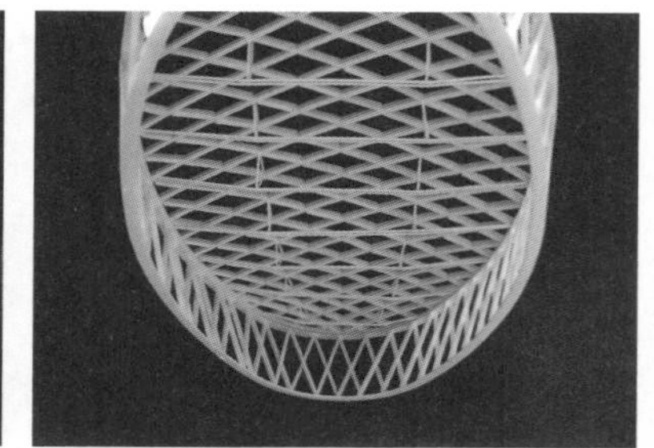

照片 5　木结构斜交梁 + 钢索的方案模型

为了推敲结构形式，我们试着做了力学上可行的 1/200 比例的结构模型。首先是只使用木结构，考虑了不需要墙抵抗推力的网架结构（照片 3）。这种情况下木结构构件太多，导致覆膜感太弱。接下来考虑使用钢索作为下弦杆，通过木梁和钢索形成张弦梁的方案，由于钢索的存在感消隐了，因此形成了只能注意到上弦杆木结构的架构（照片 4）。此外，如果将木结构布置为斜网格，使用钢索作为下弦杆形成张弦梁，就能接近于斜网格的覆膜形象（照片 5）。这个方案中，墙和屋盖都是由斜网格构成的，因此建筑整体形成了连续网格的外观。我们把三个模型带到安藤事务所进行讨论，斜网格张弦梁的方案得到了肯定。之后又做了一个 1/100 比例的模型，并做了进一步改进，例如将下弦杆的钢索与上弦杆的构件置于同一轴网中，并调整了网格的角度（照片 6）。屋盖的构件在端部的间距约为 3.1 m。

外围墙体的斜柱，通过将两根相交的构件交错布置，既简化了节点，又能相互防止产生屈曲。屋盖外围使用钢管构件来连接屋盖构件与柱子。

将节点集约化——张弦梁的节点

上弦杆构件承受弯矩和压力，使用 270 × 840 的花旗松胶合木。木结构交叉处使用钢构件节点，

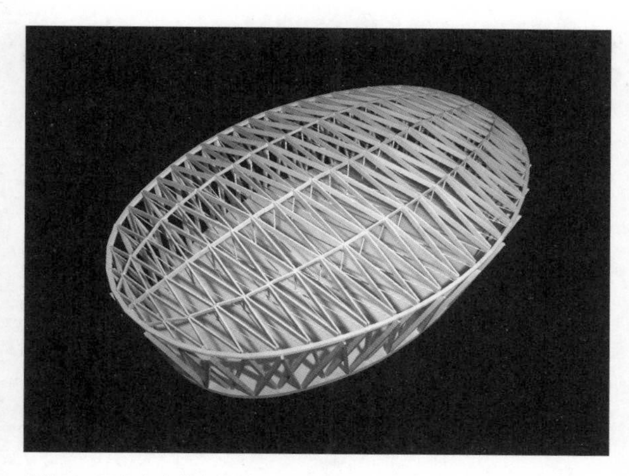

照片 6 最终方案的架构模型，调整木结构梁的角度，钢索与梁为同一轴网

来连接 4 个方向的木结构构件，并布置了钢梁作为长边方向的连系构件（图 2）。通过横截面的承压来传递压力，减少节点处的负担；通过胶合木上下布置连接板的贯通螺栓来连接木结构，传递弯矩；使用受剪螺栓传递剪力。端部需要传递上弦杆的压力和下弦杆钢索的拉力，同时必须将剪力传递给周围的钢管。通过上弦杆横截面的承压来传递压力；将胶合木搭接在钢板弯折处，通过承压传递剪力。端部的连接板可以确保下弦杆的受力。由于通过木材

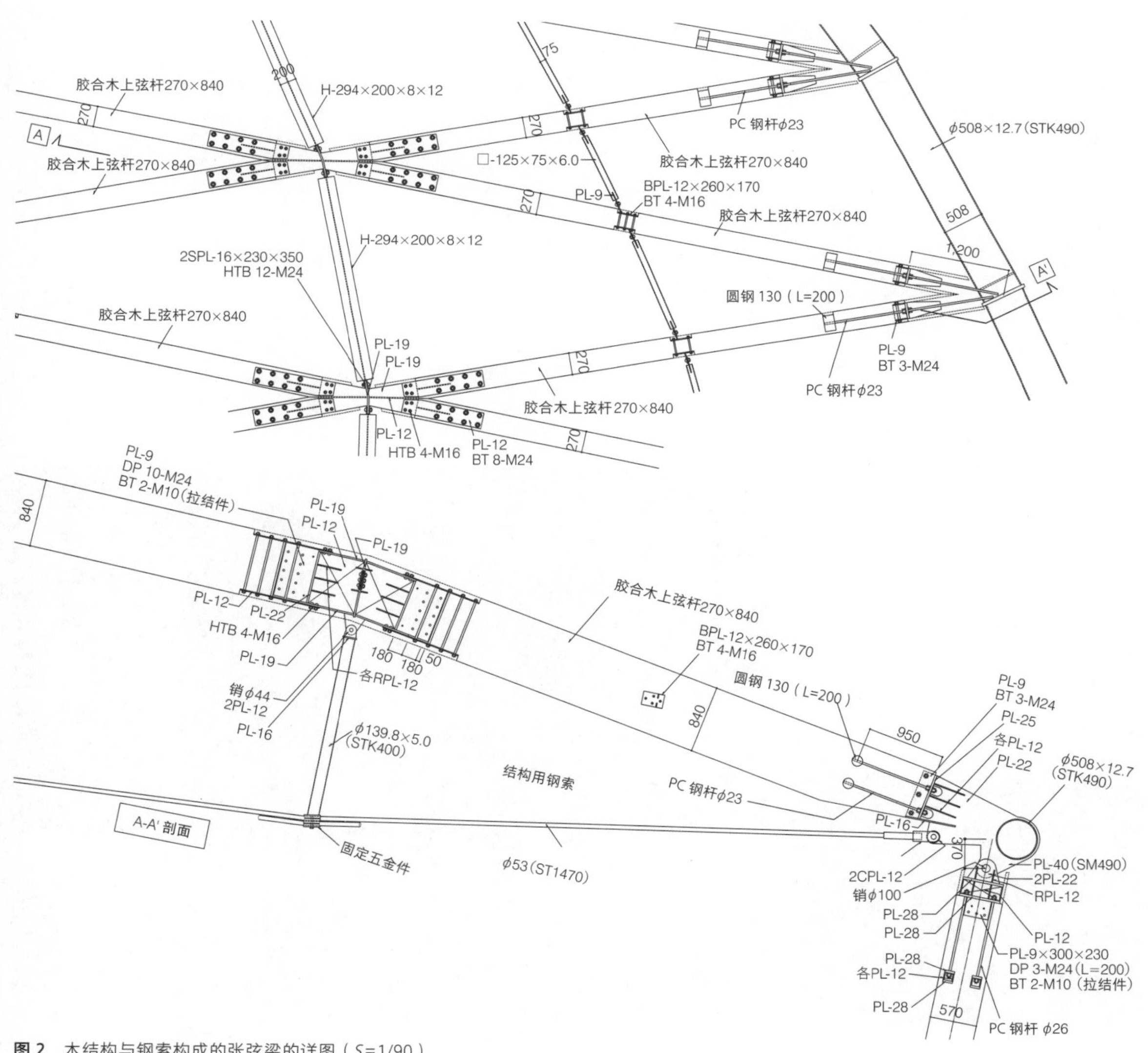

图 2 木结构与钢索构成的张弦梁的详图（S=1/90）

的承压来传递压力，受力的钢板会产生面外弯矩，因此设置了肋板，减少了钢板厚度（照片 7）。

下弦杆使用了 48 mm 直径的结构用钢索，在交叉的地方变化钢索的高度，形成了各自从竖杆下部通过的节点（照片 8）。

照片 7 端部的钢索与木结构梁的节点

具有木结构特征的斜柱的构成——布置与节点

墙面是由 *X* 形的斜柱构成的，但木结构节点的应力传递效率较低，且节点的成本较高，因此将两个构件相互错动布置，并使用四个螺栓连接为一个整体。构件使用了 270 × 570 的胶合木，在弱轴方向的两个构件的交叉处用螺栓连接，以相互约束屈曲（照片 9）。

照片 8 交叉处的构件能使钢索分别通过

照片 9 柱子在不同平面上相交。屋盖梁和柱的构件各自相交的角度保持一致

4

混合结构及其细部

何谓混合结构?

混合结构（Hybrid Structure）有时也被称为并用结构或组合结构，大致分为构件混合和结构体系混合两种。构件混合指的是木和钢的组合构件，在前章的事例中已有过介绍。本章讨论的是结构体系混合，即在建筑物整体中同时使用不同的结构类型。

到底为什么要使用混合结构呢？因为复杂的多功能化的当代建筑，其形态和空间结构也日趋复杂，单纯的结构形式所能应对的情况有限，而混合结构基于适材适所的理念组合使用数种结构，这在一些情况下可能更为合理。结构体系的混合大致可以分为平面上的混合和上下楼层间的混合。

平面上的混合结构中，钢筋混凝土结构作为主要的抗震要素，木结构或钢结构作为承受竖向荷载和局部风荷载的要素，不承担水平力（图 1，照片 1、照片 2）。特别是木结构，需要一定数量的结构墙或支撑，这对建筑设计形成了很大的制约，而利用混合结构的话，就可能创造出更开放且经济的木质空间。在这种结构体系中，需要确保建筑物各部分产生的水平力向主体结构（抗震构件）传递的路径的强度和刚度。抗震构件的布置方案决定了

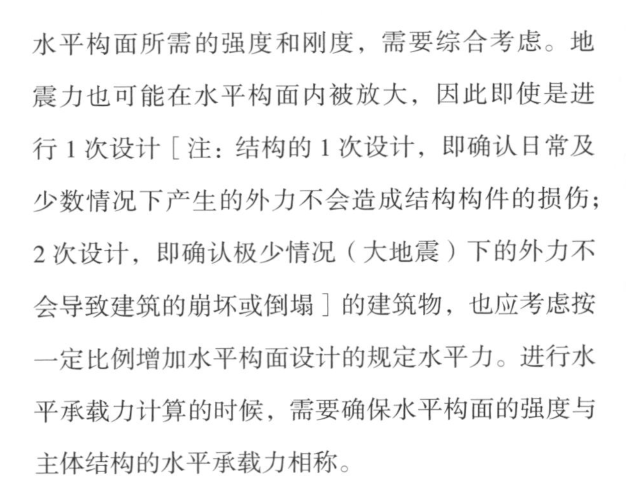

水平构面所需的强度和刚度，需要综合考虑。地震力也可能在水平构面内被放大，因此即使是进行 1 次设计［注：结构的 1 次设计，即确认日常及少数情况下产生的外力不会造成结构构件的损伤；2 次设计，即确认极少情况（大地震）下的外力不会导致建筑的崩坏或倒塌］的建筑物，也应考虑按一定比例增加水平构面设计的规定水平力。进行水平承载力计算的时候，需要确保水平构面的强度与主体结构的水平承载力相称。

上下层间的混合结构，则通常下层为刚度大的钢筋混凝土结构，上层为木结构或钢结构（图 2）。这种结构很容易理解，因为每层都只有一种结构。由于上下层刚度不同，出于抗震设计上的考虑，可能需要按比例增加上层的地震力。有时也会混用平面上的和上下层间的混合结构。

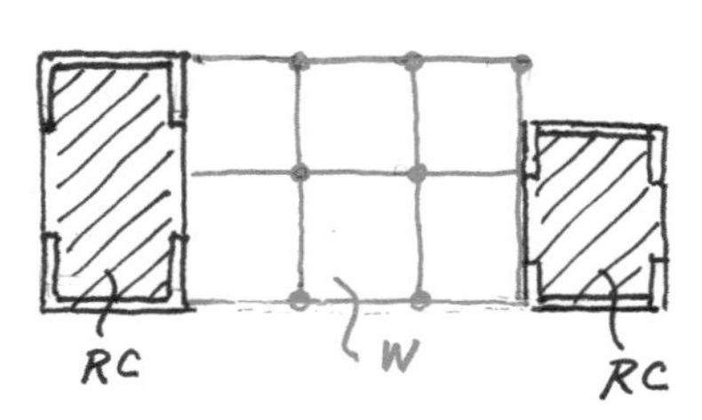

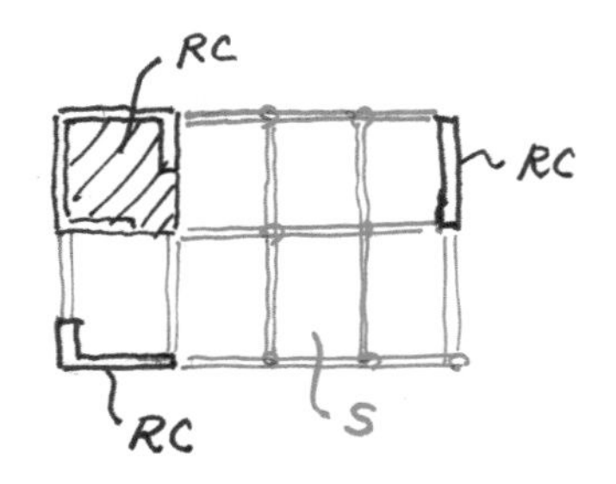

图 1　平面的混合结构的模式图

照片 1　钢筋混凝土结构和木结构的平面混合

照片 2　钢筋混凝土结构和钢结构的平面混合

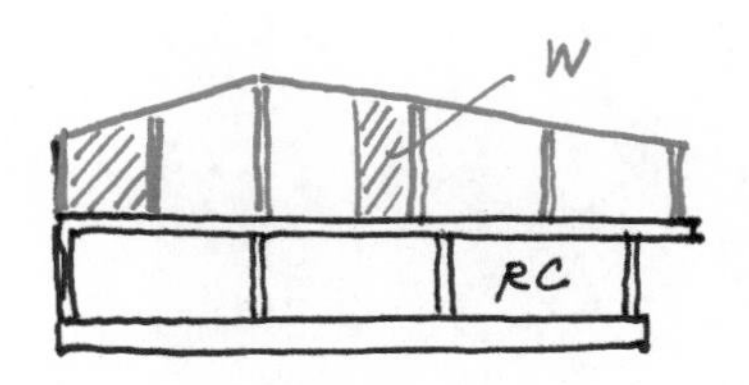

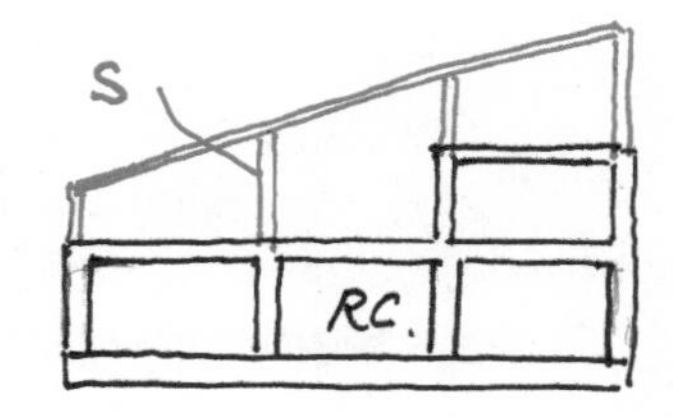

图 2　上下层的混合结构的模式图

模型化与细部

混合结构在法律上没有被很好地定位，申请起来比较困难。不过，不论组合什么样的结构要素，只要大致把握各结构构件及节点的表现，就可以进行结构设计。即使为了计算混合结构而模型化，各部位的基本力学模型也只是为了评估各构件及节点的刚度和屈服强度，与单一结构相同。钢筋混凝土结构和钢结构、钢筋混凝土结构和木结构的节点的刚度评估中涉及轴力、剪力、弯矩，其中抵抗力矩可以模型化为铰接、刚接，以及介于其之间的弹性连接。由于模型并不总能严格还原实际情况，因此有时也会从安全方面考虑进行建模，例如不预设抵抗力矩。因为无法统一确定将刚度看得更大还是更小更有利于结构安全，应根据具体情况判断。

由于不管是钢结构还是木结构通常都采用钢筋混凝土的基础，因此它们的节点通常与混合结构的细部相似。钢和钢筋混凝土结构之间通过锚栓连接，或者将钢构件埋入混凝土中，根据情况也可以将一部分做成钢骨混凝土（图 3）。通常情况下需要传递的力可以使用埋入式连接，这种情况下节点可视为刚接，弯矩也更容易传递。木结构和钢筋混凝土结构之间的连接可以借由钢构件实现，也可以通过锚栓将木构件直接固定到钢筋混凝土构件上，无论哪种情况，节点的强度都由木的抗凹陷强度决定，这与木结构的细部是一样的（图 4）。

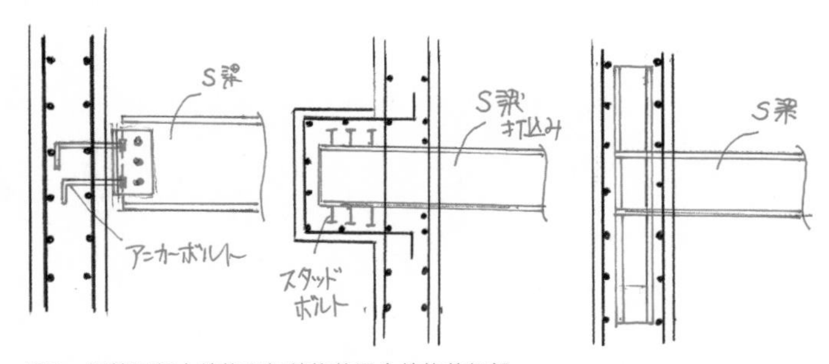

图 3　钢筋混凝土结构和钢结构的混合结构的细部

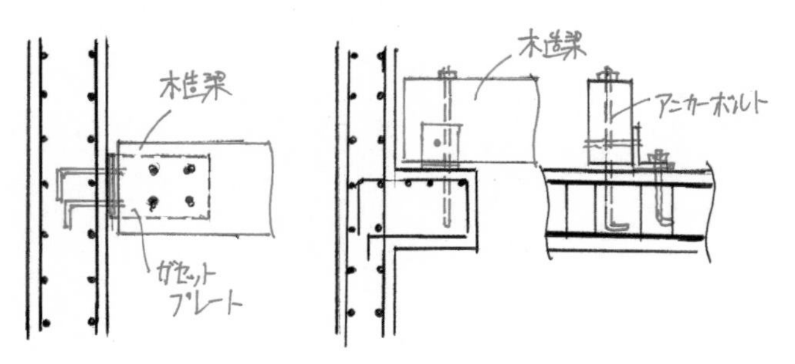

图 4　钢筋混凝土结构和木结构的混合结构的细部

游泳馆

设计者：青木淳建筑计划事务所（AS）
所在地：新潟县新潟市
竣工年：1997 年 1 月
结构 · 层数：钢筋混凝土结构 + 钢结构，地上 2 层
建筑面积：2 248 m^2

照片 1
在公园中建造的圆筒状室内游泳馆

4_1 漂浮于室内游泳馆大空间的贯穿通道

混合结构使复杂结构的合理化成为可能

钢结构 + 钢筋混凝土结构

项目的挑战——复杂大空间的合理结构

该室内游泳馆建在自然公园中。在建筑设计的方案中在直径 37 m 的圆形平面的室内游泳馆中加入一条被称为“横穿长廊”的散步道，散步道位于泳池正上方 3 m 处，薄薄的楼板宛如漂浮在偌大的空间中，贯穿其间（图 1，照片 1、照片 2）。

为什么要进行这样的建筑设计？青木淳是这样解释的，“原本公园就是谁都可以自由行走的场所，并且有散步道路。虽然之后要建一个收费设施，但原有的散步道被保留，并贯穿在建筑中”。总之，由于我们的意图是创造一个奇特的空间构成且让人意识不到结构是怎么形成的，因此其中的挑战是如何用一个有效的结构来实现这个空间。

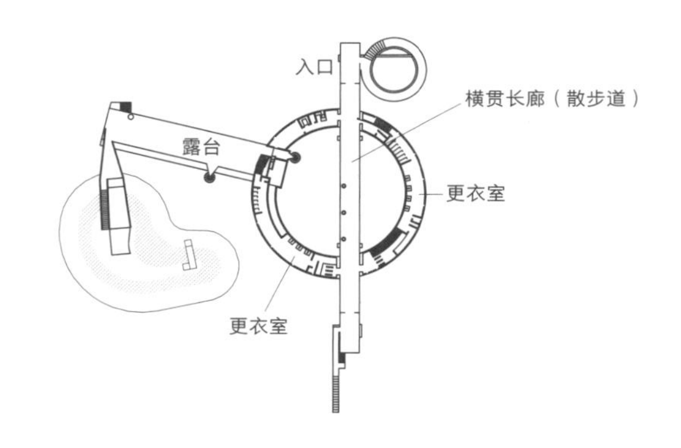

图 1 “横穿长廊”贯穿建筑物内部的二层平面

混合结构是如何形成的——适才适所的结构

在逐一考虑了预期实现的建筑方案和如何合理地建造之后，建筑整体形成了多种结构类型和结构形式的组合（图 2）。其中最重要的是“横穿长廊”，

其在意象上的呈现是“漂浮着”，实际上是从顶部悬挂而下，但通过随意悬挂的方式，营造出只存在水平楼板的外在表现。楼板使用厚 300 mm 的空心板，是坚固且最薄的做法，兼作窗框的剖分 T 型钢连续悬挂，以使人意识不到其悬挂构件的结构属性。

为了悬挂楼板，上方需要有坚固的结构。建筑的屋盖形状和内部空间的形状，在“横穿长廊”的上方形成了一个高 4 ~ 5.5 m 的空间，此处布置了钢桁架（keel truss）（照片 3）。这个桁架支撑了混凝土的屋盖，并悬挂了长廊的楼板。

“横穿长廊”突出于圆形平面的建筑之外，由于这部分没有桁架（keel truss），所以通过内藏了工字钢梁的钢骨混凝土梁支撑屋盖，并悬挂长廊楼板。该梁由夹住长廊的两片短墙支撑。其中一片短墙平行于长廊方向，另一片则垂直布置，以抵抗两个方向的侧向力。

外围部分是支撑屋盖及二层各房间竖向荷载，并负担侧向力的主要结构，为钢筋混凝土剪力墙结构。初步设计时外围部分为双层墙体，最终改为了单层墙体，为顶部放大的圆筒形。屋面中，只有与桁架骨架相连的屋面板与周围的墙体一体化，其余均为柔软的膜结构。因此，屋盖的地震力会集中作用在下层结构上。根据地震力的方向，圆筒墙体的面外方向上会受局部地震力作用，这部分需要加固。该部分采用钢骨混凝土框架，并在游泳馆的内侧附加斜柱以抵抗地震力，消除圆筒墙体所受局部力的影响（图 3）。

外围墙体的顶部几乎没有开口，一层由于流线的原因则设置了各种开口，我们花了一番功夫以确保剪力墙数量并均衡布置。

膜结构屋盖部分由桁架骨架支撑的钢筋混凝土结构板支撑，分为 2 个半圆形的空间。外围的钢筋混凝土墙体和中央的桁架骨架之间架有约 5.5 m 间隔的新月形桁架梁，上弦杆和下弦杆分别附有膜（图 2）。膜屋盖由桁架上弦杆和桁架中间的次梁以 2.75 m 的间隔支撑，以应对雪荷载（积雪 1.2 m）。

照片 2 “横穿长廊”贯通室内游泳馆

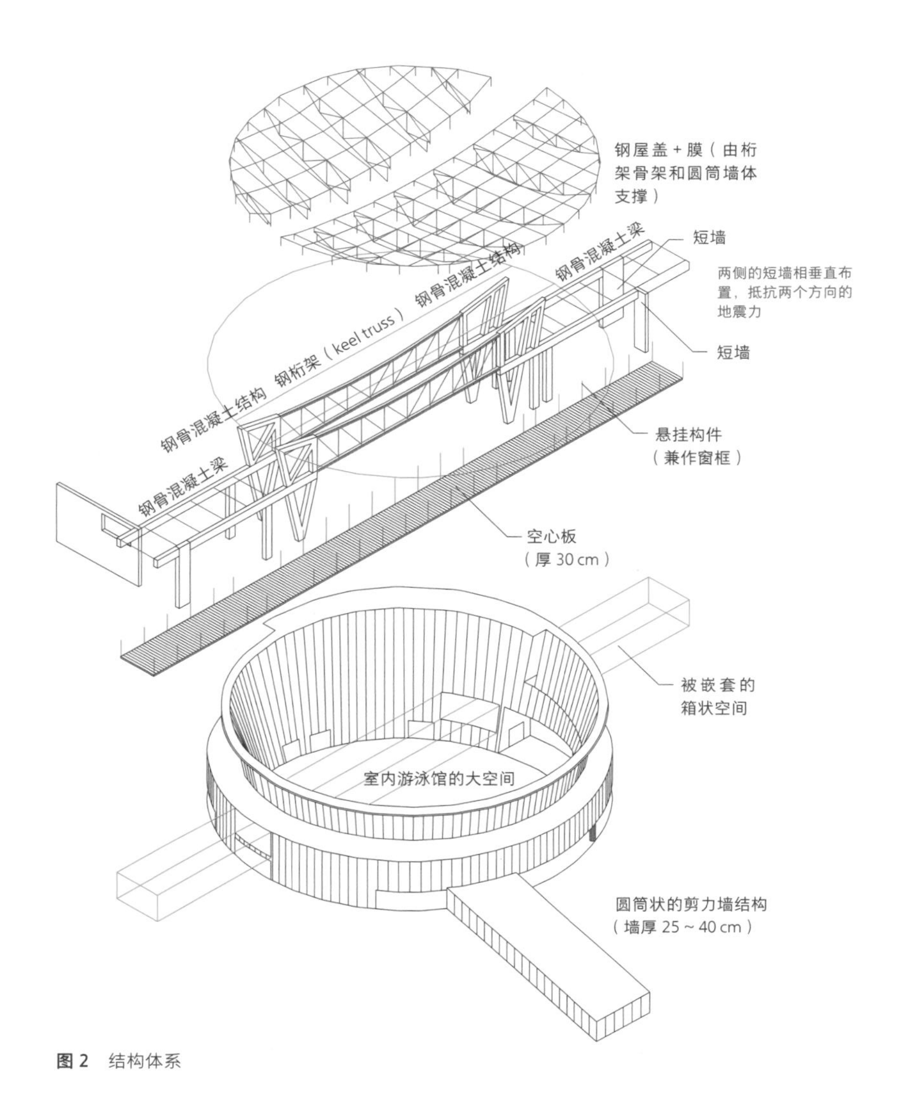

图 2 结构体系

照片 3 “横穿长廊”上方的桁架骨架，建造中的样子

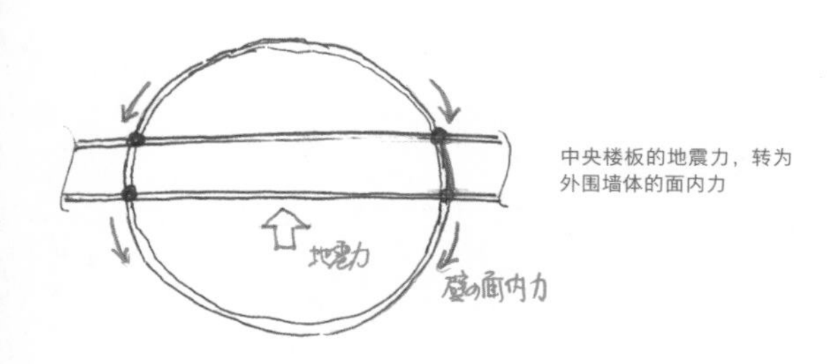

中央楼板的地震力，转为外围墙体的面内力

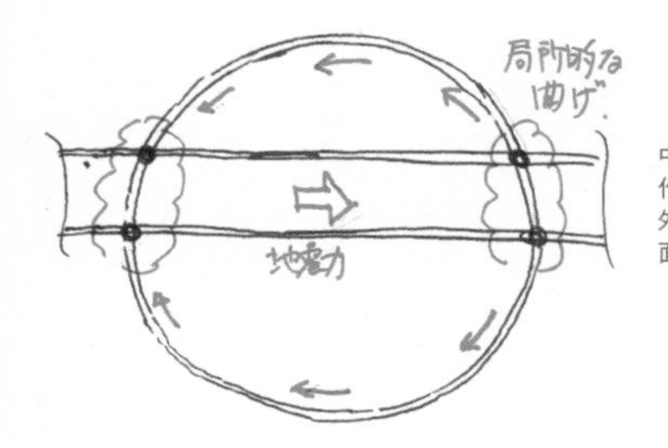

中央楼板的地震力，作用在外围墙体内面外方向，产生局部的面外弯矩

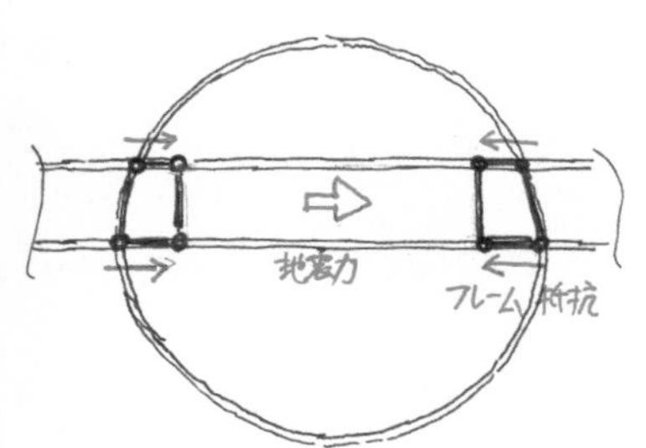

为了避免墙体的面外弯矩，设置支撑

图 3 桁架（keel truss）和圆筒墙体的交接

如何联系不同种类的结构——各部分的细部

在用钢构件悬挂钢筋混凝土楼板时，悬挂位置的局部荷载的处理是一个问题。空心板的两端为内藏有工字钢梁的钢骨混凝土，该梁由悬挂构件承载。钢构件之间的交接必然产生拉力。兼作窗框的剖分 T 型钢悬挂构件在组建时的精度非常重要，目标值为 ±1 mm，在空心板浇筑前组建钢结构，更容易确保精度（照片 4，图 4）。

屋面板由内部的桁架（keel truss）顶面与外围部分延伸出的钢柱顶端支撑。为了将外围柱延伸出的部分用作高窗，我们试图将钢柱的截面做得尽可能小，并确保柱间无支撑。通过将外围的柱和圆弧状的梁一体化，在圆周方向上形成了一个框架结构，以期抵抗地震力。然而，在径向方向上则几乎无法抵抗侧向力。在桁架内侧的最后一榀网格中，从上弦杆向屋面板设置斜向连接构件，以将桁架轴线方向的地震力传递到桁架（keel truss）顶部的楼板中（照片 5，图 5）。钢构件几乎都为工字钢，均经过热浸镀锌处理。

照片 4 通路由空心板制成，由剖分 T 型钢悬挂

照片 5 屋盖在桁架（keel truss）的上方一分为二，分别为半圆形的平面，架有单方向的桁架

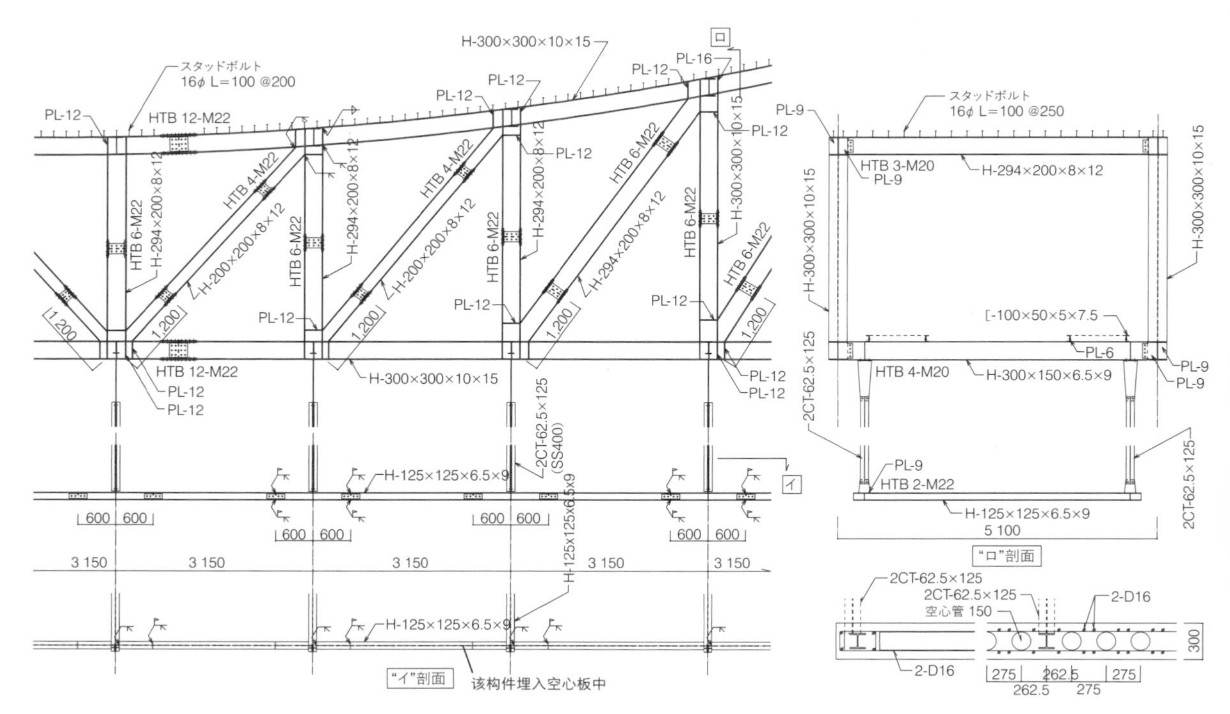

图 4 桁架（keel truss）和用于悬挂空心板的钢构件（S=1/120）

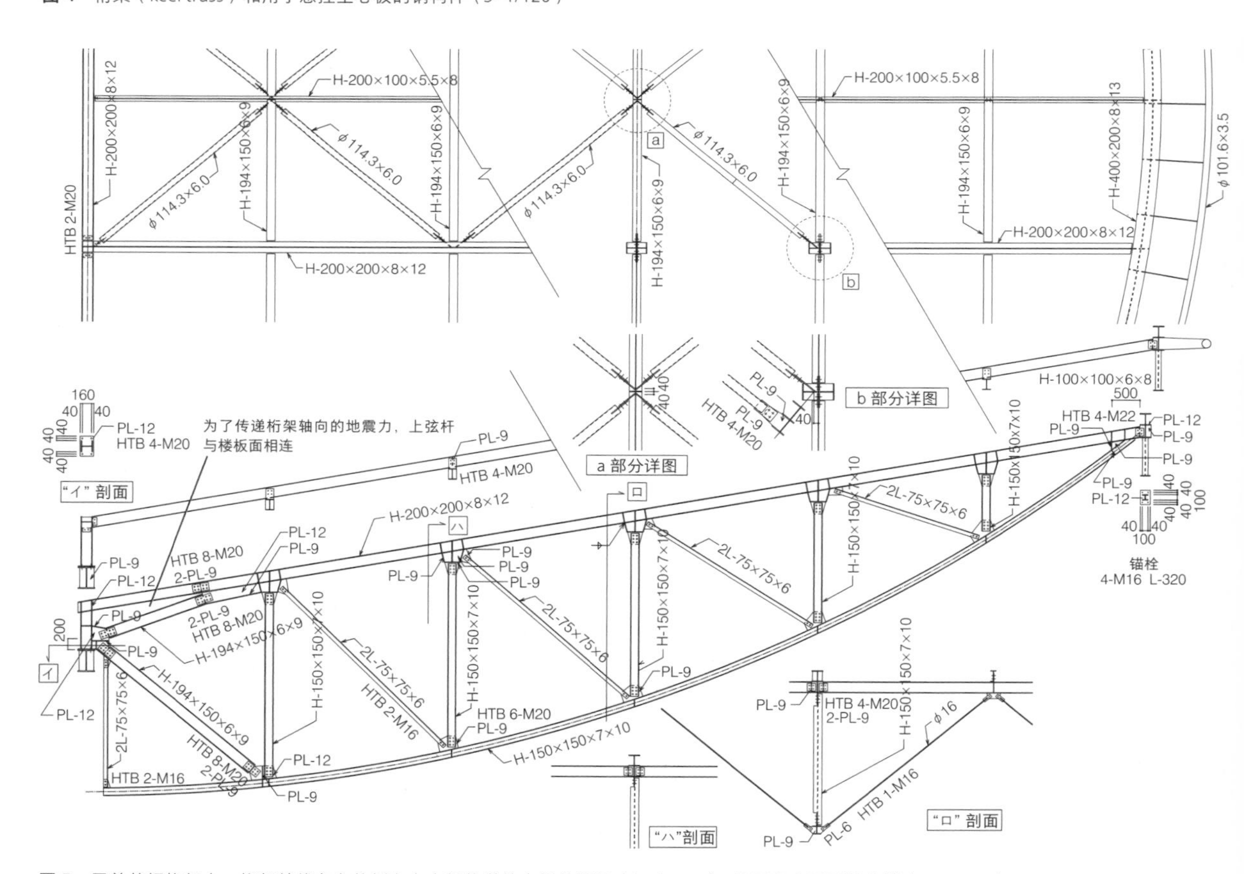

图 5 屋盖的钢桁架中，桁架轴线方向的侧向力全部传递给内侧的桁架（keel truss），外围仅由圆形柱支撑（S=1/120）

南飞驒健康促进中心

设计者：奥山信一研究室 + 佐藤安田设计 JV
所在地：岐阜县下吕市益田郡
竣工年：2003 年 4 月
结构 · 层数：木结构，地上 2 层、地下 1 层
建筑面积：1 561 m²

照片 1
以缓缓弯曲的屋盖为特征的木结构建筑（摄影：铃木阳子）

4_2 屋盖缓缓弯曲的开放的研修设施

使用混合结构简化木结构

木结构 + 钢筋混凝土结构

项目的挑战——实现复杂形态的开放式木结构建筑

该项目是一个以木结构为前提的竞赛的获胜方案，奥山信一被选定为设计师。该设施用于研修培训，由一个被称为“道场”的可容纳大量人员的大空间以及其他各种用途的空间所构成。建筑的最大特点是它的大屋盖，其形状渐渐变化，形成了平缓的曲线，另外其外围部分的开放式设计也很重要（照片 1、照片 2）。竞赛结束后，我接受了结构设计的委托，该项目的挑战是如何以经济的方式实现复杂形式的开放式木结构建筑。

建筑和结构的关系——抗震要素的考虑

为了实现该建筑，主要面临两个挑战，开放式木结构建筑的抗震设计的做法，以及形态变化的屋盖的构成。在抗震设计方面，通常木结构建筑需要均衡布置斜撑或剪力墙，但在该建筑中很难设置这些要素，并且还需要实现开放性。因此，考虑到仅

照片 2 屋盖形态与周边群山相呼应，平缓地起伏弯曲

用木结构构成的局限性，我们决定将封闭空间作为钢筋混凝土结构的抗震核心筒（图 1 的灰色部分）。道场（大跨部分）旁边的大箱子状部分和建筑另一侧的小房间可以采用钢筋混凝土结构。这两处作为抗震墙，并且在确保屋盖面的强度和刚度足以将地震力传递给核心筒的情况下，木结构部分可以不设结构墙或斜撑。钢筋混凝土核心筒位于建筑物的两端，在平面上非常均衡，但它们之间的距离较大，有 21 m，木结构屋盖在受到地震力作用时有可能产生过大的水平位移。因此，在钢筋混凝土结构之间的中央部分附近，我们安装了一处钢支撑。这个钢支撑部分，在建筑完成后会成为一堵墙，所以也考虑过做钢筋混凝土结构，但由于墙端部会位于底部梁的跨度中央，因此为了减轻梁的负担，决定采用钢支撑的做法（图 1）。

变化的屋盖架构的几何——木构件由直线木材构成

屋盖是一个三维的渐进变换的形式，首先要决定几何形状。基本而言这是坡顶屋盖的一种变形，在确定脊檩和建筑物外周的梁的位置后，在它们之间架设直线状的梁，就可以用一系列直木材创造出扭转的屋盖形式。关键在于可以将脊檩简化到何种程度，道场的屋盖由于形式的突变而呈现出了立体的螺旋形，而建筑中部的办公室部分则是直线的形式（照片 3）。螺旋部分若使用木材建造会比较困难，因此选用了高频加工的钢管（$\phi406.4 \times 12.7$），而直线形部分的脊檩则使用了木材，以提高经济性。

按照这一做法，可以用木柱木梁搭建起平面框架，互相之间稍加错动地排列在一起，并在这些框架之间以几乎垂直的方向布置次梁，从而制作出弧形屋盖。为了确保屋盖面的刚度和强度，需要使用面材加固或加设水平支撑，但由于相邻的梁彼此不在同一平面，很难通过面材进行梁间的加固，因此考虑使用圆钢支撑。虽然不同网格的支撑的平面、立面角度不同，但使用带螺丝扣的圆钢支撑（$\phi13 \sim 25$）可以轻易进行尺寸和角度的调整（照片 3）。

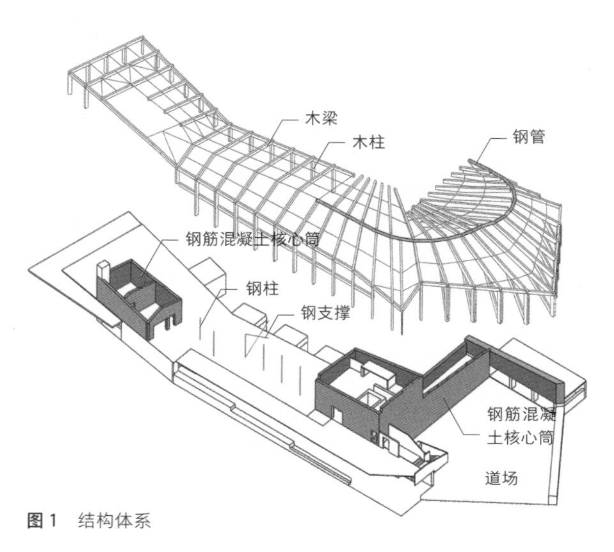

图 1 结构体系

照片 3 除了描绘出螺旋线的钢管屋脊梁以外，全部由胶合木构成，实现弯曲屋盖

木构件的布置——简化使用斜柱和钢柱的细部

木结构框架中，为了简化节点，采用了不需要传递弯矩的连接方式。道场部分最大跨度为 16 m，由山形框架构成。仅有柱和梁的架构，角部的节点处必须抵抗弯矩，但通过增加斜柱，节点处使用铰接形成稳定的结构，同时减小梁构件的弯曲跨度（图 2，照片 4）。柱子使用 150 × 450 的双层构件，斜柱使用 220 × 450 的构件布置在垂直柱之间。梁宽 220，高度为 450 ~ 750，为加腋梁。

办公、管理部门的剖面形状也是山形，两侧由木柱支撑，但如果所有木构件的节点都是铰接则会不稳定，如果有节点能抵抗弯矩，就可以实现稳定。这里增加了钢柱，使得木构件的节点可以全部使用铰接。将钢柱布置在脊檩或其附近，就像附加在接待台上一样（图 2，照片 5）。木柱和木梁都是 220 × 450 的胶合木，附加的钢柱为 ϕ114.3 的小截面材。

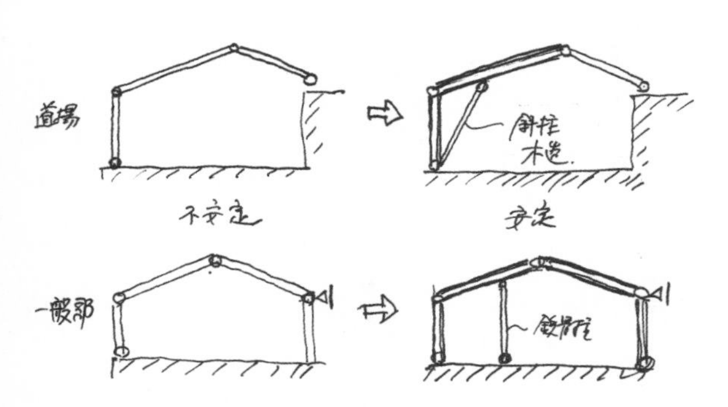

图 2 虽然使用铰接节点的木架构坡形结构不稳定，但可以通过添加构件使其稳定

由于使用了钢筋混凝土墙、钢管梁、木柱、木梁等各种构件，因此需要仔细推敲节点。木构件之间的连接全部使用铰接，以简化节点。道场部分的木架构，外围部分的柱子使用双层构件，在端部设置了凹槽的梁夹在双层柱子之间，通过凹槽处的压强传递剪力，最大限度减少五金件。斜柱的柱脚夹在竖向柱之间，形成一个紧凑的柱脚。梁与斜柱交接的地方，在梁上设置凹槽，通过凹槽处的压强传递剪力，因而不需要五金件，并设置螺栓以防止位移（图 3）。钢管梁和木梁的交接处，则通过安装在钢管上的节点板与设置了槽口的木梁连接（照片 3）。

考虑到施工顺序，简化木结构细部

木梁与钢筋混凝土部分的交接是最考究的。通常情况下，在浇筑钢筋混凝土时设置锚固螺栓，浇

照片 4 使用斜柱支撑的道场的木架构

照片 5 钢柱与柜台对齐布置，确保坡形架构的稳定

筑后安装节点板，然后在节点板上连接木梁，但是锚固螺栓的位置和节点板的方向的精度会影响木结构的搭建。本项目中特别是节点板的水平方向、上下方向的角度有很多变化，角度管理相当困难。根据逆向思考，这次采用了先搭建木构件，安装节点板和锚固螺栓，之后再浇筑混凝土的方法。这样做的优势，是能优先确保木构件的建造精度，并简化五金件（图 4，照片 6）。此外，我们还在道场部分尝试了将木构件埋入混凝土的方法。将螺栓穿过预埋的部分，然后浇筑混凝土，使其一体化（图 5，照片 7）。

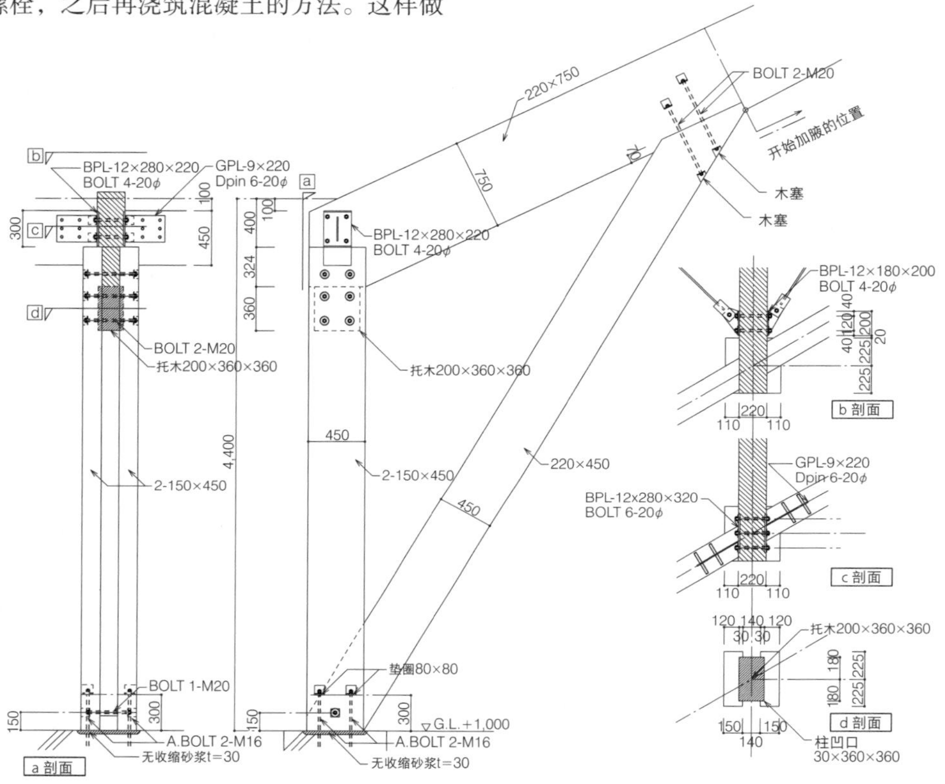

图 3　道场的屋盖梁与柱的节点细部（S=1/60）

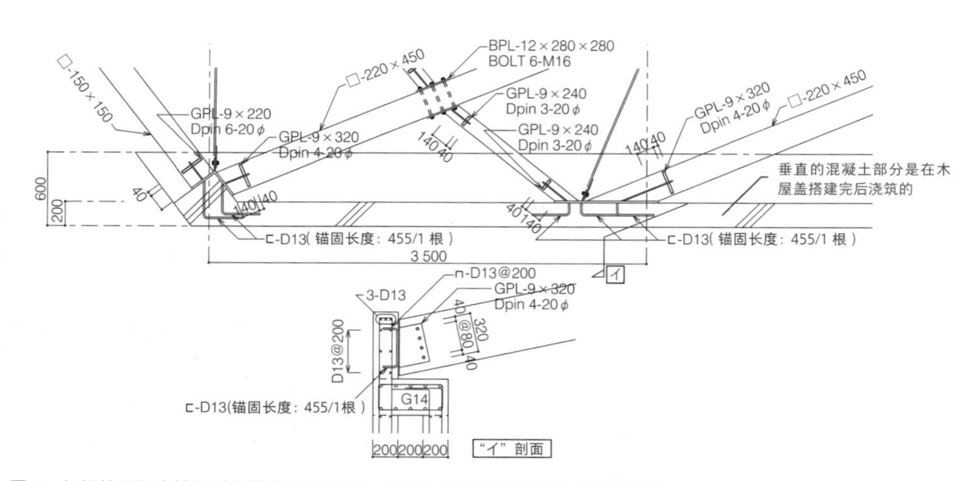

图 4　与钢筋混凝土墙倾斜相接的木梁细部。与照片 6 相对应的部分（S=1/60）

照片 6 先进行木梁和锚固螺栓的施工，之后浇筑混凝土墙，可以提高精度

照片 7 在道场部分，木梁被浇注到混凝土墙中

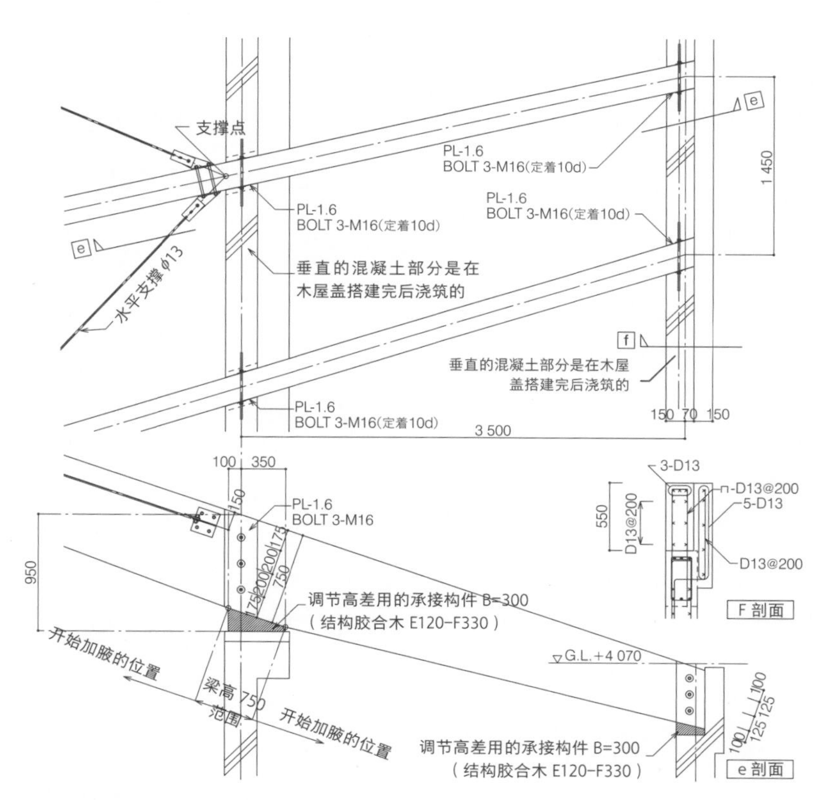

图 5 木梁架设后浇筑钢筋混凝土梁的细部。右端与照片 7 对应（S=1/60）

丰富町居民支援中心 Furatto-Kita

设计者：Atelier BNK
所在地：北海道天盐郡丰富町
竣工年：2013 年 3 月
结构 · 层数：钢筋混凝土结构 + 木结构，地上 1 层
建筑面积：2 630 m²

照片 1
覆以使用当地木材的屋盖，具有开放感的木结构建筑（摄影：酒井广司）

4_3 用当地木材覆盖的开放式社区设施

混合结构使开放的木结构空间成为可能

木结构 + 钢筋混凝土结构

项目的挑战——创造出木结构屋盖覆盖的开放式内部空间

这是建在北海道最北部地区的一座平房社区设施，设计的前提条件是要积极使用当地产的库页冷杉木材。该设施供儿童到老年人等众多居民使用，其设计理念是不设走廊，内部空间融为一体，并通过墙壁一侧的天窗引入光线，创造明亮的空间（照片 1、照片 2）。项目的挑战在于使用当地产的木材并创造一个开放的空间，因此竞赛阶段就提出木结构和钢筋混凝土结构相组合的方案，并为实现这一目标进行了各种推敲。

钢筋混凝土核心筒的布置与木结构屋盖的构成——与屋盖刚度匹配的钢筋混凝土墙体布置的推敲

我与 Atelier BNK 以前合作过“糸鱼小学”项目，有使用钢筋混凝土结构独立墙与木结构屋盖的混合结构的经验，对于木结构混合结构的特征十分了解，因此在设计初期我们一致认同采用这一结构形式。本项目中进一步发展了钢筋混凝土结构与木结构的组合，结合建筑设计，将钢筋混凝土结构的核心筒作为抗震要素，分散在整个建筑中，屋盖则排列铺设木梁。在这样的结构形式中，重要的是将木结构屋盖的地震力传导到钢筋混凝土核心筒，通过结构胶合板确保刚度和强度。但问题在于，考虑到 130 cm 的积雪荷载对于木结构而言非常严峻，如果按当初设想的内部只有核心筒的话，周围的屋盖面抵抗水平力时是悬挑的状态，即使能够确保强度，也会有变形过大的问题。

作为解决方案，我们考虑在屋盖面利用钢结构构件（水平支撑和钢板等）将惯性力传递到钢筋混凝土核心筒（图 1 中的 A 案），但考虑到室内空间的观感，钢结构构件要布置在木结构梁的上面，防水和饰面的节点会变得很难处理。图 1 中的 B 案，是在惯性力传递路径较长的部分增加钢筋混凝土核心筒、在屋盖水平结构面布置与核心筒连续的钢筋混凝土楼板，并设置钢筋混凝土墙体支撑楼板的做法，这样虽然能确保屋盖面的刚度和强度，但主要缺点是影响室内空间的整体性。

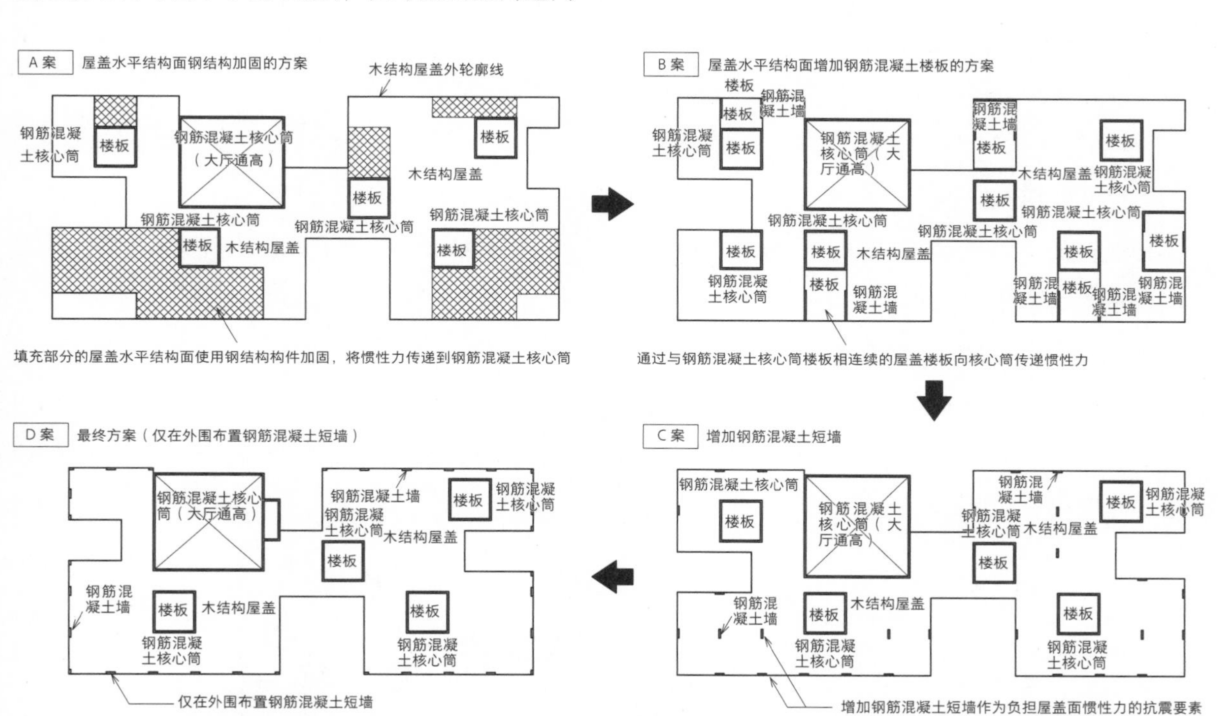

图 1　限制了钢结构混凝土墙分布的情况下，需要特殊的结构以确保屋盖的刚度，而为了实现结构用胶合板的屋盖，则需要考虑钢筋混凝土墙的布置

照片 2　内部的钢筋混凝土核心筒墙体突出屋盖、外围部分被条纹状的墙体覆盖的外观（摄影：酒井广司）

接着，考虑到减轻屋盖水平结构面的负担，钢筋混凝土短墙作为内部钢筋混凝土核心筒以外的抗震要素，分散布置在外围部分以及环绕中庭部分（图1中的C案）。如果是仅负担屋盖面惯性力的抗震要素，就不需要那么大截面的短墙，经过验证，将其以一定间隔分散布置可以避免屋盖面产生过大的剪力。C案将钢筋混凝土短墙布置在建筑内部和朝向中庭的部分，但为了追求更开放的空间，最终我们将短墙仅仅布置在建筑外围部分（图1中的D案）。这样就可以将24 mm厚的结构胶合板用钉子CN75@75固定在屋盖面四周，以传递地震力。室内能看到的竖向构件除了钢筋混凝土核心筒以外，只有支撑木结构梁的钢柱，从而实现了空间构成的整体性。

屋盖的木结构架构使用了当地产的库页冷杉胶合木（E95-F270）和锯材，胶合木的主梁240×800以7.2 m的间距单向布置，中间部分使用钢结构柱支撑。正交方向的胶合木次梁180×450以0.9 m的间距布置。约18m×17 m的多功能厅的屋盖使用钢结构井格梁，实现无柱空间（图2）。

如何连接不同种类的结构——各部分的细部

木结构构件和钢筋混凝土结构构件的节点设计要求：①必须传递作为长期荷载的木梁产生的向下的剪力；②屋盖的地震力作为短期荷载，必须作为木梁水平方向的轴力传递。作为节点设计的基本方针，木梁向下的剪力和水平方向的轴向压力通过局部承压抵抗传递，水平方向的轴向拉力通过螺栓的剪力抵抗（销钉）进行传递，应力过大时通过受拉螺栓传递。梁的剪力通过销钉承担的话，抵抗木材纤维正交方向剪力的销钉数量就会增多，导致五金件变大，增加成本。此外，还需要考虑节点的定制五金件的形状简化。

建筑内部钢筋混凝土核心筒部分和木梁的交接如照片3所示，木梁附加在核心筒钢筋混凝土结构体的侧面，通过埋入钢筋混凝土结构体的锚固螺栓

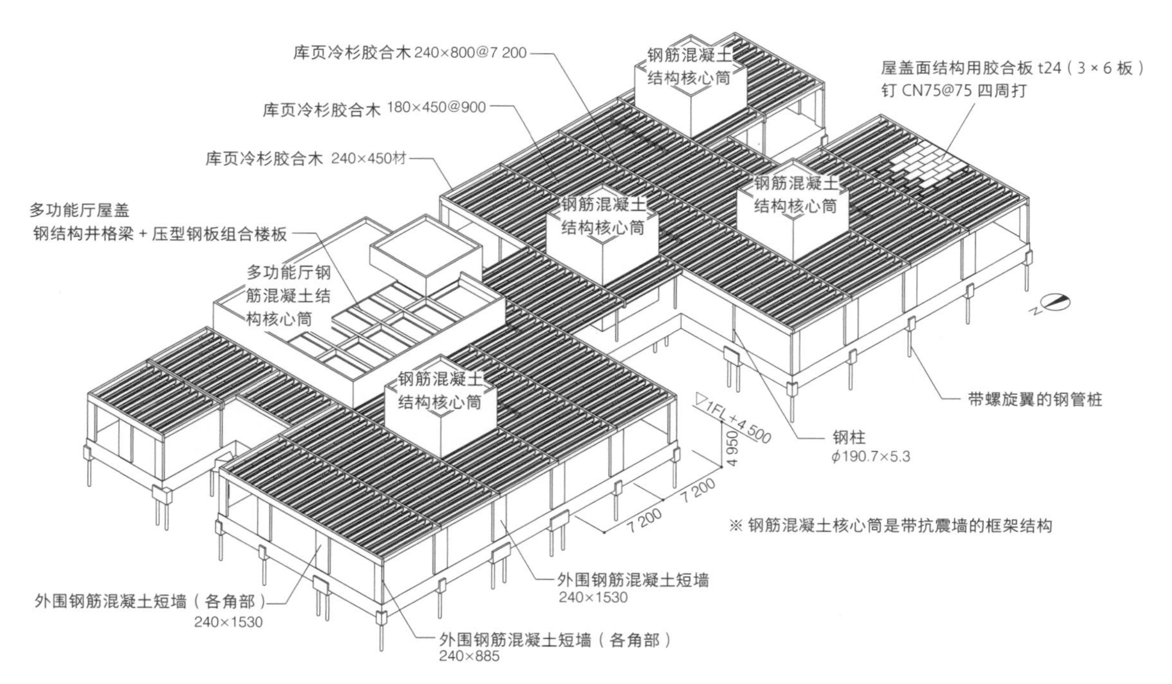

图2 采用的结构系统

连接。安装在核心筒角部的木梁，要向核心筒墙体传递屋盖面所受地震力，因而梁的轴力是最大的，所以此处不依靠上述连接到钢筋混凝土结构体的锚固螺栓，而是像图 3 那样，布置一个定制的五金件埋入混凝土中，通过这个部分确保木梁的力可以切实地传递到钢筋混凝土结构体。

在建筑内部，支撑木梁的钢柱的交接处，梁的剪力由柱头的承压板承担。在柱头位置设置了木梁接缝的情况下，地震力引起的梁的轴向压力通过梁横截面的压力传递，拉力则通过钢板插入型的销钉传递（照片 4）。

在建筑外围的钢筋混凝土短墙与木梁的交接处，木梁像是搭在钢筋混凝土结构体上一样，木梁的压力和剪力通过承压抵抗传递，拉力则是通过销钉的剪力抵抗传递（照片 5，图 4）。像这样，注意尽可能减少通过销钉抵抗的力。

照片 3　内部钢筋混凝土核心筒和木结构梁的交接

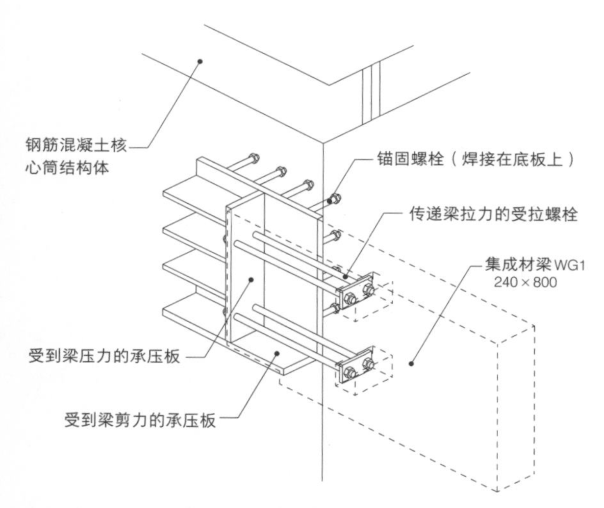

图 3　内部钢筋混凝土核心筒和木结构梁的交接

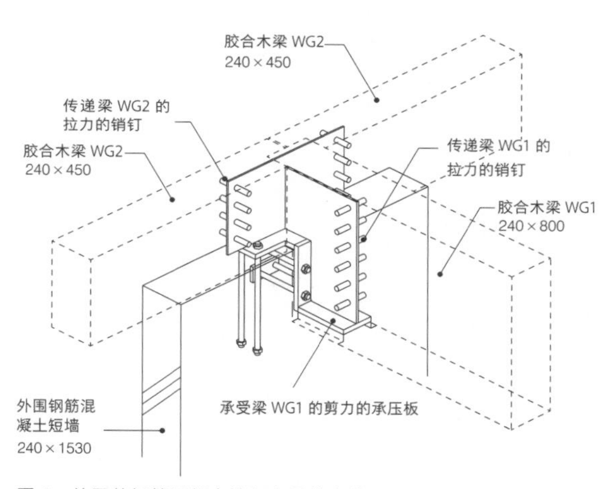

图 4　外围的钢筋混凝土墙和木梁的交接

照片 4　内部的钢柱与木梁

照片 5　外围的钢筋混凝土墙和木梁的交接

广岛市民球场

设计者：仙田满 + 环境设计研究所
所在地：广岛县广岛市
竣工年：2009 年 3 月
结构 · 层数：预制混凝土结构 + 钢筋混凝土结构 + 钢结构，地上 5 层
建筑面积：39 524 m^2

照片 1
体育场中非对称出挑的多种看台（提供：五洋建设）

4_4 短工期建成形态丰富的体育场

预制混凝土结构与钢结构的组合

预制混凝土结构 + 钢结构

项目的挑战——以短工期 · 低成本实现复杂形态的体育场

这是一个利用了场地开放感与街道的统一感的设计，通过不对称地设置多样的观众席，实现了有丰富形态的体育场（照片 1）。一楼观众席后方布置了环绕球场一周的集会大厅，上部是支撑二楼观众席的拱形结构体，设计表现了结构体重复所产生的韵律（照片 2）。为了让观众席尽可能靠近场地，二楼观众席的端部出挑到一楼观众席的上方，这也是建筑的特征之一。值得一提的是，设计与施工时间分别只有短短 9 个月和 15 个月，且对于这种规模的体育场而言，工程预算也定得很低。项目的挑战在于考虑到上述造型、功能、施工以及经济等方面的条件，进行结构设计。

明确预制混凝土结构的特征和局限——现浇钢筋混凝土、预制混凝土和钢结构的组合

从竞赛阶段开始，考虑到设计和施工时间，我们决定积极地使用预制混凝土结构，但随着设计的推进，我们面临如何利用预制混凝土结构的特点，以及如何处理不适合预制混凝土结构的部位的挑战，希望通过并用其他工法来解决这一问题。预制混凝土结构是在工厂重复生产同一形状的构件，因此可以实现高品质与高精度，并减少现场施工时间和临时构件数量，但另一方面，从成本方面考虑，这种方法并不适合多样的建筑形态。

这座建筑中，集会大厅的上方有许多重复的部

分，使用预制混凝土结构会非常有效（照片 3），而下层部分包含运营管理以及运动员等候室等各种房间中，有具有结构作用的墙体，所以采用了现浇钢筋混凝土结构（图 1）。下层现场施工时，上部结构的预制混凝土构件也同时在工厂进行生产，等下层施工结束后就可以进行上层预制混凝土结构的组装，这对工期而言是有利的。不过，在上部楼层，看台前方的特殊区域以及外围店铺部分被赋予了多样的形态。特别是店铺相关部分，预计将一直调整到设计后期，考虑到使用预制混凝土结构将会难以实现，于是决定采用钢结构来应对。基本架构使用预制混凝土结构，在设计初期阶段确定了剖面，而特殊部分以及需要时间调整设计的部分则使用钢结构，以应对紧张的设计周期。

后排座席和后援团座席的结构——规则的预制混凝土架构和钢结构的组合

后排座席部分的结构，以集会大厅楼板为界，上下两部分的结构类型是不同的，对应平面设计并重视经济性，上下都采用了大跨度的框架结构。

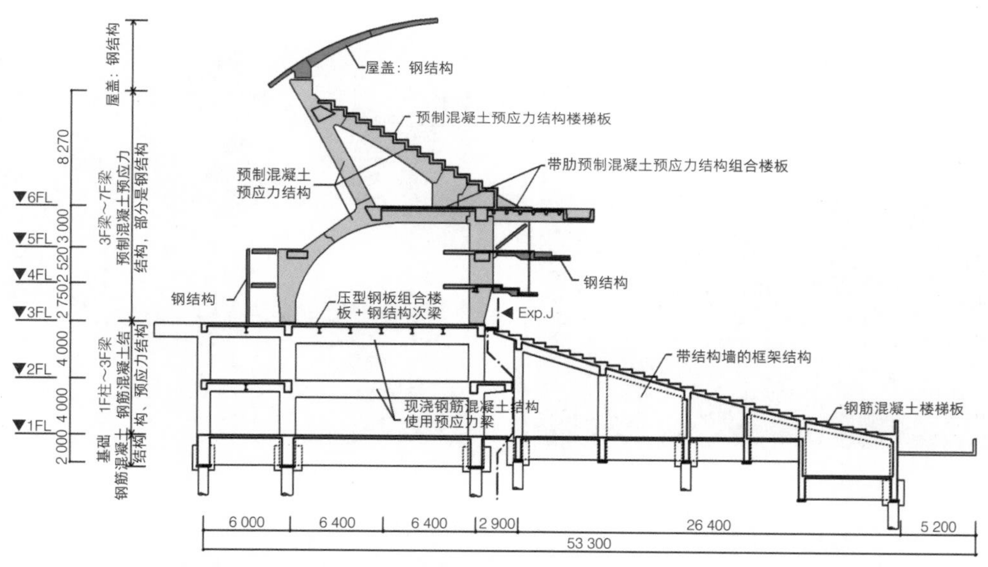

图 1 分别使用钢筋混凝土结构、预制混凝土结构、钢结构的结构系统

照片 2 通过集会大厅上部的异形拱结构支撑二楼座席

照片 3 上部预制混凝土架构的基本形状是一样的

下部是现浇混凝土结构，13 m 跨度的梁和悬臂梁使用了预应力结构，集会大厅上部的两个方向都是预应力混凝土结构，形成了不规则的拱形架构和二楼座席前方的出挑（照片 4）。放射方向的预制混凝土架构，在广场大厅上部的拱形部分是相同的，二楼座席的连接则使用了以下三种不同的类型（图 2）。

A：向前方水平出挑 7 m，有楼板的架构；

B：向前方倾斜出挑 10.5 m，有楼板的架构；

C：2 楼座席为水平方向，后方没有倾斜楼板的架构。

以这三种类型为基础，对钢结构架构进行组合，从图 2 中可以看到各个部分的剖面变化。出挑的二楼座席下部楼板是钢结构的，悬挂在预制混凝土梁上，在二楼座席上部的屋盖计划使用钢结构。外围的店铺部分也使用钢结构，确保平面设计的自由度。

面宽方向的预制混凝土梁在每个位置上都是共通的，此外二楼座席的楼板也使用了预制混凝土楼板以实现一致性（照片 5）。

照片 4　有各种出挑看台的后排座席

照片 5　二楼座席的预制混凝土楼板

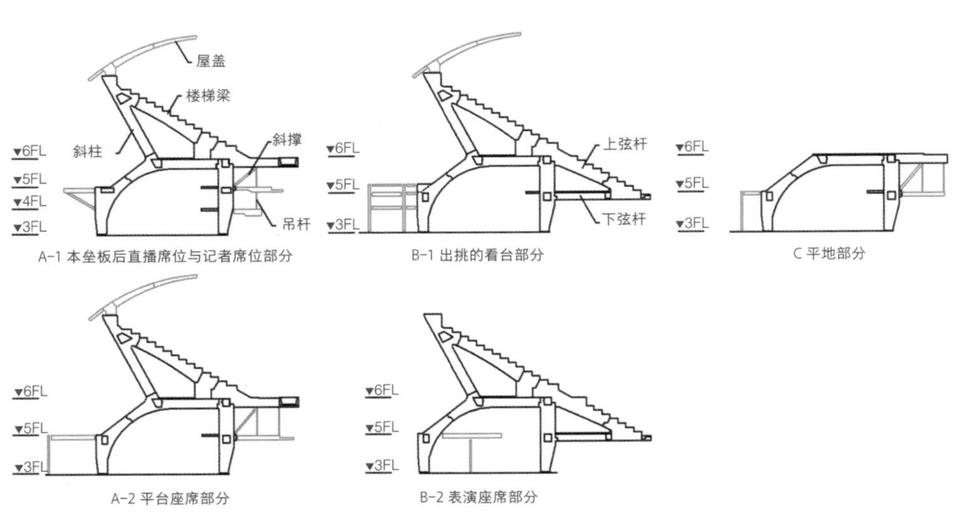

图 2　通过标准的预制混凝土架构和钢结构的组合应对多样的变化（红色：钢结构部分）

外场二楼的座席是被称为“表演座席”（performance sheet）的后援团专用座席。预制混凝土结构的架构形状和内场是一样的。预制混凝土架构呈放射状布置，因此后援团座席的平面形状在放射方向的边界线处断开是比较好的，但是考虑到后援团座席的完整性，希望平面形状上两端能放大。因而端部变成了特殊的形状，但对于预制混凝土结构来说，最好不要出现新的模板。所以在端部使用钢结构梁，通过钢柱支撑，楼板则通过调整基本的预制混凝土楼板长度来应对（图 3，照片 6、照片 7）。

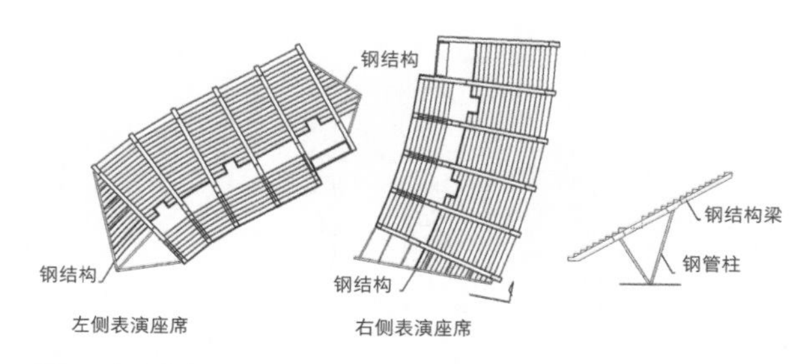

图 3 表演座席以基本的预制混凝土架构为基础，端部的特殊部位使用钢结构建造

照片 6 表演座席在标准的预制混凝土架构端部使用了钢结构

照片 7 表演座席两侧放大，体现出整体感

预制混凝土结构的细部——切分与统合

放射方向的预制混凝土架构，由集会大厅上的半圆弧型拱梁、支撑二楼后方座席的斜柱、支撑下层楼板的 7 ~ 10.5 m 悬臂梁等构成。由于竖向荷载下的应力占主导地位，架构大量使用了变截面构件来应对弯矩，柱梁构件的宽度在通用部位为 800 mm、伸缩缝处统一为 600 mm，厚度（放射方向在结构立面图看到的面的尺寸）而言，柱子为 1 000 ~ 1 600 mm，梁为 900 ~ 1 730 mm（图 4）。桁方向（圆周方向）的梁构件的基本形状是矩形截面（800 × 800 mm），与放射方向的倾斜构件交接的地方，考虑到预应力配筋的布置，使用了梯形梁。

考虑到长度不超过 12 m、重量不超过 30 吨的要求，确定了构件的切分。预制混凝土的设计标准强度为 50 N/mm^2。柱子使用了 ϕ32 的预应力钢杆（每根预应力为 500 kN），梁使用了可以曲线布置的预应力钢绞线（每根预应力为 100 ~ 125 kN）（图 5）。

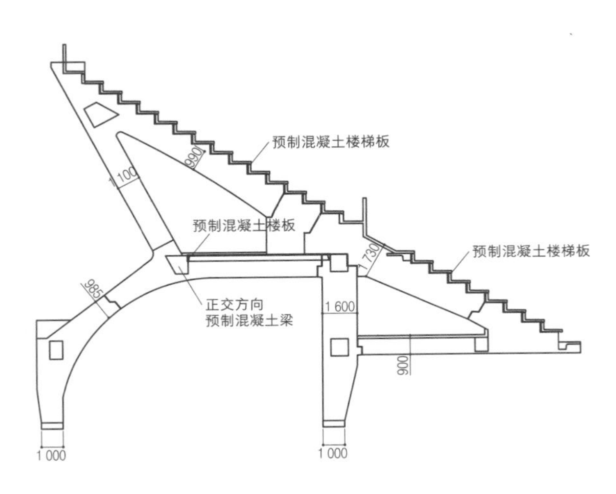

图 4　预制混凝土架构的构成

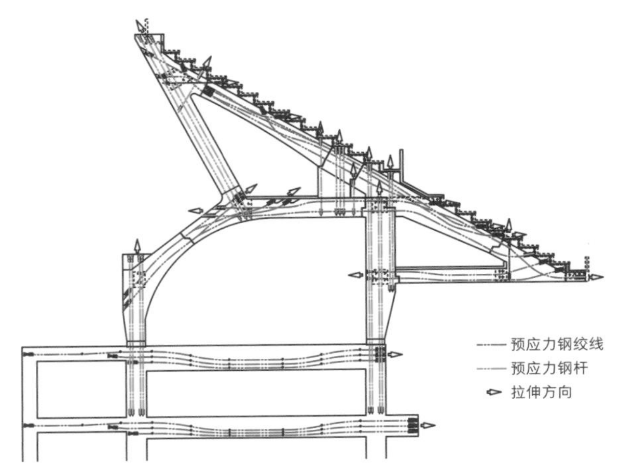

图 5　预应力钢绞线和预应力钢棒的配置

钢结构构件的交接——锚固件的布置

钢结构与预制混凝土结构的交接处，预先在预制混凝土构件中埋入锚固螺栓和嵌入件，通过节点板紧固，布置锚栓的时候必须避开预制混凝土构件内部纵向、横向和斜向的预应力钢绞线。产生拉力的部分使用采用机械连接的锚固螺栓，仅传递剪力的部分使用嵌入件，这两种节点都不会在预制混凝土构件外侧暴露。

团体座席（Party Floor）等悬挂楼板，从 8 m 的悬臂梁处通过圆钢杆 $\phi60$ 及 $\phi42$ 悬吊一层或二层的钢结构楼板，在严格的高度限制下，为了使预制混凝土悬臂梁的梁高与其他地方一样，使用了 $\phi216$ 的钢管作为斜撑（图 6，照片 8）。悬挂二层楼板的部分因为有层高的限制，必须下调前方楼板的标高，根据高差确定钢结构构件的形状（照片 9）。

屋盖最大出挑为 8 m，由 H300 ~ 700 的工字钢组合成悬臂梁结构，在预制混凝土梁顶部通过使用机械连接的锚栓紧固。屋盖结构面每两跨布置 $\phi101$ 的钢管支撑，预制混凝土梁和延伸到屋盖的垂直面布置斜撑构件以确保能抵抗地震力（图 7）。

照片 8　团体座席的楼板为钢结构，悬挂在预制混凝土架构上

照片 9　记者席位的钢结构楼板建有高差

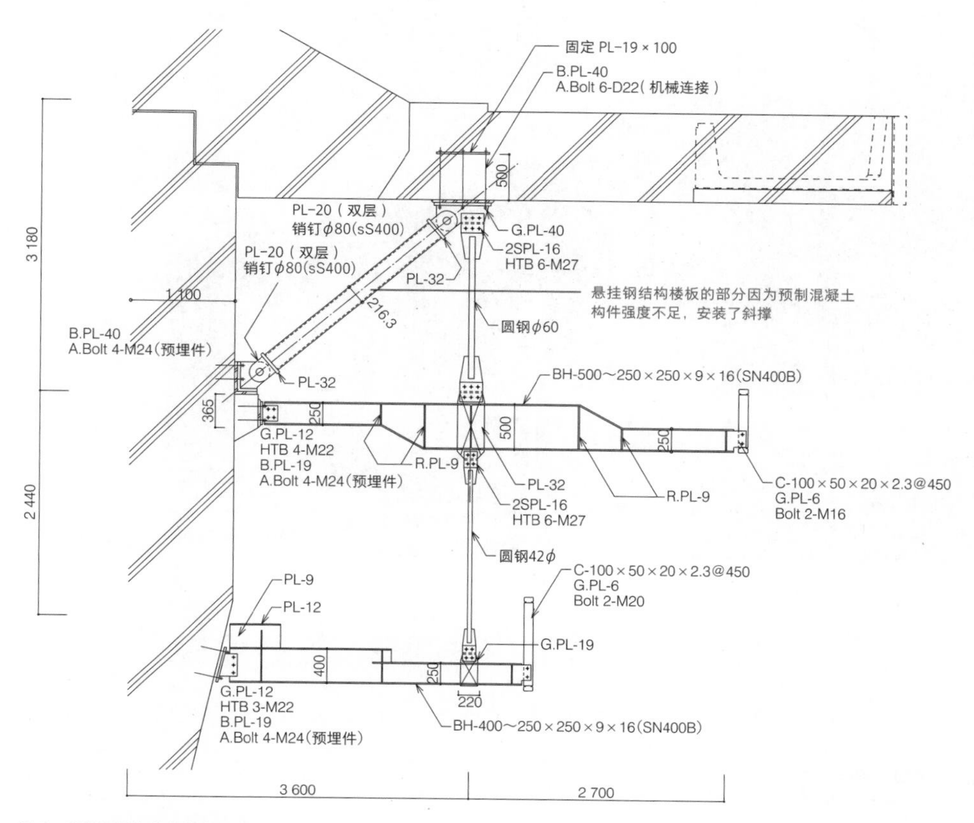

图 6　悬挂两层钢结构楼板部分的细部（S=1/80）

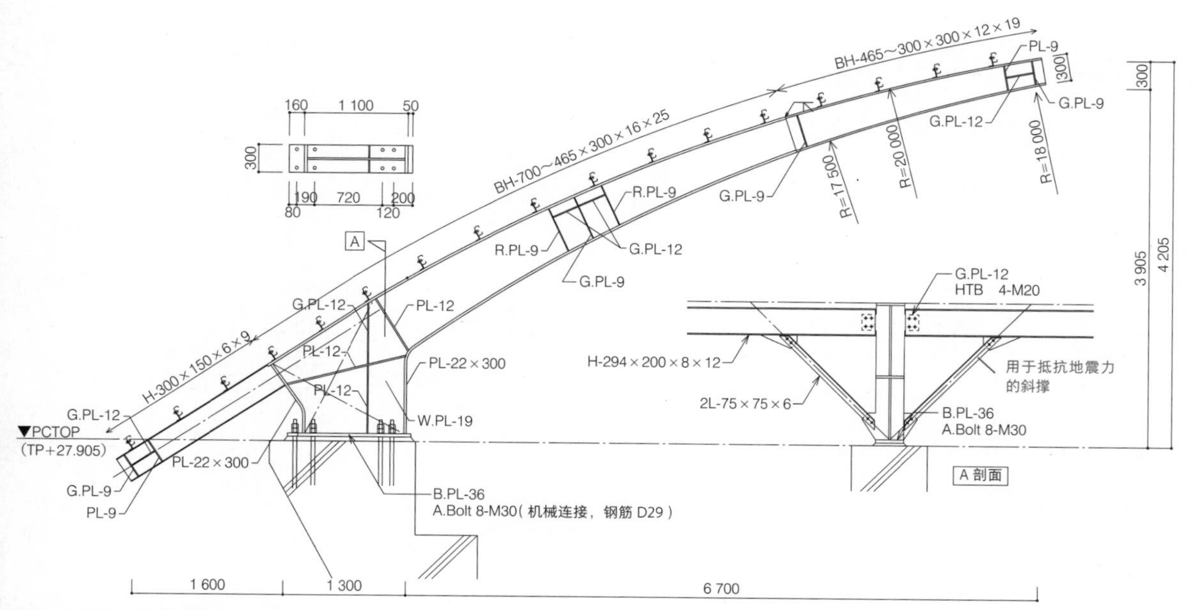

图 7　钢结构屋盖的连接（S=1/80）

Minato 交流中心

设计者：原广司 +Atelier ϕ 建筑研究所
所在地：爱媛县今治市
竣工年：2015 年 12 月
结构 · 层数：钢骨混凝土结构 + 钢结构，地上 4 层
建筑面积：3 311 m^2

照片 1
一层架空，形态像船一样的建筑

4_5 有底层架空的不规则形态的建筑

钢骨混凝土结构中钢筋混凝土抗震墙与钢结构支撑的组合

钢骨混凝土结构 + 钢结构

建筑的挑战—— 一并考虑了饰面构件抗震安全性的结构

从提出方案到竣工，本项目经历了 7 年的曲折漫长的时间。项目的出发点是想使一个倒置的岛屿或船一样的形态漂浮起来，挑战在于如何合理地实现这种特殊形态的结构体并覆盖外饰面。建筑平面形状长约 100 m，宽 10 ~ 20 m，两端放大；剖面上分为三层，作为建筑则由四层楼构成（照片 1，图 1）。第一层是渡轮码头的功能，一楼和一部分二楼楼板构成了架空空间（照片 2）。二层（三楼）是体量比一层更宽的办公室空间，其上部为 5 处小盒子状的集会空间，盒子外部为屋顶广场（照片 3）。因为建筑有如此多不同的用途和不寻常的形状，最开始的想法是使用钢结构来推进设计，但设计过程中发生了东日本大地震。作为本建筑特征之一的外墙和吊顶等非结构构件，要如何确保它们的安全性？关于这点，我与原广司重新进行了思考，考虑到需要减少主体结构的地震位移，我们将主体结构

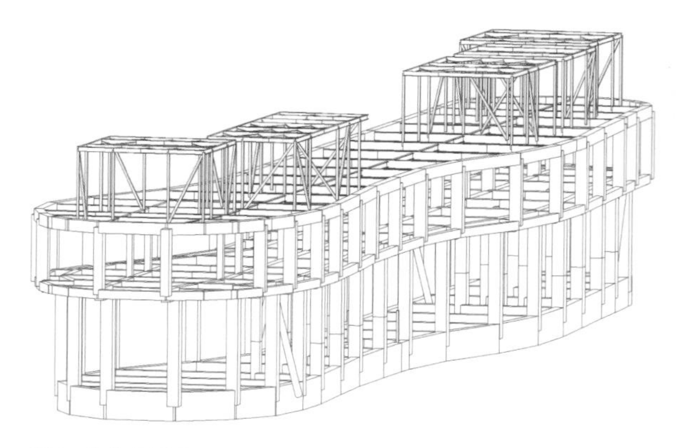

图 1 架构轴测图

调整为钢骨混凝土结构与钢结构的组合，同时对特殊形态的外装构件的装配方法进行了详细研究。

各层的结构——适材适所的结构

第一层（一楼和二楼）是表现有混凝土柱子的架空层，因此为了确保强度和刚度，将钢骨混凝土作为主体结构。第一层（一楼和二楼）高度较高，为 7.8 m，仅使用框架难以确保刚度，因此考虑附加抗震要素。短边方向在楼梯室等核心筒部分的 7 个地方布置了宽 2.5 m 左右的钢筋混凝土结构抗震墙，长边方向在建筑设计上无法对核心筒部分设置适当的抗震要素，因此在外围 4 个地方设置了屈曲约束支撑（图 1、图 2）。通过这样的方法，两个方向在结构 1 次设计时的层间变形角度在 1/1 000 以下，大地震时能大致控制在 1/150 以下。长边与短边方向的抗震要素不同，短边方向的抗震墙比例纵长，会先发生受弯破坏；长边方向的屈曲约束支撑是有韧性的结构，因此在地震时可以通过塑性变形吸收地震力。

三楼为办公空间，规划为无抗震墙的纯框架结构，以便于房间布局的自由度和未来的可变性。三楼外围向一楼的柱子外侧悬挑 1 ~ 3 m，因此为了确保有效的办公空间，沿着外墙布置了钢骨混凝土结构的柱梁，柱子由悬臂梁支撑。内部也设置了柱子，形成框架结构，部分柱子下部没有对应的柱子。梁则是外围使用钢骨混凝土结构，内部使用钢结构（图 3）。外围是平缓弯曲的平面形状，而柱子之间的梁是直线连接。为了承载外周的饰面，设置了钢筋混凝土结构的矮墙以及墙梁。三楼最宽的部分，对应在一楼是多功能厅无柱空间，因此三楼内部设置钢柱构成空腹桁架，形成大空间。

顶层（四楼）由 5 栋独立的小屋组成，但与下部楼层的柱网并不对应，因此四楼的柱子由钢梁支撑。为了实现轻量化，结构均衡布置钢结构支撑，屋盖使用了干式工法的饰面。

各层的结构——钢骨混凝土结构的细部

钢骨混凝土结构的构件中布置有钢构件，因此比钢筋混凝土结构的细部更复杂。

柱子原则上使用 90° 交叉的工字钢，但由于梁的角度是变化的，所以对钢结构框架和柱梁主筋交接处的各节点进行了详细研究（图 4，照片 4）。由于梁的标高变化会增加钢筋贯通孔的数量，且钢筋的节点也不理想，因此注意尽可能使梁的主筋贯穿

照片 2　一楼的架空层

照片 3　四楼的屋顶广场和独立小屋

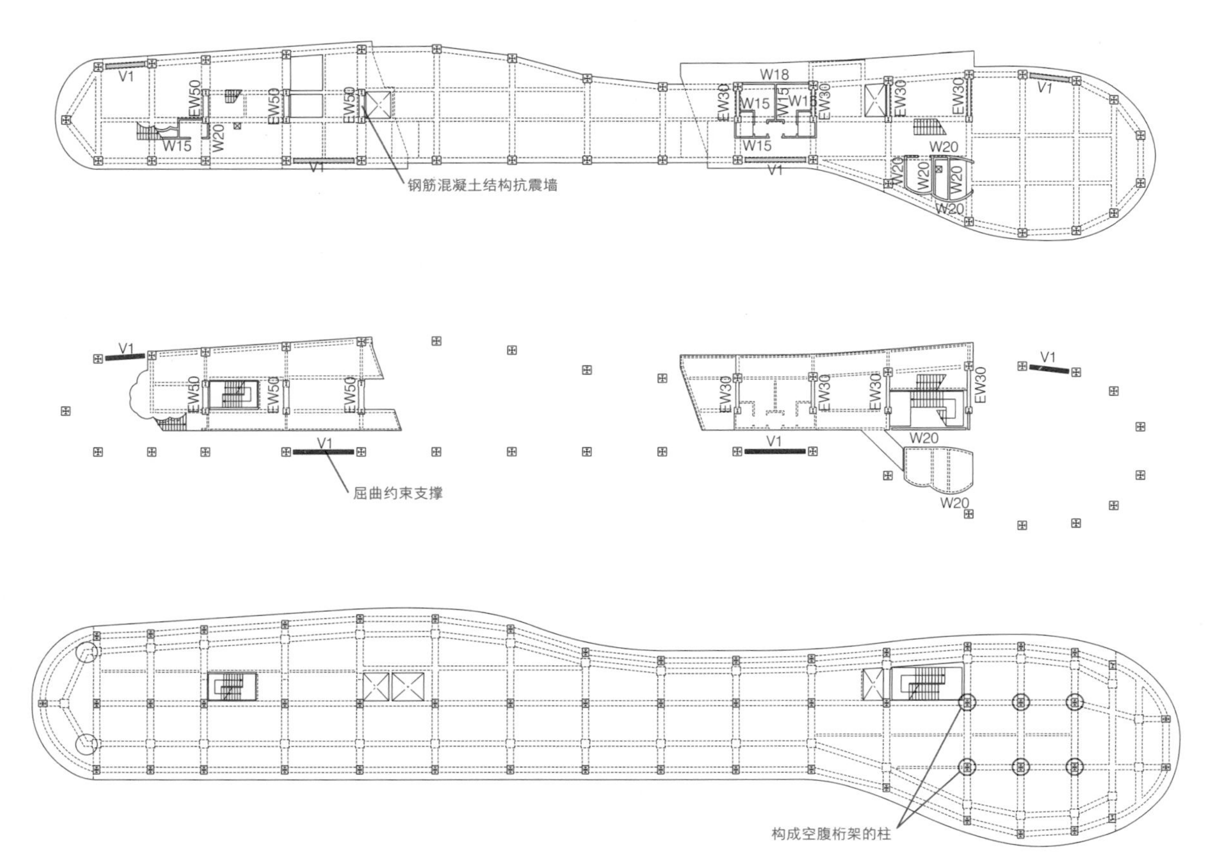

图 2　各层的结构平面图（从上到下：1 楼、2 楼和 3 楼）（*S*=1/700）

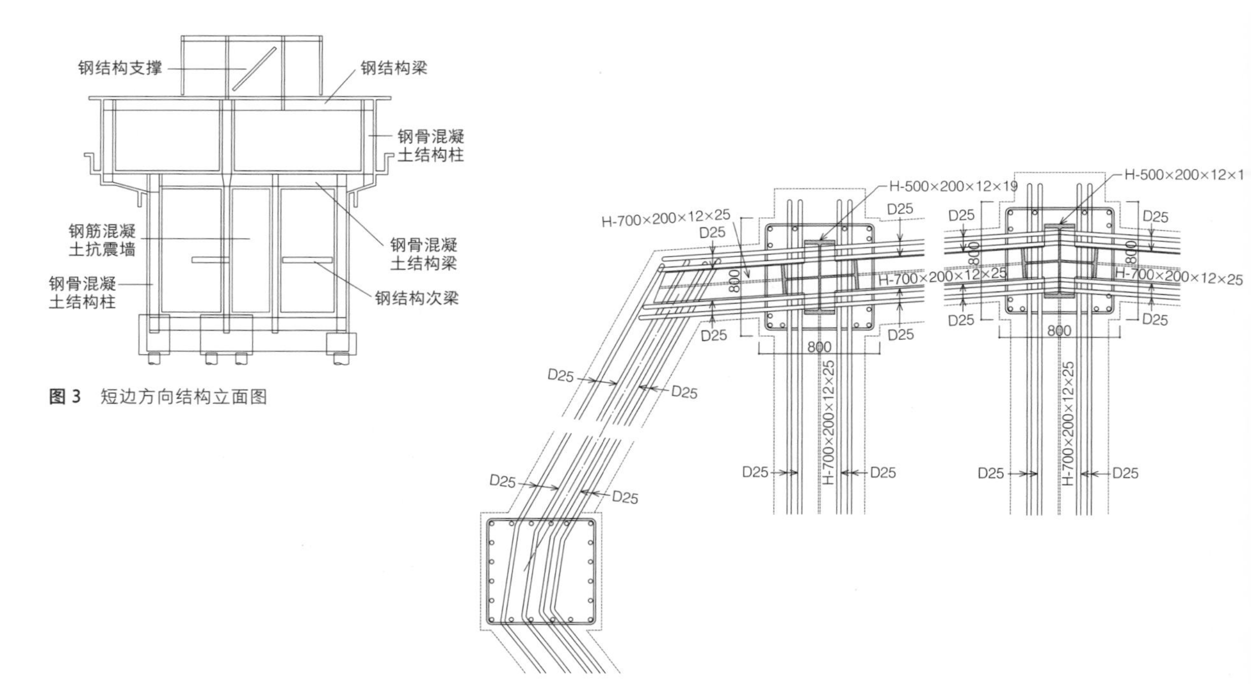

图 3　短边方向结构立面图

图 4　钢骨混凝土结构中主筋的布置（*S*=1/50）

照片 4 钢骨混凝土结构的配筋布置

照片 5 钢骨混凝土结构框架上设置屈曲约束支撑

柱子，保持整体性；此外也考虑使用加腋梁将端部的梁高对齐。连接钢结构支撑的部分，是通过从柱梁交点处将节点板延伸出钢筋混凝土部分外侧进行连接的，细部与钢构件之间的交接相同（照片 5）。

外饰面的底座结构——复杂形态的简化及准结构体的活用

平面变形椭圆形状等高线堆叠而成的曲面，构成了本建筑的外观特征——使人联想到船的体量形式。从三楼的外墙开始越过各层连续到下层部分的吊顶，如图 5 所示由“Ⅰ”~“Ⅳ”四部分构成。最上部的“Ⅰ”是从四楼的楼板标高开始到三楼的矮墙上部位置，紧紧连接在与四楼楼板一体化的外围墙梁上。“Ⅰ”与“Ⅱ”之间设置了水平伸缩缝，能够追随建筑主体的层间位移。“Ⅱ”和“Ⅲ”外饰面的构成不同，但外墙是一体的，“Ⅳ”则是吊顶。它们各自由与三楼楼板一体化的短墙或墙梁支撑，“Ⅱ”~“Ⅳ”与主体结构紧密连接，成为一个整体。

在“Ⅰ”部分，外装的柏木板固定在 C-75 × 45 的轻质 C 型钢纵向龙骨上，内侧用角钢组合制成框架以支撑龙骨，与本体结构紧密连接。在钢筋混凝

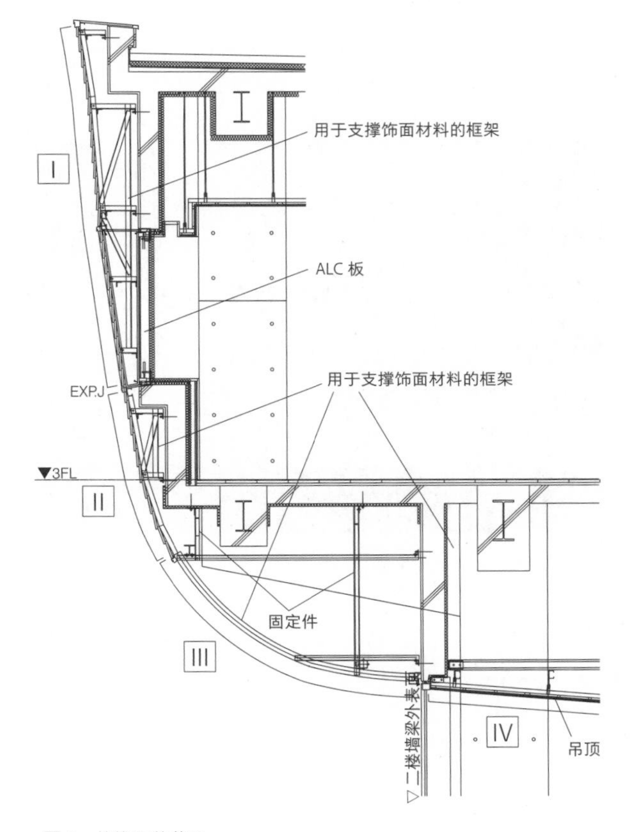

图 5 外饰面的装配

照片 6 “Ⅰ”部分外装构件的装配。角钢组装成的加固框架以 450 间距排布

土墙面上以规定间距打入锚栓，固定贯通的角钢，并在角钢上安装钢框架（照片 6）。

“Ⅱ”和“Ⅲ”的外装都是柏木板，但安装方式不同。使用弯曲的方钢管 75 × 75 纵向龙骨作为底座钢结构，但上下边缘的平面形状并不相似，因此会略微产生扭转，通过使纵向龙骨的曲率平缓变化，确保了造型的连续性（照片 7）。

“Ⅳ”是有平缓坡度的吊顶，使用准结构体做刚性吊顶。通过刚接，从主体结构的钢骨混凝土梁上引出 H–100 × 100 的钢结构吊杆，在一些地方还布置了倒八字形的吊杆来连接 ϕ114.3 的钢结构檩条，并在檩条上安装木格栅饰面（照片 8）。

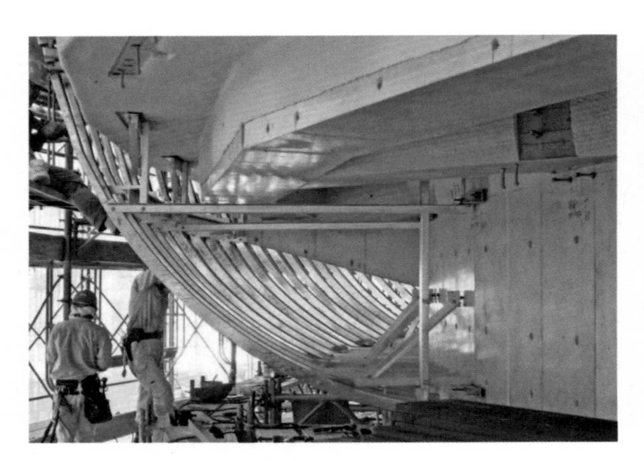

照片 7 “Ⅱ”部分外装构件的装配。75 × 75 纵向龙骨以 450 间距排布

照片 8 作为吊顶底座的结构体

长野县立武道馆

设计者：环境设计研究所 · 宫本忠长建筑设计联合体
所在地：长野县佐久市
竣工年：2020 年 3 月
结构 · 层数：钢筋混凝土结构 + 木结构 + 钢结构，地上 3 层
建筑面积：12 133 m^2

照片 1
具有和式风格木架构形象的主道场（提供：长野县）

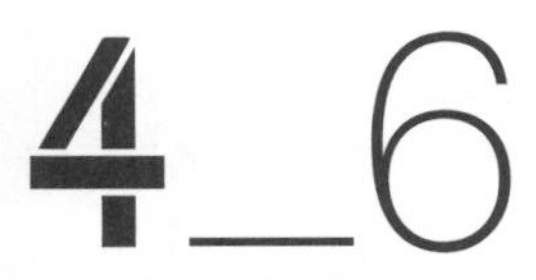

4_6 具有和式风格屋盖架构的武道馆

木结构与钢结构组合实现的大空间

木结构 + 钢结构

项目的挑战——表现了和式榫卯的木结构大空间

这是一座标准的武道馆，主道场的面积约为 70 m × 60 m，柔道馆和剑道馆面积各约为 30 m × 40 m，采用和式风格的坡顶屋盖组合（照片 1、照片 2，图 1）。下部使用钢筋混凝土结构作为主体结构，每个道场的屋盖都意图使用和式榫卯架构来构成大空间。竞赛阶段提出了格子状架构的形象，强调小屋组的竖向构件与水平的木结构构件，挑战在于如何使用当地产的落叶松实现高效的结构。最终柔道馆和剑道馆采用了钢结构，其中大部分设置了吊顶。这里主要介绍主道场的设计。

照片 2 外观为坡顶屋盖的组合（提供：长野县）

实现木结构格子的架构——钢结构桁架的插入

竞赛阶段的形象，格子状的木结构最下层是水平的，整体构成一个三角形。利用这一点，将格子状的木结构架构与钢结构受拉构件组合成合掌型的桁架架构，通过设计使结构更经济（图 2）。

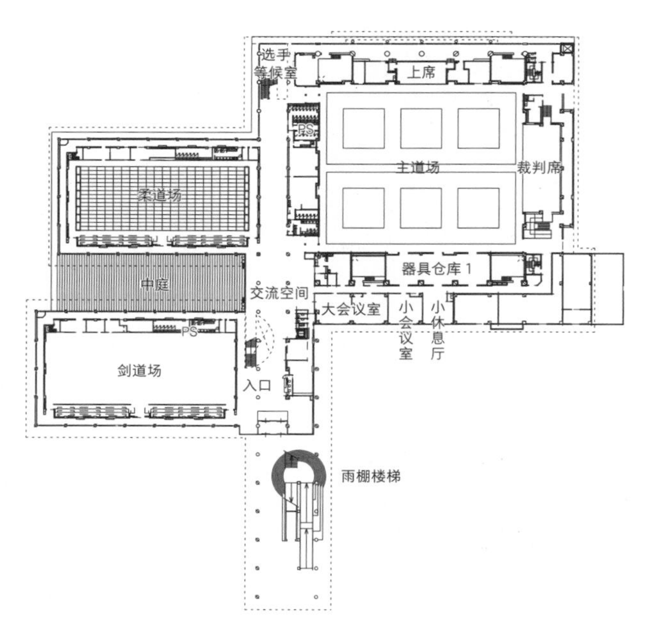

图 1　一楼平面图。由主道场，柔道剑道场构成的标准武道场（S=1/1 800）

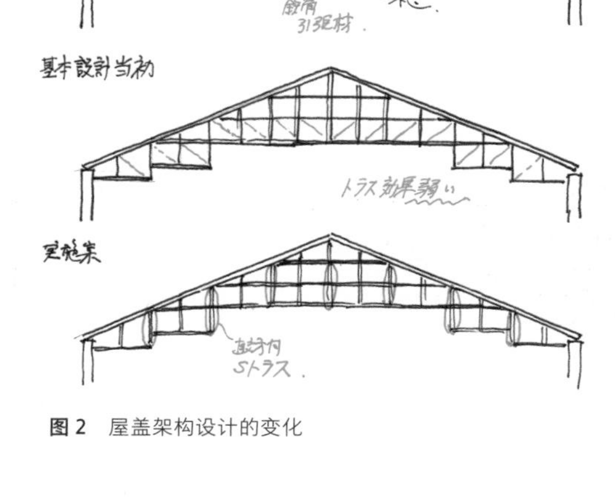

图 2　屋盖架构设计的变化

然而，在设计开始后，想要将架构中木结构格子的中央部分抬高，但是桁架架构的下弦杆做成一段一段的话结构效率很低。因此改变想法，由于平面上来看，短边和长边方向的长度基本是一样的，于是考虑在垂直于合掌的面宽方向布置桁架。架构变成了平行弦桁架，下弦杆和腹杆受到了很大的拉力，考虑到木结构节点处需要很多的五金件，此外还要控制挠度，最后决定采用钢结构桁架，在钢构件中添加木结构构件。

出于建筑设计的考虑，木结构轴网间距设定为 3.6 m，面宽方向架设的桁架梁的间距是其两倍，为 7.2 m，中间 3.6 m 的轴网计划采用纯木结构的架构。在正交的进深方向间隔 3.6 m 布置连接上下弦杆的钢木一体梁，在中间层布置木结构的连接杆。钢结构桁架作为主体结构，但通过添加木结构梁，形成了轻盈的小截面木结构网格，简化了构件和节点，使其更加经济（图 3，照片 3 ~ 照片 5）。

利用坡顶的形状进一步提高效率——通过屋盖支撑实现悬挂屋盖的效果

面宽方向的桁架结构是主体结构，但屋盖是山形的，进深方向的梁受到钢筋混凝土结构支撑部的约束时，轴力作用在合掌梁上，进深方向也会有力流。如果能积极利用这一力流，就能建造更经济的屋盖架构。这种情况下需要使用能抵抗轴力的合掌构件，并使下部结构能抵抗其产生的推力。本项目中下部的钢筋混凝土柱中的一部分是从二层楼板立起的悬臂柱，如果要其负担推力的话，柱子的截面就会变大，对平面设计也会产生较大影响。为了避免推力，组建时取消对钢结构梁支撑部的水平方向的约束，组建后在所有钢结构构件的重量的作用下，支撑部得以固定（图 3，照片 6）。这种情况下，只有完成面和积雪荷载会产生推力，但对于下部结构来说是可以承受的。

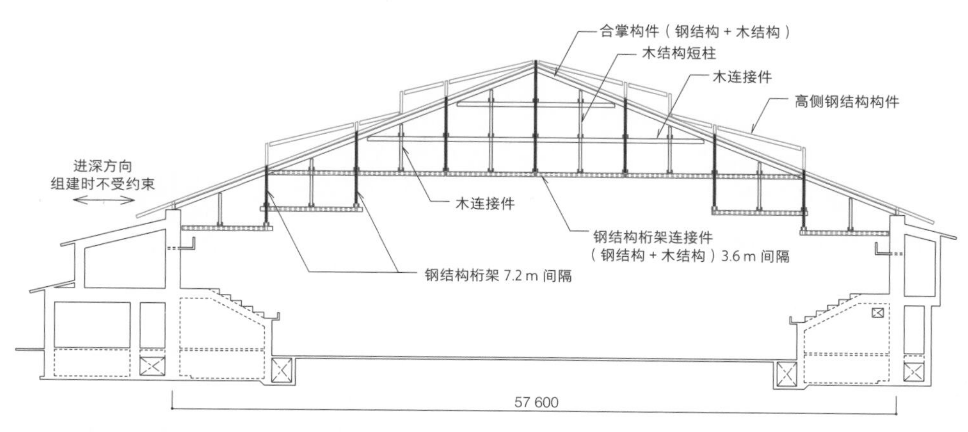

图 3 展现架构的剖面图（红色：钢结构，蓝色：木结构）（S=1/600）

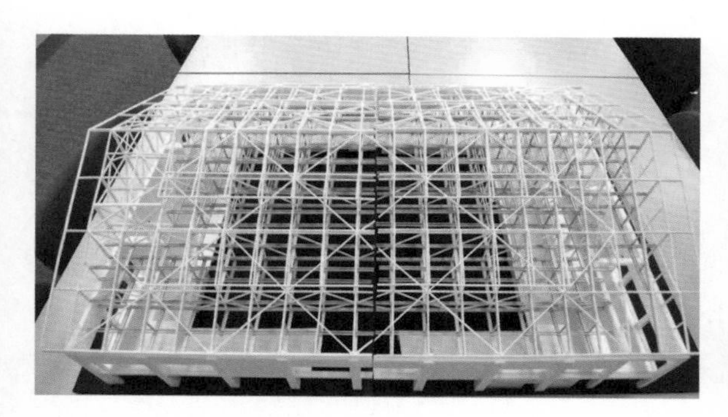

照片 3 屋盖架构整体模型

照片 4 钢结构（白色构件）和木结构（茶色构件）的混合架构

照片 5 在长边方向插入钢结构桁架

照片 6 支撑部位的细部。建造完成前不对水平力进行约束

屋盖的地震力会传递到周边钢筋混凝土结构的框架剪力墙上，因此必须确保屋盖面的刚度和强度，沿着屋盖面布置了钢结构支撑。为了简化节点，屋盖的合掌构件和连接件使用了钢梁，支撑与梁之间的交接就是钢构件之间的交接。

利用这种屋盖面的支撑，能有效抵抗竖向荷

载。两个山墙面直到屋盖面都是牢固的结构，因此通过从山墙处延伸出来的屋盖支撑，可以约束合掌屋盖的中央部分向外侧移动（图 4）。也就是说，通过支撑产生了将屋盖的中央部分拉向端部山墙的力，能够抵抗合掌梁的推力。如果能对此积极利用，可以放大钢支撑的截面，以此减轻桁架梁的负担。

需要判断是由桁架梁单独负担竖向荷载，还是增大屋盖面支撑与合掌梁的截面并减小桁架梁的截面更为有利，但总的来说，更好的方法是增大屋盖面钢结构支撑的截面。屋盖的合掌梁是横截面为 H–244 × 175 的钢构件，钢结构支撑是梁高相同的构件，梁与钢结构梁布置在同一水平面的话容易交接，这部分将木结构梁布置在钢梁下方。

构件与细部——钢结构构件与木结构构件的组合

桁架构件中，上弦杆为 H–300 × 300，下弦杆为 H–294 × 200，斜杆为 H–200 × 200，都是标准工字钢构件。桁架下弦杆和正交方向的联系杆的钢构件两端夹在胶合木之间，其他构件仅由胶合木构成。此外，还考虑通过规范每个构件的通用尺寸、使用两根构件的组合构件来简化节点加工。

面宽方向的木结构梁高统一为 330，在桁架弦杆的钢结构两端添加 90 × 330 的落叶松胶合木。桁架中间的构件以及无桁架构面的构件同样使用 90 × 330 的双层构件夹住短柱。

和桁架正交方向的构件高度统一为 360，仅由木结构构成的水平构件使用两根 120 × 360 的构件组合；作为桁架下弦杆的连接杆，钢梁 H–194 × 150 上附加了 120 × 360 的胶合木。中间的构件只有木材，使用双层的 240 × 360 构件；最上部的合掌构件，则在 H–244 × 175 的钢结构梁下部安装 240 × 360 的木构件，采用钢板嵌入式节点。从木架构的设计上考虑，短柱使用尺寸小一号的 105 × 210（图 5、图 6，照片 7）。

为了简化施工，桁架等钢构件在现场的连接均为螺栓连接，而木梁和钢梁之间的节点主要是销钉铰接，部分情况下使用嵌入式钢板的做法。在钢梁上添加胶合木部分的节点不会传力，因此以 900 间隔设置连接螺栓，形成极其简单的节点。

木结构和钢结构的组合中，重要的是在复杂的节点处活用钢构件、以简化木梁连接的做法，本项目中也如此进行了实践。

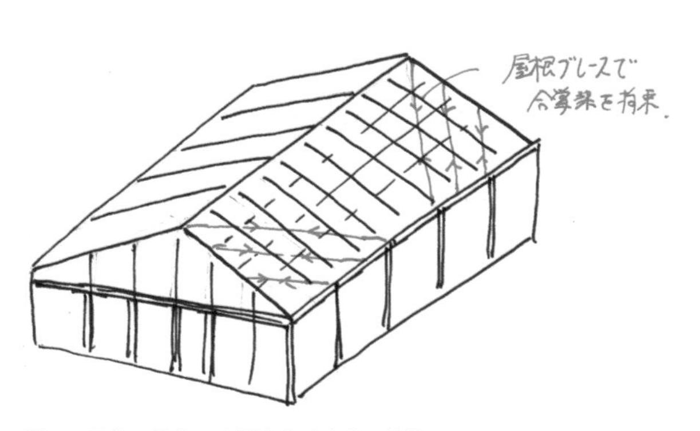

图 4　屋盖面的水平支撑有抬升合掌梁的效果

照片 7　在钢结构桁架和钢梁上添置木结构梁

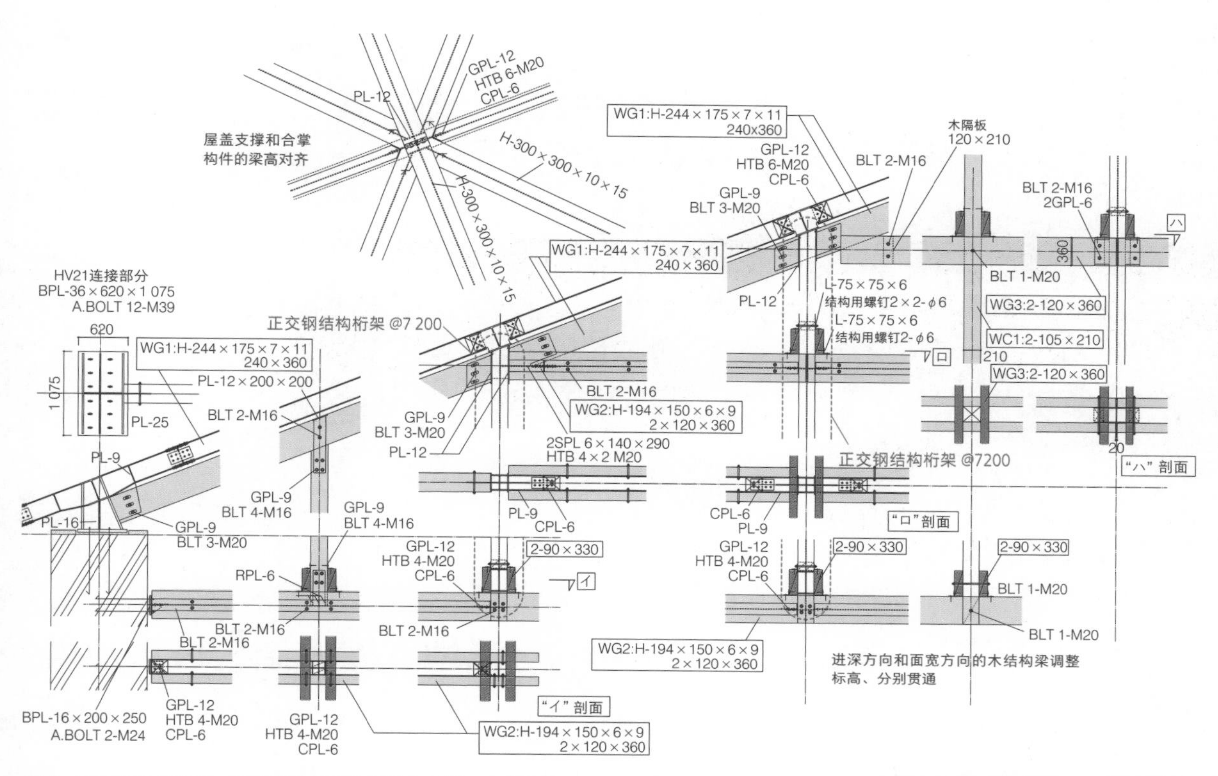

图 5 进深方向的细部。展现了屋盖面的钢结构支撑、合掌构件与支点部位。黄色表示进深方向的木结构梁，茶色表示面宽方向的木结构梁（S=1/90）

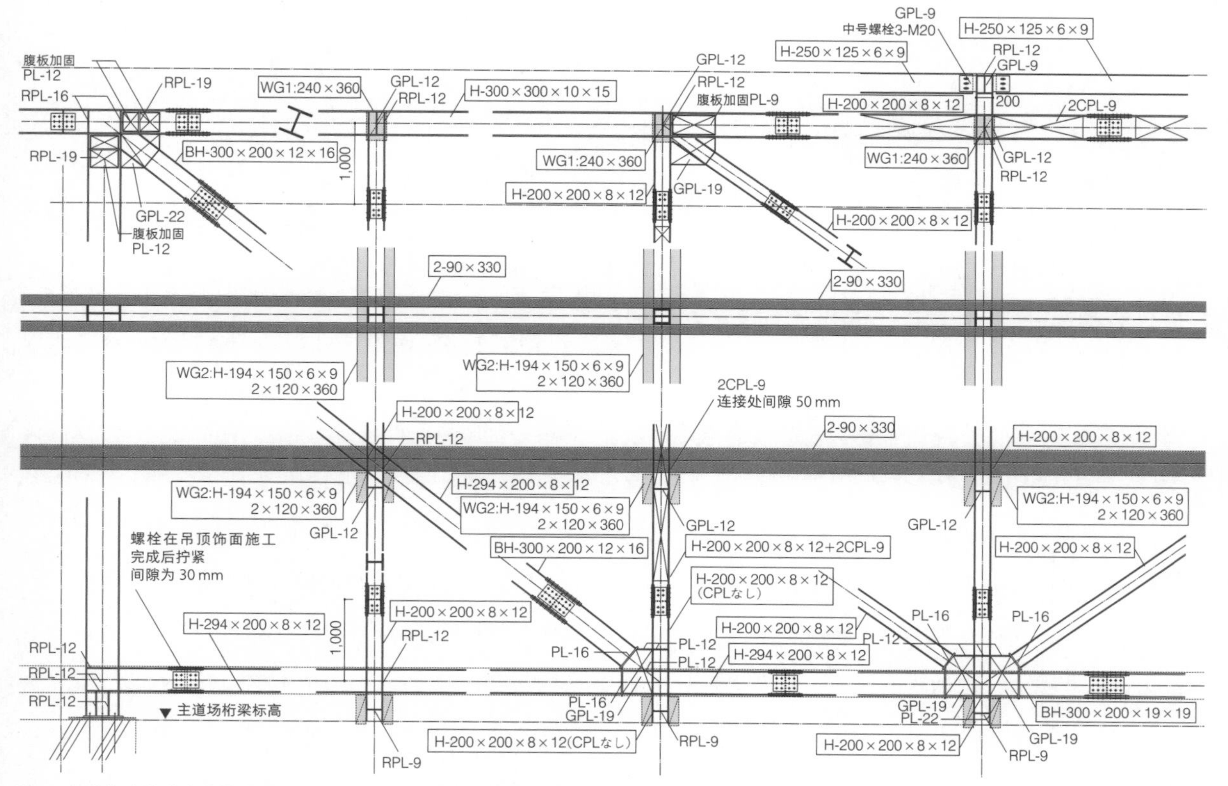

图 6 与桁架交接的木构件的细部。黄色表示进深方向的木结构梁，茶色表示面宽方向的木结构梁（S=1/90）

福井县年缟博物馆

设计者：内藤广建筑设计事务所
所在地：福井县三方上中郡若狭町
竣工年：2018 年 9 月
结构 · 层数：钢筋混凝土结构 + 木结构，地上 2 层
建筑面积：996 m²

照片 1
一层为架空空间，二层的展览室被木结构的大屋盖覆盖（提供：内藤广建筑设计事务所）

4_7 用钢筋混凝土墙不对称地支撑木结构坡顶屋盖

木结构屋盖、钢结构柱与钢筋混凝土墙的混合结构

木结构 + 钢结构 + 钢筋混凝土结构

项目的挑战——在多雪地区使用当地材料的木结构大屋盖

“三方五湖”之一的水月湖拥有世界罕见的珍贵的条纹样地层，是 7 万年来泥土沉积在湖底形成的，被称为“年缟”。该设施是用于展览“年缟”实物标本的博物馆。建筑的平面形状狭长，宽 9.6 m，长 76 m，项目的条件是使用当地生产的若狭杉木建造一个木结构建筑。考虑到应对积水，一层做成了钢筋混凝土结构的架空层，是大跨度的土木工程尺度的结构；二层设置的展览室覆以木结构的屋盖，是建筑尺度的空间。上下层的建筑空间和结构形式有很大不同（照片 1）。二层的展览室被高 2.5 m 的墙体分成了 6.4 m 宽和 3.2 m 宽的不对称平面，这成为限定结构形式的条件（照片 2）。另一挑战在于如何应对 1.75 m 的过大积雪荷载。根据福井县的积雪荷载等指导标准，以积雪量的 70% 计算长期积雪荷载的缓和标准不适用。

屋盖支撑的结构设计过程——非对称支撑和地震力的应对

第一次讨论时，内藤广展示的空间与结构如照片 3 所示，菱形的木结构构件立于钢筋混凝土墙上，从中间支撑着木结构斜梁，两侧用木结构柱支撑。钢筋混凝土墙偏心布置，因此屋盖结构是不对称的，由于竖向荷载会产生水平方向的位移，需要能对其进行抵抗的构造，此外还需要抵抗地震力的构造。刚性的菱形架构可以解决这个问题，但是难以使用小截面的木结构构件来形成刚节点。因此，考虑将构件组合成三角形，或者使用合掌构件的拉结件，以提高结构效率。基于上述的思考，如图 1 所示，我们对多种结构形式进行了研究，经过多次讨论后确定了照片 4（图 1 中 D 与 F 的组合）所示的架构形式。

然而，尽管这种架构具有足够的抵抗竖向荷载和短边方向水平力的能力，但在长边方向上还需要能将屋盖长边方向地震力传递给钢筋混凝土墙体的支撑构件。屋盖的地震力计算用重量约为 2 000 N/m^2，是无积雪木屋盖重量的 3 ~ 4 倍，因此屋盖面和支撑所需要传递的力非常大。

如果将支撑布置在图 2 的①的垂直面上，并对屋盖面进行加固，将地震力传递到钢筋混凝土墙的话，那么布置在垂直面的支撑的细部设计尚可实现。但是，屋盖左侧的地震力是通过屋脊传递的，因而难以保证刚度，需要通过②的路径传递屋盖面的地震力。因此，我们考虑在这一侧也设置支撑，但由于木结构构件相互之间有一定的角度，节点处必须使用立体五金件，事情将变得复杂。我们还尝试过只将支撑构件替换为钢构件，但这样会使结构形式复杂化。

在讨论如何解决图 2 中仅使用钢筋混凝土结构与木结构带来的困难时，内藤广提出，回到所谓“简单建造”的起点，木结构构件仅用在斜梁上，连接钢筋混凝土墙与木结构斜梁的构件全部使用钢结构。如此一来，用钢构件联系钢筋混凝土结构和木结构、形成立体的倾斜架构的话，便可以通过轴力抵抗短边与长边两个方向的水平力，且用小截面构件即足以应对（图 3）。根据这一想法，我们制作了用于确定构件的照片 5 所示的模型。

构件与细部——将适合材料的细部组合起来

结构系统如图 4 所示。斜梁采用县内生产的杉木胶合木，由两根 105 × 390 的构件组合而成，通过简单的节点搭接在上方和下方的钢结构梁上。斜柱使用直径 60 ~ 90 mm 的钢管，虽然节点处为立体的连接板间的组合，但构件预先通过焊接组装，现场仅使用高强度螺栓进行连接。两侧的竖向钢柱粗 $\phi76$，柱间的联系梁为 CT−150 × 175 的小截面构件。

照片 2 二层展览室的木结构大屋盖由从钢筋混凝土墙伸出的钢架构支撑（提供：内藤广建筑设计事务所）

照片 3 第一次讨论时展示的建筑模型（提供：内藤广建筑设计事务所）

照片 4 决定木结构架构的结构系统（提供：内藤广建筑设计事务所）

照片 5 钢结构倾斜架构与木结构屋盖的混合结构

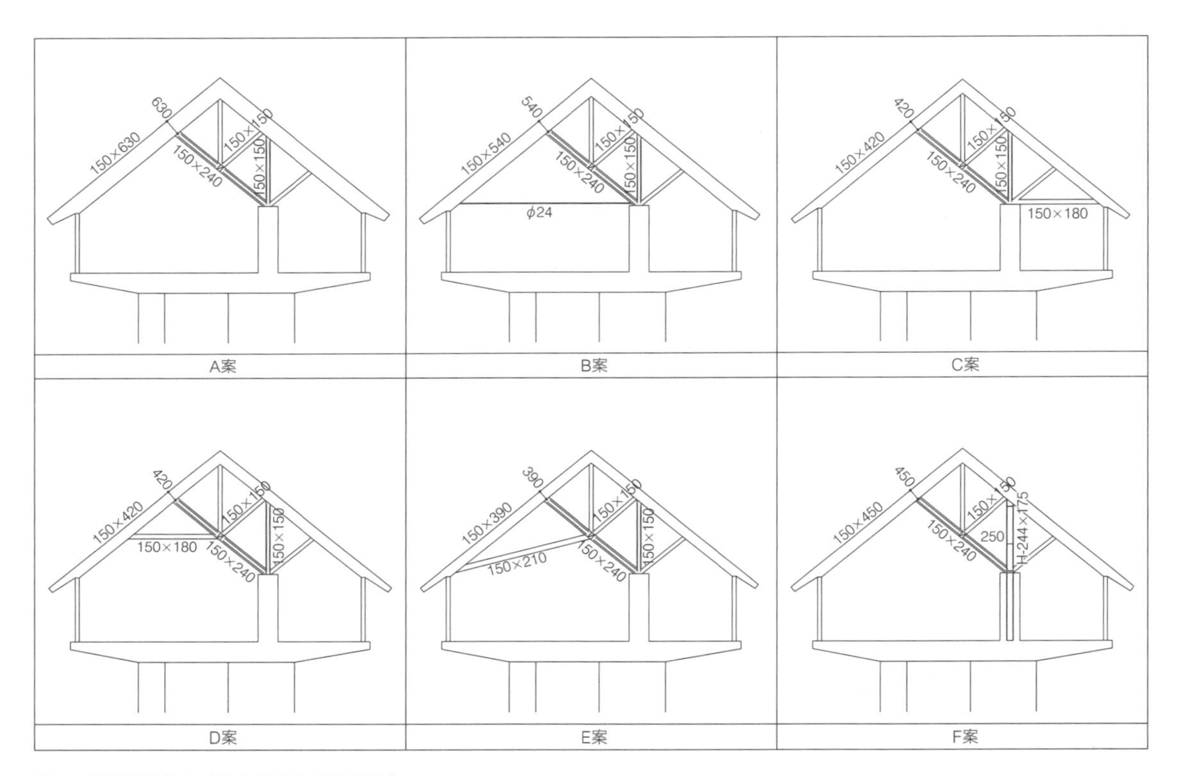

图 1 坡顶屋盖的不对称支撑结构系统的研究

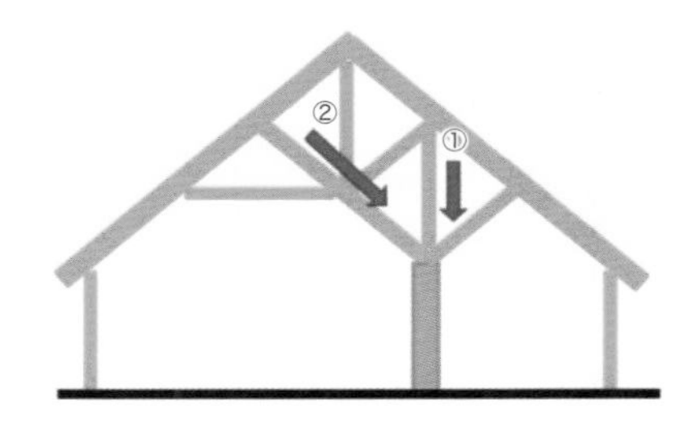

图 2 木结构架构的系统概念图

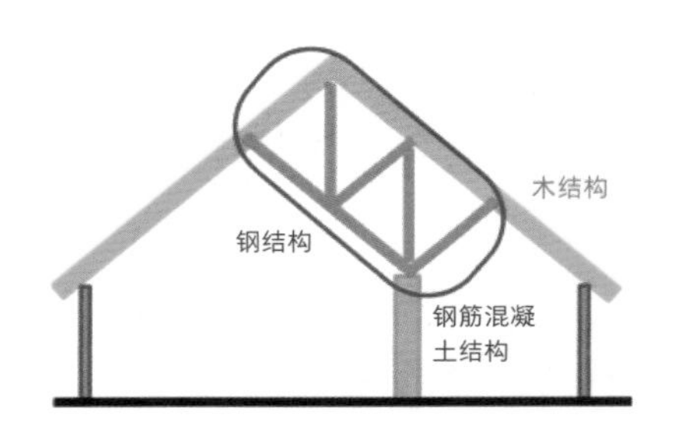

图 3 采用钢结构架构的概念图

构件立体交接，节点复杂处使用钢构件应对，通过简单的方式使用木结构，以简化节点，使用适合于每种材料的细部，以使施工变得简单（图 5，照片 6、照片 7）。钢结构构件的尺度小于木结构梁，因此在大屋盖上形成了漂浮的合掌梁的形象。

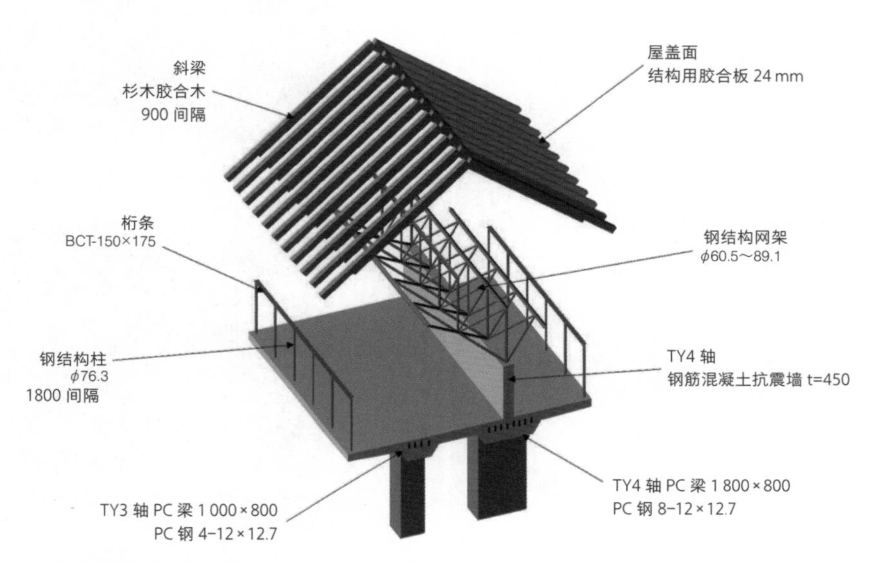

图 4 木结构屋盖与支撑它的钢、钢筋混凝土复合结构系统

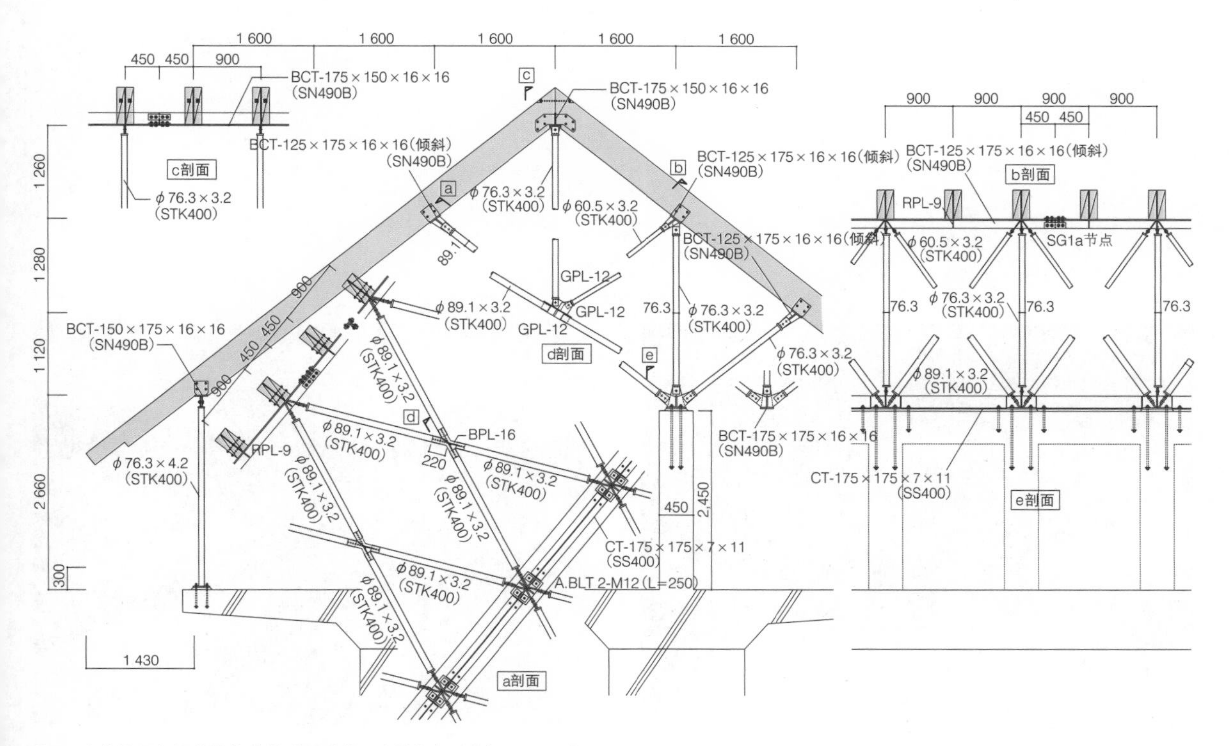

图 5 木结构梁与钢结构构件的详图（黄：木结构部分）(S=1/100)

一层架空的结构

一层的架空空间沿着长边方向布置了大小2列柱子和连接柱子的梁，二层墙体下方设置了1 800×800的梁，还有一列1 000×800的扁平的梁，两侧楼板向外出挑。短边方向的柱间没有联系梁，形成了只在长边方向上延伸的线形架构（图4，照片8）。长边方向柱子间隔为14.4 m，连续4跨，二层楼板梁采用后张法的PS梁（Ⅲ型预应力）。PC缆索全长约60 m，两端拉伸进行施工，以尽量减少摩擦损失（图6，照片9）。

照片6 木结构合掌屋盖由钢结构的斜柱支撑

照片7 钢结构构件的节点连接了不同角度的构件

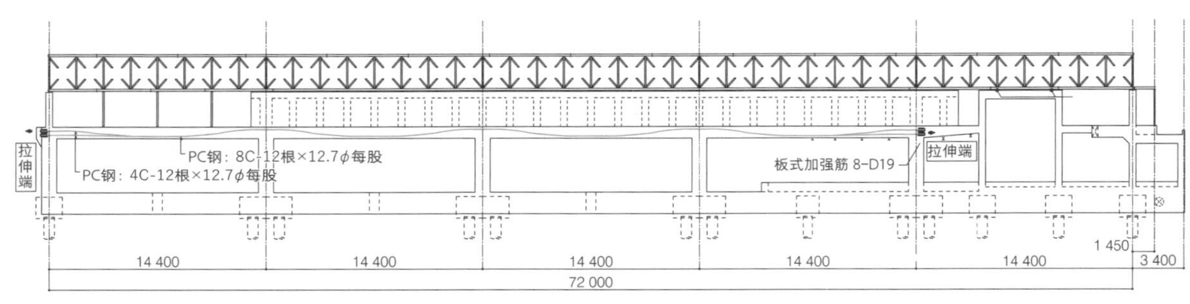

图6 长边方向的结构立面图。14.4 m 的连续跨使用后张法的预应力混凝土结构（S=1/500）

照片8 一层的架空由两列柱子和连接柱子的单向梁构成

照片9 全长58 m 的预应力钢筋的配置

抗震加固及其节点

抗震加固的意义和类型

对于抗震性能不足的建筑，有必要通过改造确保其抗震性能，或是经过加固继续使用。从建筑的新颖与提高空间品质的角度来看，改造更胜一筹。然而，从可持续的观点或全球环境保护的角度来看，改造会带来巨大的资源浪费的问题。因此更新并灵活使用既有建筑是很有意义的。既有建筑的活用除了抗震加固之外，还会要求改善功能、优化设计性，特别是在置入加固构件后对立面进行设计改造等。换句话说，抗震加固需要应用各种各样的手法来满足多样的需求。综合来看，抗震加固有两种不同的方法，一种是主动将加固构件纳入设计中，另一种是尽可能在不显眼的情况下进行加固以保持现有的建筑氛围，这两种手法在推进设计时的思考方式会略有不同。

抗震加固的类型和细部

抗震加固的做法有：在既有结构体上增加加固构件；改善现有结构体的性能；通过拆除部分建筑或设置隔震的方式来降低地震力。增加加固构件时，会采用新旧结构一体化的技术，根据现有结构类型是钢筋混凝土结构、钢结构还是木结构，而采取不同的做法。现有结构体与加固构件的结构类型相互组合的情况如表 1 所示。节点方法①～⑥中，①②③⑥是仅在抗震加固时使用的特殊交接方法，④⑤是在新建时也能使用的节点方法。钢结构和木结构可以使用与新建建筑同样的方法来安装加固构件，但是钢筋混凝土结构则需要使用不同的节点方法。

节点方法①是通过粘接或压接来抵抗压力和剪力，包括在既有框架中设置钢结构框架等方法（照片 1）。节点方法②是通过锚栓或锚杆抵抗剪力，经常使用后置式锚栓。照片 2 是增设钢筋混凝土墙，照片 3 是外设钢结构框架的加固，两种情况都是在现有钢筋混凝土结构体中埋入后置式锚栓与加固构件一体化。③与②类似，但在外置框架的情况下，通过后置式锚栓、受拉螺栓抵抗由偏心力矩产生的拉力（照片 4）。④则是通过焊接，将新的钢构件安装到现有钢构件上，与新建建筑采用同样的手法，有一个例子如图 5 所示，是在钢结构上增加斜撑加固。⑤是在木结构构件上使用钢结构或木结构加固构件，通过螺栓传递力，照片 6 是其中一例。⑥是使用纤维材料粘接加固，用于在钢筋混凝土结构中的抗剪加固，在木结构中用于构件的破损部位。照片 7 展示了加固钢筋混凝土独立柱的例子。

照片 1 钢结构支撑的粘接工法

表 1 结构类型和加固构件、节点方法

现有结构	加固构件	节点方法	特点
钢筋混凝土结构	钢筋混凝土墙	①②③	抗震墙、短肢墙和在现有墙体上增补浇筑等各种方法
	钢结构框架、钢结构支撑	①②③	轻量化的同时实现高强度
	木结构墙	①	新的工法，轻量化且易于施工
	纤维加固	⑥	用碳纤维和芳香族聚酰胺纤维对柱和墙进行抗剪加固
钢结构	钢结构支撑、钢结构斜撑	④⑤	轻量化高强度的节点，可采用焊接或高强度螺栓连接
	木结构墙	①	新的工法，轻量化且易于施工
木结构	钢结构框架	⑤	螺栓连接，可在保持开放性的同时进行加固
	木结构墙、交叉支撑	⑤	可采用与新建筑相同的节点方式
	纤维加固	⑥	加固柱和梁的破损部分
节点方法	①通过粘接和压接抵抗压力和剪力 ②通过锚栓、锚杆等抗剪 ③通过锚栓、受拉螺栓等抗拉 ④焊接 ⑤通过螺栓抗剪和抗拉 ⑥粘接纤维状的加固材料		

照片 2　钢筋混凝土墙体的增设，节点处为后植锚栓

照片 3　钢结构外设框架的节点。现有的钢筋混凝土墙面一侧采用后植锚栓，钢结构加固构件一侧设置了螺杆

照片 4　用于抵抗外设框架偏心弯矩的受拉螺栓

照片 5　使用焊接与螺栓将加固斜撑安装到钢结构框架上

照片 6　使用螺栓将加固钢结构框架安装到木结构构件上

照片 7　将碳纤维片粘接到钢筋混凝土独立柱上

滨松 Sala

改造设计者：青木茂建筑工房
所在地：静冈县滨松市
改造工程竣工年：2010 年 10 月
结构 · 层数：钢筋混凝土结构，钢骨混凝土结构，地上 7 层，地下 1 层
建筑面积：14 626 m^2

照片 1
使用名为螺旋支撑带（Spiral · Braced · Belt）的工法进行加固，建筑的外观焕然一新

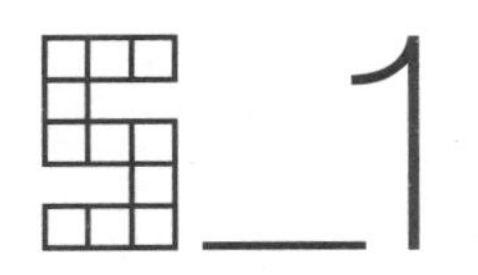

将现代建筑改造成新地标

使用螺旋形外框加固

翻新改造

项目的挑战——包括外立面更新的抗震改造

既有建筑是由黑川纪章设计的一座已建成 29 年的综合大楼，其采用的是旧的抗震标准。随着建筑逐年老化，平面布局已经过时，设备也发生故障，因此结合抗震加固，要进行大规模的改造，包括外观在内进行大规模更新，期待它成为当地崭新的地标。从各种意义上来说，本项目都超越了传统的抗震改造范畴（照片 1、照片 2）。

抗震加固的概念——螺旋状的外置钢结构框架加固方案

从地下 1 层到 4 层，现有建筑的平面形状都是矩形，在 5 层以上中心处收缩，变成两个体量的形态。地下 1 层到 3 层的主体结构是钢骨混凝土结构，4 层以上一部分是钢筋混凝土结构（图 1、图 2）。西侧的体量因为 4 层有宴会厅的大空间，所以到 5 层为止是钢骨混凝土结构；东侧的体量 4 层以上都是钢筋混凝土结构（图 3）。

由于需要在建筑仍在使用的情况下进行施工，因此设想通过在外围安装钢结构框架来进行加固。但我们并不是像通常那样只是把支撑排列在一起，而是探索了一种新的加固方案。加固支撑没有上下并排，而是根据楼层进行错动，并基于这样的设想进行展开，考虑将作为斜构件的支撑做成上下层连续的框架，最终通过斜构件形成有边界形状的支撑加固（图 4、图 5）。普通的支撑加固，四周会有柱子、梁等钢结构构件，而这种方法的特点则是通过

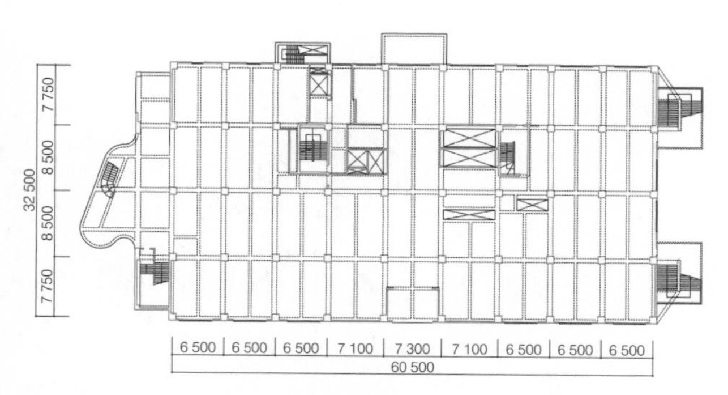

图 1　1 层结构平面图。红线表示钢筋混凝土抗震墙

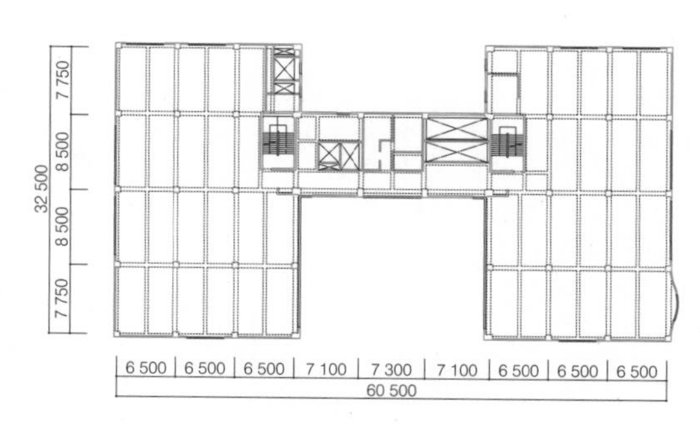

图 2　6 层结构平面图。红线表示钢筋混凝土抗震墙

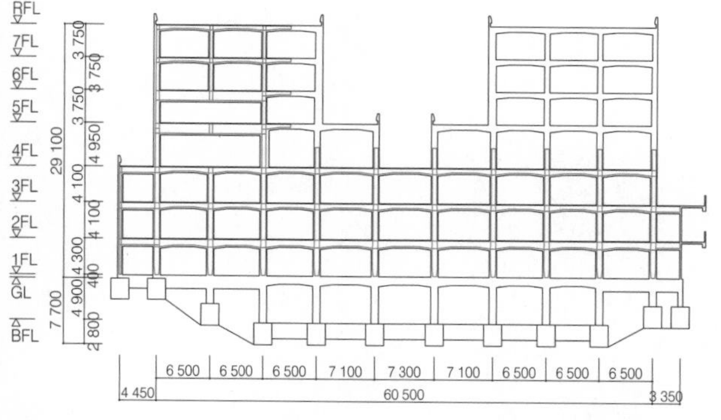

图 3　框架立面图。下层为钢骨混凝土结构，上层西侧（左侧）为钢骨混凝土结构，东侧（右侧）为钢筋混凝土结构。红线表示钢骨混凝土结构中的钢结构

照片 2　覆盖着白色瓷砖的现有建筑，上部体量被分开（提供：青木茂建筑工房）

支撑形成斜向的边界线（照片 3）。

既有建筑的柱子和梁都是沿着外墙面布置的，这为外置支撑加固提供了便利。然而，大楼东西两侧低层部分的阳台和中庭给外墙面加固带来了困难。原本短边方向的低层部分是钢骨混凝土结构、抗震性能相对较高，所以避开阳台和中庭的部分，即外围的钢结构加固包含长边方向的所有楼层和短边方向 4 层以上的部分，对于加固位置来说是比较合适的。此外，一层南面需要整体开放，作为应对，在西南角将加固支撑延伸到建筑外部，同时也形成了一种视觉上的表达（照片 4）。

除上述外围框架加固外，对于上部被切分的楼层内侧复杂的外墙，以及仅靠外围钢结构框架加固而强度不足的楼层等，有必要附加使用其他的加固方式。对于这些部分，使用了内置钢结构支撑加固（照片 5），或对钢筋混凝土抗震墙进行增补浇筑。在看得到的部分使用了有铰接节点的 KT 型支撑，也考虑了意匠性，在可见支撑与不可见支撑之间创造变化。

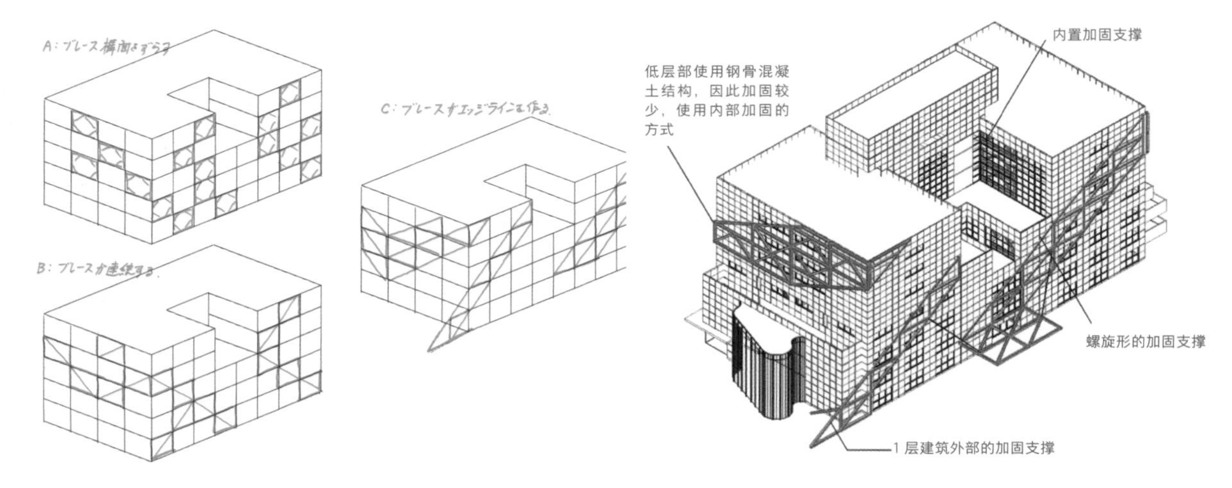

图 4　加固框架的概念变化

图 5　采用螺旋支撑桁架（Spiral Braced Truss）工法加固

照片 3　加固支撑环绕建筑布置

照片 4　西南角的加固框架突出于建筑物之外布置

照片 5　在上层复杂的外周部分设置钢结构支撑加固

构件与细部——将适应于材料的细部组合起来

在长边方向布置单向支撑，在短边方向由于跨度较大，布置倒V字形支撑。支撑构件的布置与梁柱构件的芯线交点相结合，但因为层高与跨度有些许不同，因此支撑并不是排列在一条直线上的，而是每层有略微不同的角度。每个位置，柱子、梁和支撑使用相同的截面形状，使用300×300或350×350的工字钢。考虑到支撑承受压力，为了提高抗屈曲能力，使用了带盖板的箱型截面构件。

既有建筑外围布置了柱与梁，因此一般做法是在这些构件处打入后植锚栓，在加固钢结构的柱梁上设置螺杆，使用砂浆将它们一体化（图6，照片6）。特别需要注意的是如下几点：现有建筑是钢骨混凝土结构，因此需要调整后植锚栓的位置以避开其中的型钢；梁和支撑在现场交接的部分，腹板与内侧翼缘使用高强度螺栓连接，但是外侧的翼缘透过玻璃会被看到，所以采用了焊接；本项目使用了外置式支撑，与通过柱子支撑的情况不同，因此除了传递剪力的后植锚栓，还设置了防脱落锚栓；此外，建筑物内部的钢结构支撑加固采用了一般的带框架支撑的做法，使用粘接工法以减少施工噪音。

在这种支撑布置下，钢结构支撑负担的水平力所引起的倾覆力矩将分散在整栋建筑上，因此对现有建筑基础的影响很小。不过，在建筑物西南角的加固支撑延伸到建筑外的部分（照片4），建造了一个新的钢筋混凝土基础，以抵抗拉拔力和压力。这部分的基础重量约为2 000 kN。

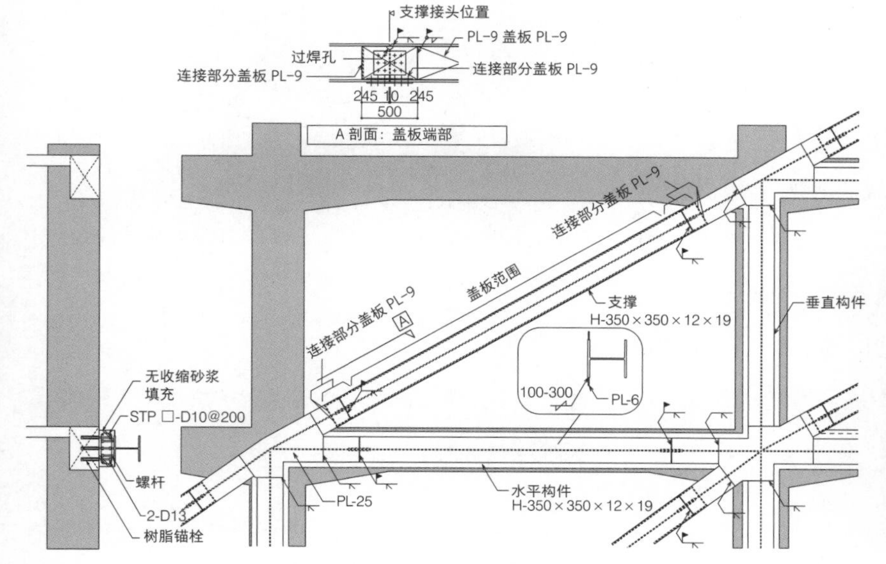

图6 钢结构框架的柱梁与现有的钢筋混凝土柱梁一体化，工字钢支撑上安装盖板

照片6 钢结构安装细部

黑松内中学

改造设计者：Atelier BNK
所在地：北海道寿都郡黑松内町
改造工程竣工年：2007 年 2 月
结构 · 层数：钢筋混凝土结构，地上 2 层
建筑面积：2 658 m²

照片 1
部分拆除后，校舍中央形成了一个中庭，改善了采光和风环境（摄影：酒井广司）

部分拆除

环境改善与抗震加固的整合

通过大规模的部分拆除，实现了新设中庭与抗震加固

项目的挑战——环境改善与抗震加固一体化的部分拆除

这是一栋建成 30 年、两层高的中学教学楼，作为环境省的补贴项目，计划对学校建筑进行环境改善，包括采光与通风的优化，以及外墙的保温层改造（照片 1）。现有教学楼是中走廊型，走廊昏暗且通风不畅，对学生来讲只是一条单纯的通道（照片 2）。为了改善采光与通风条件，Atelier BNK 的加藤诚提出了一个大胆的计划：将中走廊的屋盖和 2 层的楼板拆除，创造一个中庭。当然，通过部分拆除也有可能实现抗震加固。

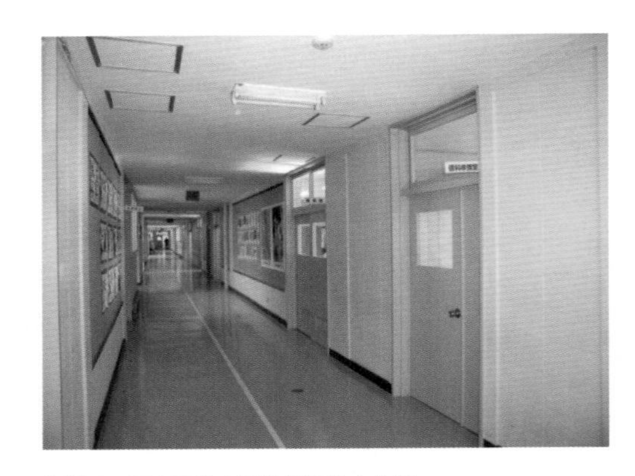

照片 2 现有建筑 1 层的昏暗的中走廊

通过建筑物的部分拆除来提高抗震性能——考虑拆除屋盖和楼板

拆除建筑中央的楼板会切断水平结构面，在结构上必须要注意。因此，我们保留了长边方向建筑

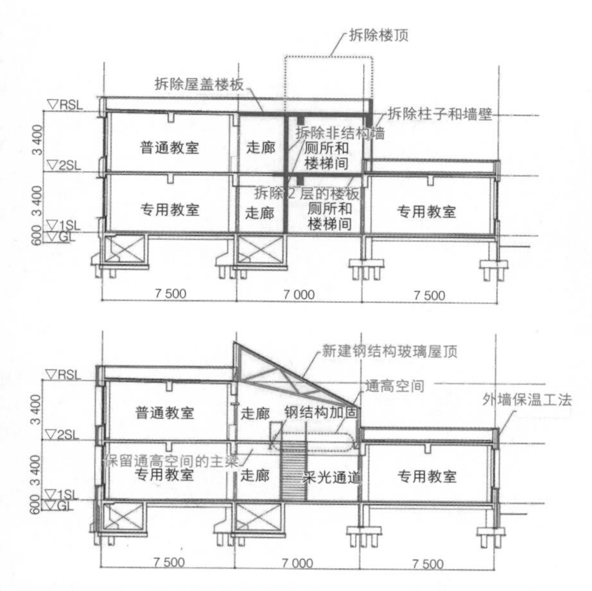

图 1 拆除既有的 2 层楼板和屋盖，新建钢结构屋盖（蓝色：拆除部分，红色：改造部分）

照片 3 2 层楼板的拆除状况。在现有楼板的端部设置钢结构梁

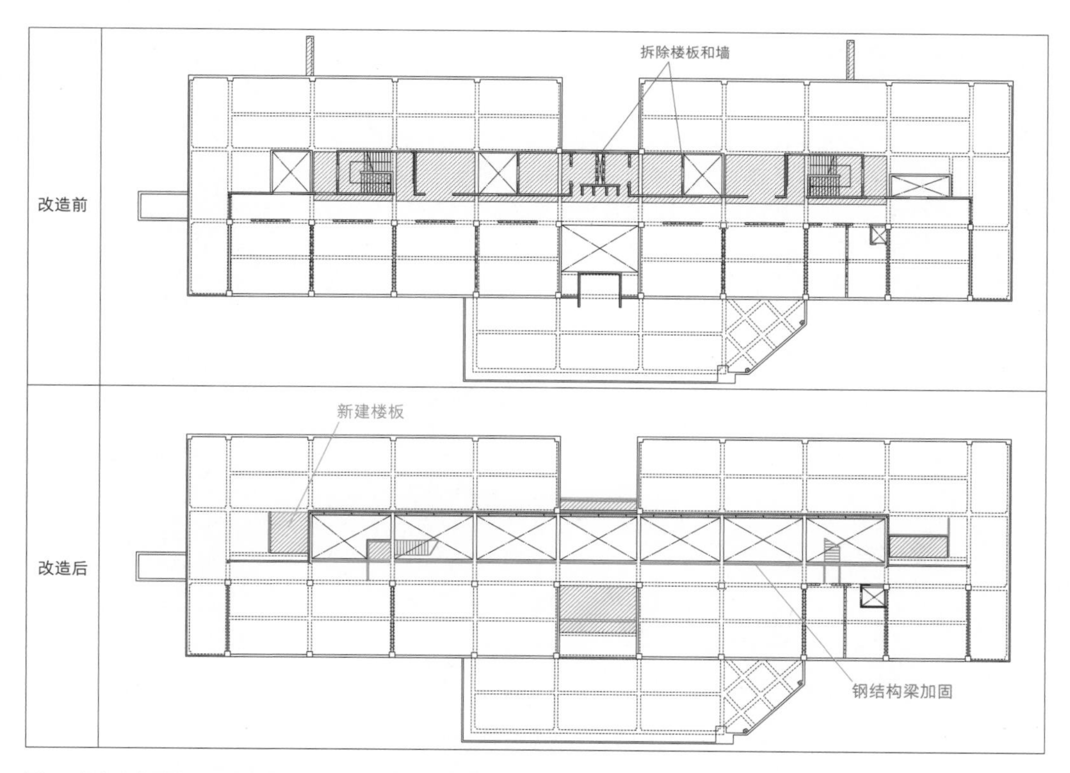

图 2 保留现有建筑 2 层和屋盖两端各一跨的楼板，其余拆除，并设置新的钢结构梁

两侧各一跨的楼板和短边方向的所有主梁，以确保整体性（图 2）。

现有建筑在长边方向是框架结构，短边方向在教室之间布置了抗震墙结构，无论哪个方向都布置了抗震要素，因此通过楼板传递的剪力很小，这是非常庆幸的事。此外，还拆除了现有建筑的钢筋混

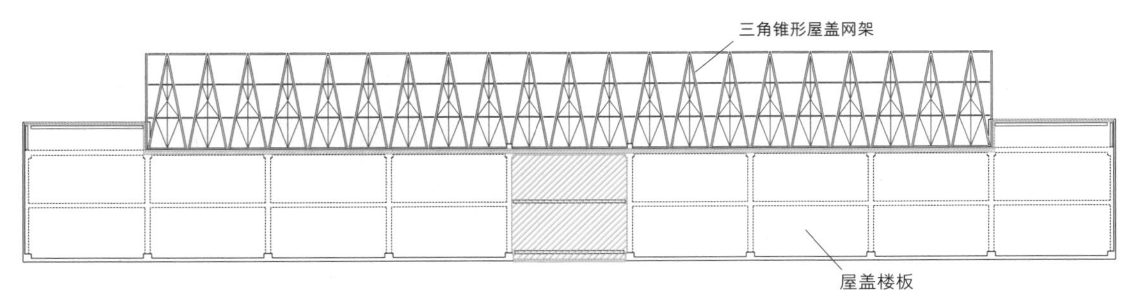

图 3　屋盖网架的平面形状

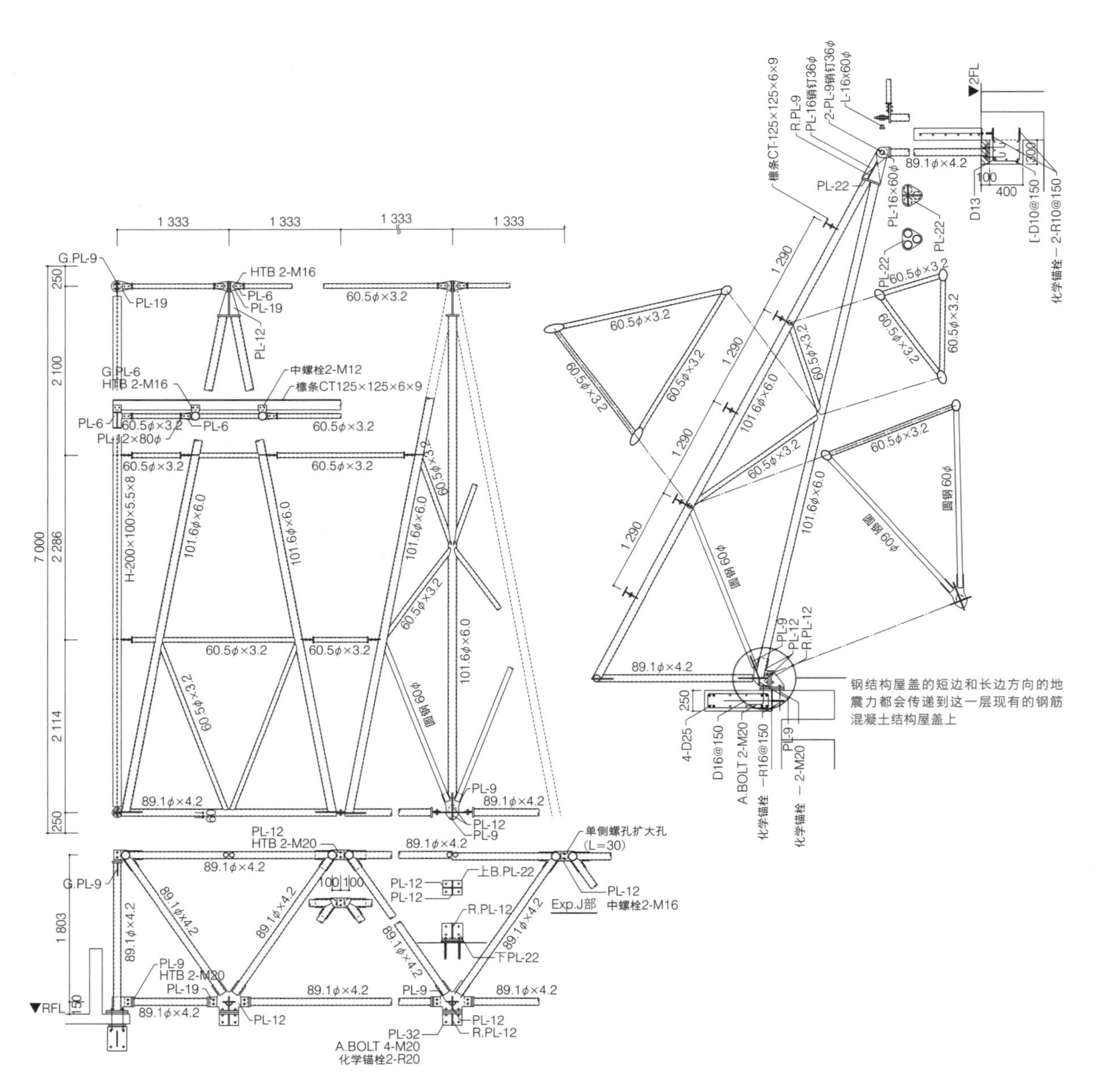

图 4　屋盖钢结构详图（*S*=1/80）

照片 4　钢结构网架的模型

照片 5　钢结构网架的组装

照片 6　下弦杆连接到现有钢筋混凝土结构体上，屋盖的地震力全部通过这个支撑点传递给现有结构体

凝土隔墙。2 层朝向通高的面设置了宽幅约为 2 m 的走廊，保留了现有楼板，由端部新设的钢结构次梁支撑（照片 3）。

通过拆除现有钢筋混凝土楼板、建造新的钢结构屋盖，实现了轻量化的意图，建筑的重量减少了 20%，虽然没有设置新的抗震要素，但是抗震性能提升了 20%。此外，建筑重量减少后，桩基的抗震性能也提高了，能满足现行法规中对抗震性能的要求。

考虑中庭性能的屋盖钢结构框架

中庭由钢结构架构支撑的玻璃屋盖所覆盖，考虑到了积雪问题与采光方式。虽然跨度只有 7 m 的空间很小，但是通过使用最小截面的钢构件，形成了具有透明感的网架结构。考虑到北侧采光，我们利用教学楼屋盖的高差，建造了向北侧倾斜的屋盖，屋盖面比两侧楼板各高出 1 m。抬高的部分我们也想使用纤细的柱子，因此在屋盖的地震力传递方式上也下了功夫。

短边方向上，地震力会全部传递到现有结构体的屋面板上，从侧面能看到三角形网架的下弦杆与屋面板连接在一起（图 1）。长边方向上为了使屋盖的地震力也全部都传递到屋面板，下弦杆与屋面板连接，从上面看也呈现出三角形的样子（图 3）。这样一来，网架就成了横放的三角锥形状，在视线较近的北侧，构件集中在一起，形成一个整齐的架构（图 4，照片 4）。网架的弦杆使用 ϕ101.6 的钢管，腹杆使用 ϕ60.5 的钢管，抬高用的柱子使用 ϕ89.1 的钢管。三角锥网架在工厂进行单元制作并在现场进行整体连接（照片 5、照片 6）。在网架上方通过窗框安装了玻璃屋盖（照片 7）。

照片 7　支撑中庭玻璃屋盖的纤细的钢结构（摄影：酒井广司）

自由学园女子部讲堂

改造设计者：袴田喜夫建筑设计室
所在地：东京都东久留米市
改造工程竣工年：2009 年 8 月
结构 · 层数：木结构，地上 2 层
建筑面积：462m²

照片 1
改造后的内景。维持开放的木结构建筑形象，并进行加固

5_3 具有大型内部空间与开口的木结构历史建筑

用钢结构框架加固木结构建筑

维持内部与外部的形象

项目的挑战——不改变开放式木结构氛围的加固工程

自由学园的一系列木结构建筑群，是由弗兰克·劳埃德·赖特的弟子远藤新在昭和初期设计并建造的。这些建筑已入选“东京都选定历史建筑物”，并于 2019 年入选 DOCOMOMO Japan（译者注：推进日本近现代建筑遗产保护的非营利组织）。这里介绍其中最复杂的加固工程——女子部讲堂（照片 1），加固时间被限定在包括暑假在内的短短三个月内。

在内部空间比较大和开口相对较大的木结构建筑中，与庭院的联系是非常宝贵的。但另一方面，建筑仅有几面没有斜撑的木板墙，抗震性能极低（照片 2、照片 3）。对建筑进行抗震加固时，要尽量避免改变内部与外部的建筑设计，根据建筑物的具体情况，对现存墙体进行加固，并附加钢结构框架进行加固。

将钢结构隐蔽地置入其中

建筑中央是一个平面为 19 m × 14 m 的座席区（中殿），一侧是 7 m × 9 m 的舞台，另一侧是 7 m × 9 m 的准备室。舞台周围和准备室的长边方向外围有少量的墙体，建筑的其他地方都没有墙，因此抗震性能很低（图 1）。屋盖是很大的坡屋顶形状，短边方向以和小屋（译者注：“和小屋”，由瓜柱和梁构成的屋盖架构，日本传统木结构建造方法之一）的形式建造，由中央座席两侧的桁架梁支撑，桁架梁中间各自用两根钢柱支撑。座席区与屋盖形状呼应，设置了中间高两侧低的吊顶（图 2）。

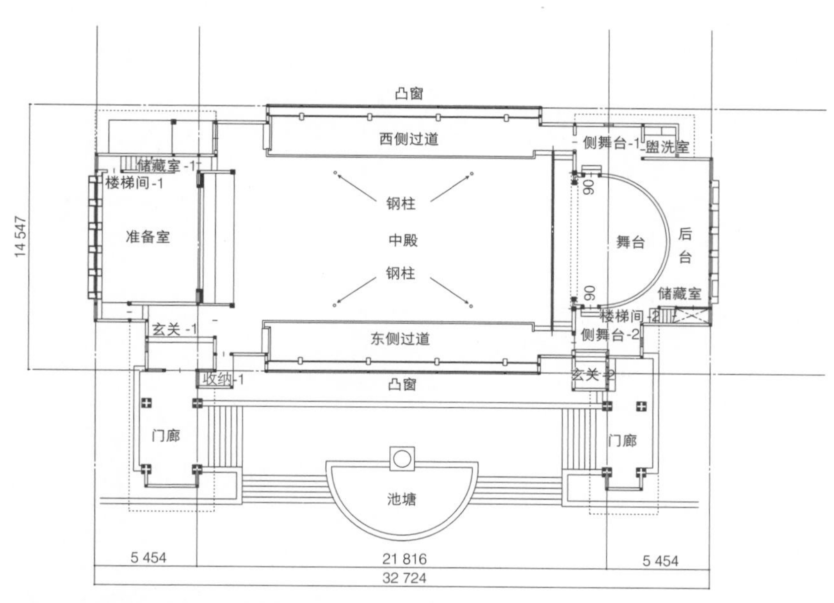

图 1 右侧为舞台，中间为座位，左侧为小教室的平面布局（S=1/400）

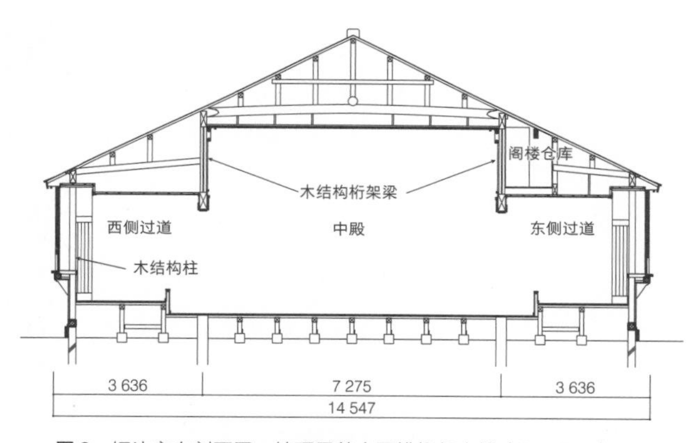

图 2 短边方向剖面图。坡顶屋盖由两排桁架支撑（S=1/200）

照片 2 结构的两侧全部由玻璃面构成，无结构墙

照片 3 内部由带有内置桁架的墙梁构成（改造前）

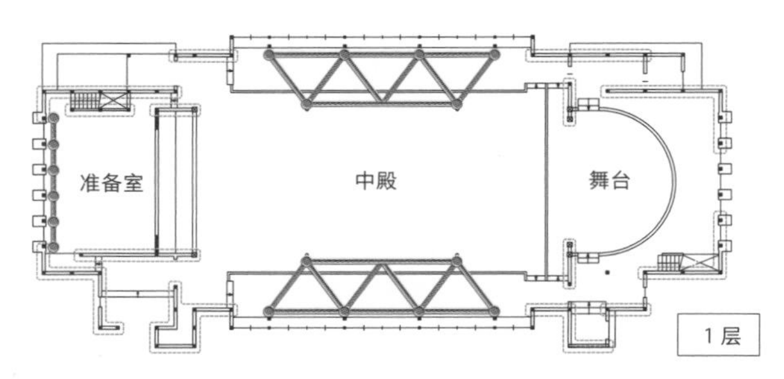

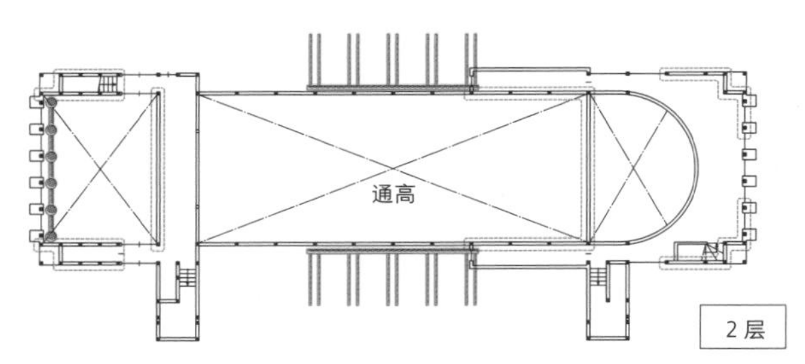

图 3 钢结构框架加固（红色标注）和结构胶合板加固（蓝色标注）

作为一种确保座席区开放性的加固方法，虽然考虑过在舞台和准备室周围集中布置加固构件，但这种情况下，为了将力传递给抗震要素，水平构面的刚度和强度必不可少，这就需要在吊顶内部布置钢结构水平桁架。舞台和准备室周围短边方向的墙体很少，仅靠加固现存墙体是不够的，必须要使用结实的钢结构框架，为此将不得不建造基础，而这实现起来是比较困难的。

因此，除了将舞台周围与准备室周围的墙替换为结构胶合板进行加固，我们还考虑在中殿的区域隐蔽地布置钢结构加固构件。在座席区两侧的外围，内侧与外侧分别布置 2 根与 4 根钢结构柱，柱子之间通过梁联系形成框架结构（图 3）。内部和外部的柱子在平面上轴线错动，因此用梁连接能形成三角形格网，很好地确保了水平面的刚度。在这种情况下，内侧现有的柱子被拆除，替换为新的柱子，外围的钢结构柱布置在现有的木结构柱内侧。不过，内部现有的柱子正好在桁架梁的下方，新设的柱子布置在了桁架梁旁边。因此在钢结构柱上设置了连接件以支撑木结构桁架（图 4，照片 4）。

连接柱子的加固梁构件隐藏在吊顶中，出现在空间中的加固构件只有柱子。内部的柱子替换掉了原有的柱子，外围的柱子则添加在现有的柱子上进行加固。为了加固上部的小屋组结构，连接内外柱子的框架上部又设置了由小构件构成的框架，对木结构桁架的上部进行了约束（图 4、图 5）。

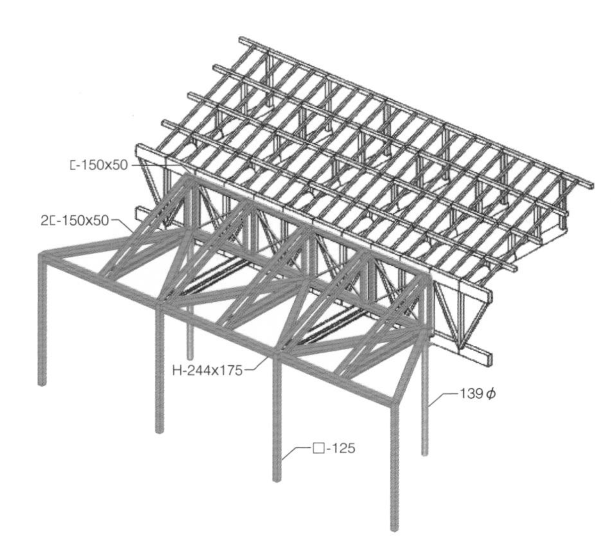

图 4 将内侧的柱子延伸至屋盖桁架顶部，以加固屋盖面

构件和细部——将适应于材料的细部组合起来

内部的柱为原有的钢管柱，因此加固构件的截面使用了基本相同截面的 ϕ139 钢管；外围的柱子为了与现有木结构的 125 方柱对应，采用了 125 方钢管；在它们之间则使用了 H–244 × 175 的梁进行连接。

上部的小屋组结构的加固框架部分中有一根现存的木结构斜梁，避开这根梁并使用两根梁的组合梁夹住（[–150 × 50 × 6）（照片 5）。长边方向的

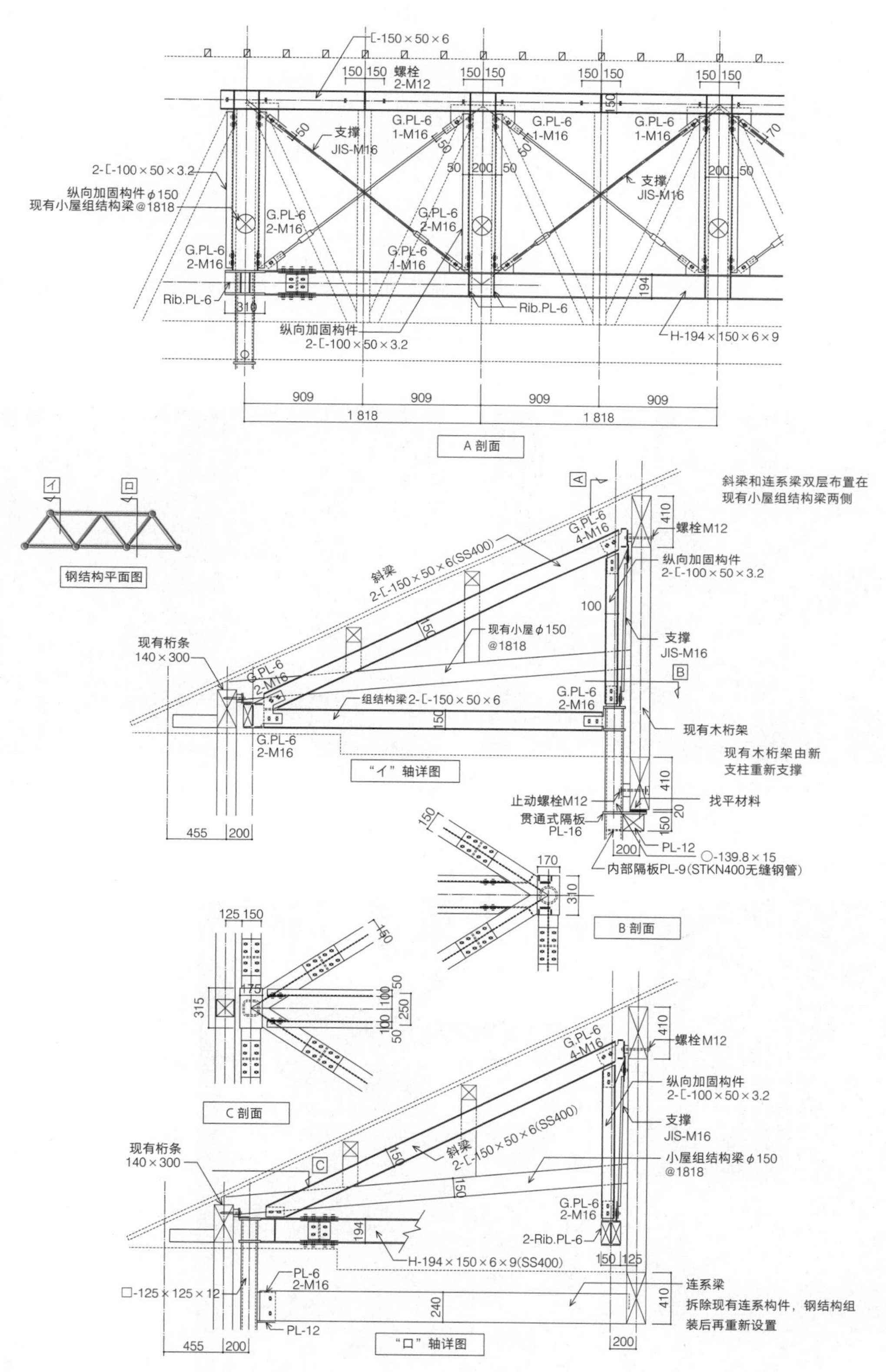

[-150×50×6
螺栓 2-M12
支撑 JIS-M16
G.PL-6 1-M16
2-[-100×50×3.2
纵向加固构件φ150
现有小屋组结构梁@1818
G.PL-6 2-M16
Rib.PL-6
纵向加固构件 2-[-100×50×3.2
H-194×150×6×9
909
1 818
A 剖面
斜梁和连系梁双层布置在现有小屋组结构梁两侧
钢结构平面图
G.PL-6 4-M16
斜梁 2-[-150×50×6(SS400)
螺栓M12
纵向加固构件 2-[-100×50×3.2
现有小屋φ150 @1818
现有桁条 140×300
组结构梁2-[-150×50×6
现有木桁架
现有木桁架由新支柱重新支撑
"イ"轴详图
止动螺栓M12
贯通式隔板 PL-16
找平材料
PL-12
○-139.8×15
内部隔板PL-9(STKN400无缝钢管)
B 剖面
C 剖面
小屋组结构梁φ150 @1818
H-194×150×6×9(SS400)
2-Rib.PL-6
□-125×125×12
PL-6 2-M16
PL-12
连系梁
拆除现有连系构件，钢结构组装后再重新设置
"ロ"轴详图

图5 加固详图（S=1/50）

加固上，内侧钢结构柱子上部的两根柱子的组合柱（[-150×50×3.2）和顶部梁（[-150×50×6），以及下部梁之间设置了 ϕ16 的垂直支撑。考虑到可施工性，上部的梁尽可能使用小尺寸构件，构件之间使用铰接节点连接，通过斜梁和支撑结构确保强度（图 5）。

钢结构柱的基础是新设的独立基础，布置了基础梁将它们联系起来。现有构件和加固构件的节点使用螺栓，但无法精确地确定既有构件的位置，因此有必要采用可以在现场调整的节点方式。

照片 6 中可以看到的前面的玻璃面部分，将与柱梁相同形状的钢结构框架沿着内侧进行加固并涂装，内外都维持了与原来一样的设计。

本次加固中的构件基本都隐藏在吊顶和墙壁内，能看到的只有紧靠外围现有柱子的钢结构柱，因此改造后空间的氛围基本没有变化（照片 1、照片 3）。

照片 4　内部加固柱和外部加固柱形成了一个三角形网格。内部钢柱与木质桁架梁相邻

照片 5　在现有桁架顶部使用双梁作为加固构件，以避开现有木结构柱

照片 6　外观让人联想到弗兰克·劳埃德·赖特的建筑风格

北九州市立户畑图书馆

改造设计者：青木茂建筑工房

所在地：福冈县北九州市

改造工程竣工年：2014 年 2 月

结构 · 层数：钢筋混凝土结构，地上 3 层、地下 1 层

建筑面积：2 889 m^2

照片 1
帝冠样式的宏伟外观。原户畑区政府大楼经过抗震改造后翻新成为图书馆（提供：青木茂建筑工房）

保留外观

帝冠样式的政府大楼在保留外观的基础上改建成图书馆

通过置入独立的钢结构框架来加固钢筋混凝土结构的建筑

项目的挑战——没有图纸的建筑的抗震改造

这是一座建于 1933 年的钢筋混凝土建筑，曾作为户畑市政厅，地下有 1 层，地上 2 层（局部 3 层），三楼的塔楼矗立在中央，厚重的帝冠样式的外观是建筑的标志（照片 1）。1963 年北九州市成立后，该建筑作为户畑区政府大楼使用，2007 年新的政府大楼落成后，该建筑的功能也随之结束，本该拆除，但由于公众强烈要求保留该建筑，所以决定将其作为地区图书馆重新利用。因此以保存外观为前提进行抗震加固。同时这也是一个特殊的项目，要在没有任何图纸的情况下对现有建筑进行调查并复原图纸，以进行抗震改造。

分散型的钢结构框架加固

平面呈 T 字形，朝向前面道路一侧的楼栋长边方向的基本跨度为 4.55 m，短边方向则由 6.36 m、2.73 m 和 6.36 m 的跨度构成。后方的楼栋跨度为 2.725 ~ 4.345 m。二楼有一跨约为 12 m 的大空间。

照片 2 现有建筑内景

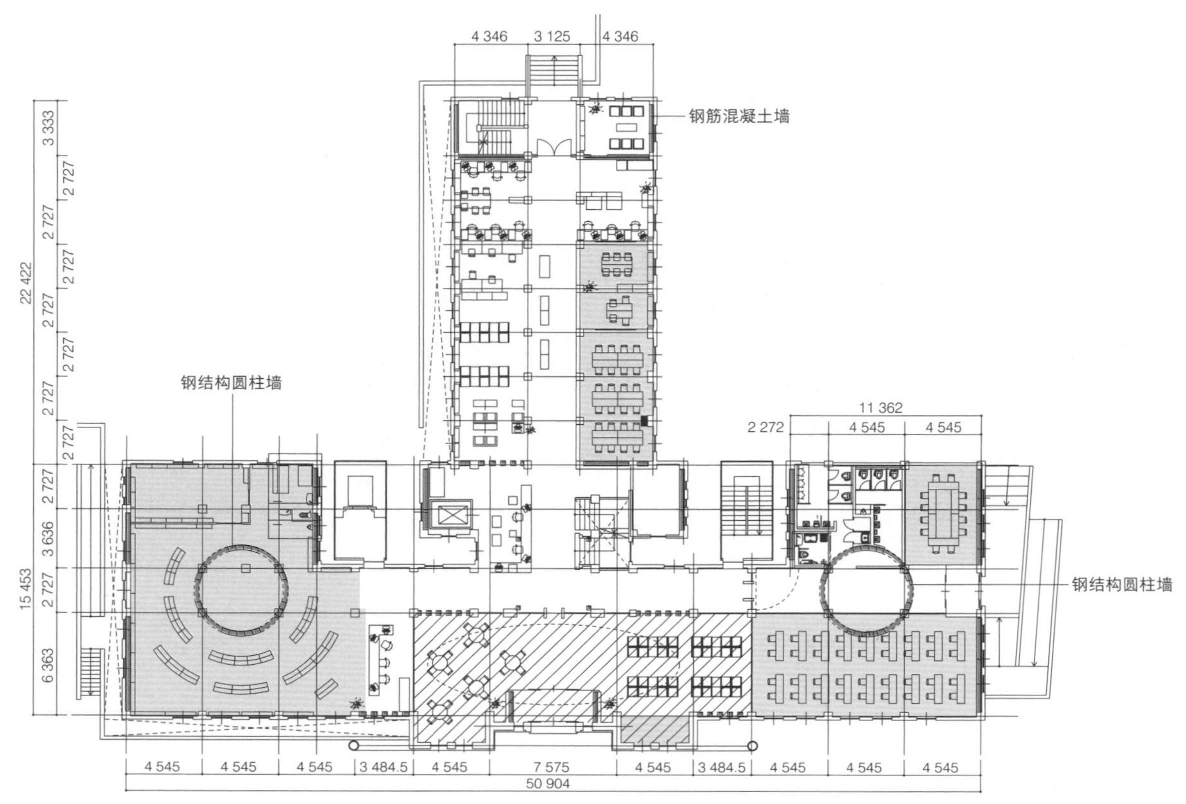

图 1 最初的想法是使用钢板制成的圆柱形书架作为加固构件

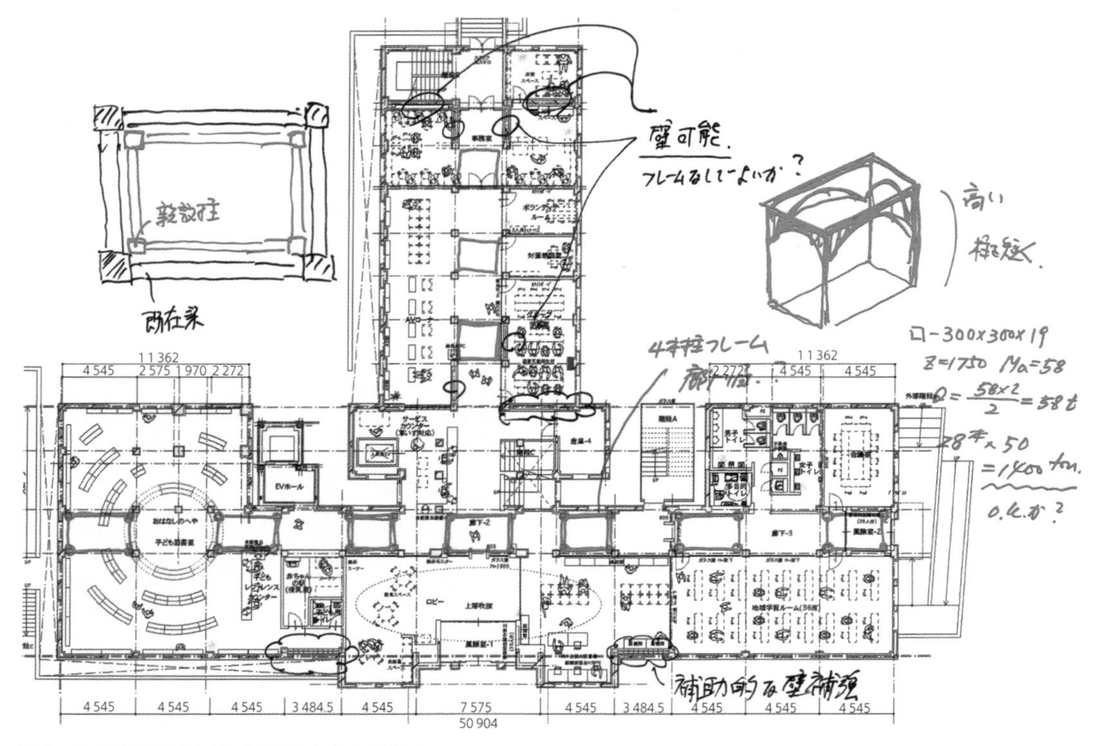

图 2 考虑将书架加固改为分散型框架加固的草图

总体而言，该建筑的特点是柱跨较小（照片2）。调查显示，混凝土强度非常低，为 10 ~ 13 N/m^2，存在混凝土脆弱区域，建筑由 N 值（注：标准贯入试验）较低的砂层上的条形基础支撑。由于地下层周围有采光井，因此在结构上被视为地面层。

由于要在加固的同时保留其外观，因此决定与更改用途带来的翻新相结合、在建筑内部进行加固。在最初阶段，隔震改造的方向就被排除了，因为柱子数量多以及需要建造新的基础结构，会导致成本高于新建建筑。

最初青木茂的想法是在两个位置用钢板制成圆筒形状的书柜作为加固构件，并对外围墙体进行加固补足（图1）。使用书架作为加固构件是一个新颖的想法，虽然能确保建筑物整体的强度，但是加固构件集中会带来问题。楼板厚度为 12 cm，配筋很少，水平面的刚度与强度较弱，因此集中型加固的情况下，为了将地震力传递给加固构件，就需要对楼板进行大规模加固。此外，作为直接基础的支撑地基强度较小，需要在加固构件下方布置桩基，因而这种加固方式较为困难。

考虑到该建筑适合将抗震要素分散布置加固，我们研究了将钢结构框架分散设置在走廊中的可能性（图2）。框架加固与支撑加固不同，作为加固构件，框架的刚度较小，因此问题在于其加固效果能发挥到什么程度。此外，框架是否会影响走廊功能、基础加固是否可行也是问题所在。由于不能指望低强度的混凝土建筑物具有韧性，因此不得不采用强度型的加固策略。所以，将极限变形标准设定为 1/250，钢结构框架仅在层间变形达到 1/250 时起到抗震性能的作用。

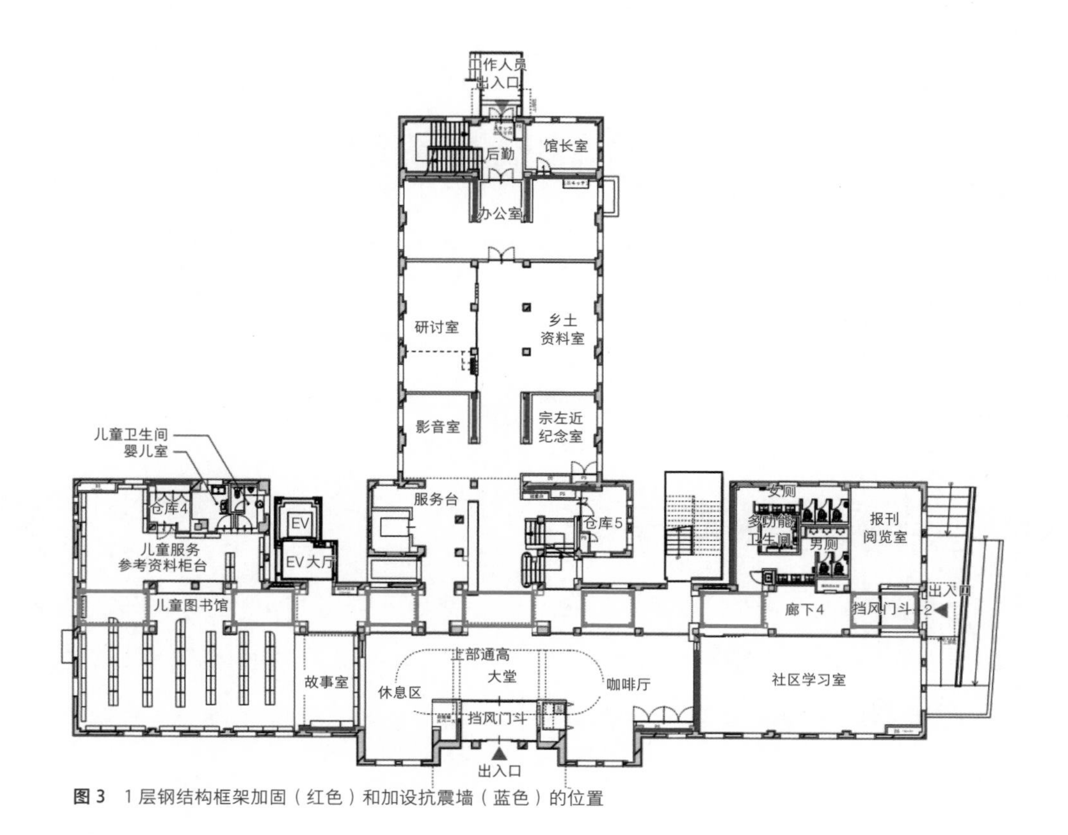

图 3 1层钢结构框架加固（红色）和加设抗震墙（蓝色）的位置

图 4 轴测图表示了钢结构框架加固的位置，2 层的框架比 1 层少。塔楼也进行了框架加固

因此，必须尽可能提高框架的刚度，然而放大柱子的横截面会影响走廊的功能。

为了解决这个矛盾，钢结构框架由 4 根 L 形柱子和拱梁连接形成单元，设置在现有的柱梁框架内侧。框架单元在 1 层布置了 7 处，2 层布置了 5 处，钢柱延伸到了地下层。因为地下加设了抗震墙，因此钢结构框架的预期作用是将拉力、压力传递到基础。通过这种方法，对于外围有开口的墙壁部分，即使不进行任何加固，也能保存其外观。

建筑物临道路一侧的部分采用了上述钢结构框架进行加固，后方部分在内部可以适当设置墙体，因此加设了钢筋混凝土抗震墙进行加固。地下层改造后分隔了房间，因此也可以增设钢筋混凝土抗震墙进行加固（图 3、图 4，照片 3）。

钢结构加固框架的细部——L 形截面柱和拱梁

为了在确保走廊宽度的同时提高框架的刚度，有必要强化柱子与梁的刚度。将钢柱沿着现有的柱子设置为 L 形柱，就能实现上述目标，我们考虑了几种不同的形态（图 5）。然而，柱子从基础贯通到 2 层会穿过楼板，因此在贯通的部位为了避开现有的钢筋混凝土主梁，每层的柱头和柱脚的截面需要缩小。我们考虑了使用十字形截面的柱子并调整钢板尺寸、附加统一的箱形柱等方案，但都不理想。最后，我们得出的结论是，将箱形截面的柱子变形为 L 形柱是效果最好的，每层的柱头和柱脚的截面都收束成箱型。如图 6 所示，箱形部分的截面为 300 × 300，L 形的长边为 700，组装时需要一些巧思将 6 块板状构件焊接在一起。

此外，由于层高较高，柱子高度应尽可能小，因此梁的两端高度应该尽可能放大，从设计的角度考虑，使用了拱形的梁。中间部位的梁高为 1 000 mm，两侧为 1 800 mm，腹板上设置了圆孔以消除压迫感。从结构上来看，部分腹板和肋板起到了桁架斜腹杆的作用（照片 3）。关于 L 形柱会不会对走廊产生影响，我们除了通过模型向业主说明，还在现场使用等比例模型进行了验证。

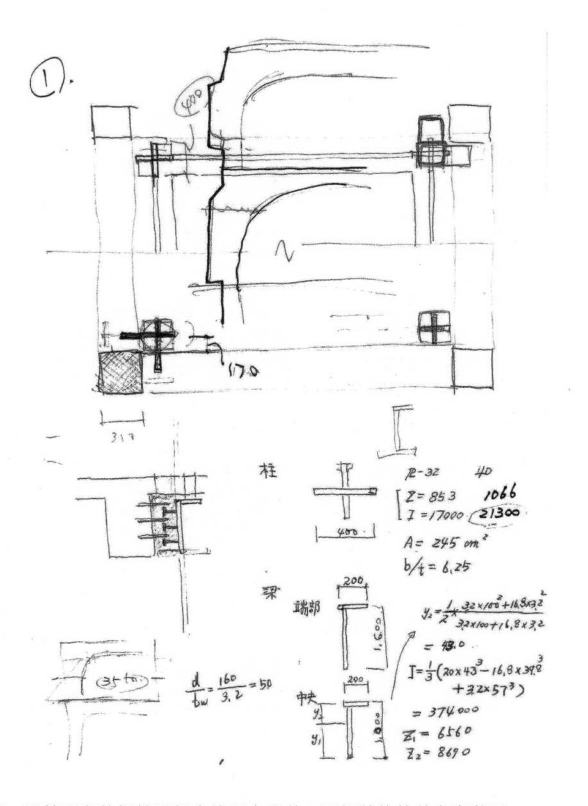

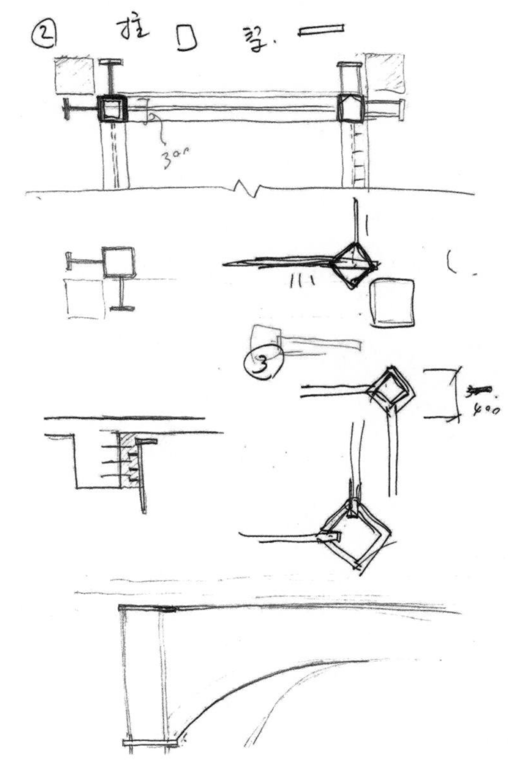

图 5 沿着现有的钢筋混凝土柱子布置的 L 形钢结构柱的方案草图

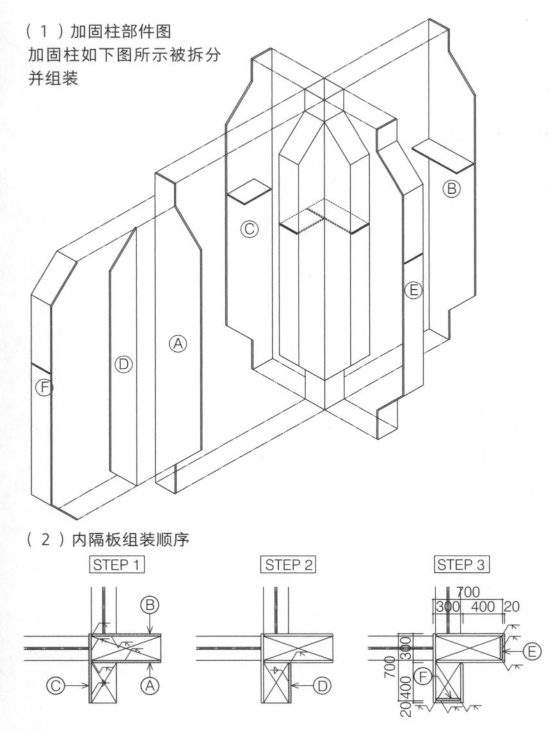

图 6 L 形、箱形的构成

照片 3 L 形钢结构加固柱

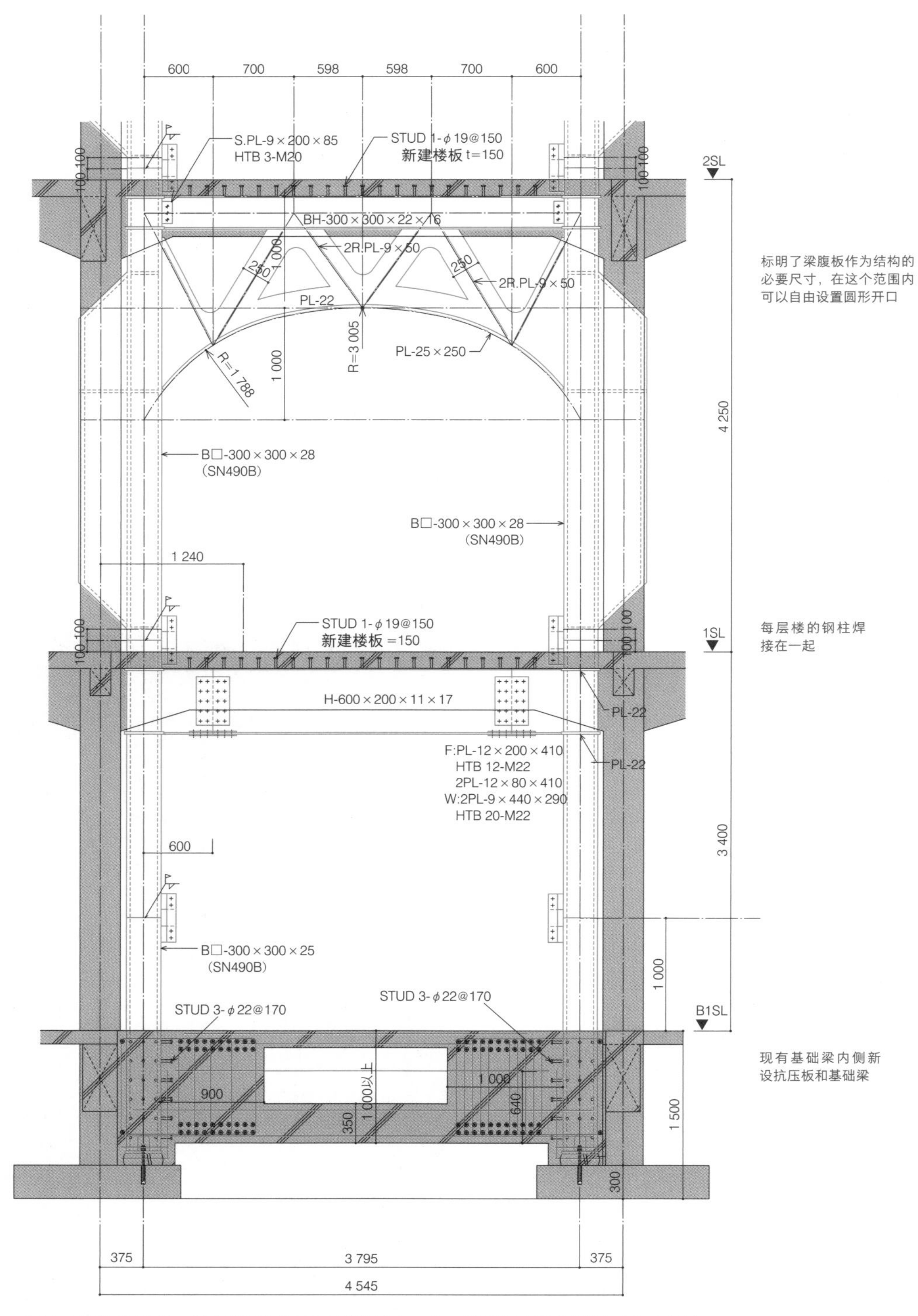

图 7　加固框架详图。钢梁通过螺杆与各层楼板连为一体，钢柱锚固在基础梁上（S=1/60）

和普通的外置式框架相同，钢结构框架与现有结构体之间的交接是在现有的钢筋混凝土梁的侧面打入后植锚栓，在与钢梁侧面的螺杆之间填充砂浆（图 7）。布置钢结构框架的部位，先将楼板拆除以搭建钢结构，之后再重新浇筑楼板。因此，在钢梁翼缘顶面设置螺杆，与后浇的楼板一体化，以此实现和现有结构体之间力的传递，此外这个节点还能提高钢梁侧面的承压强度。这是一种在低强度混凝土结构体上安装钢结构框架时有冗余度的节点做法（照片 4）。

最底层的钢结构柱脚部分有新设的基础梁，钢柱插入其中，基础梁内侧新设板式基础，以抵抗柱脚的弯矩和轴力（图 7，照片 5）。

作为改造的一部分，入口处将二楼楼板开了一个口子，使天窗的光可以照射进来。加固工程使用的坚固的钢结构框架，作为“钢铁小镇”的象征，受到了当地居民的喜爱（照片 6）。

照片 4 钢结构框架的安装是在拆除楼板后进行的

照片 5 钢柱锚固在新建的基础梁上

照片 6 钢结构框架加固后翻新的大楼内景（从 2 层俯瞰门厅）

发表作品数据［1）负责人、2）发表杂志、3）结构设计得奖情况］

1_1 **Re-Tem 东京工厂** 1）佐久间拓、2）《新建筑》2005 年 7 月刊、3）日本建筑学会作品选奖

1_2 **樱山的住宅** 1）佐久间拓、2）《新建筑 住宅特集》2002 年 8 月刊、《日经建筑》2002.5.27

1_3 **福田美术馆** 1）冈山俊介、2）《新建筑》2019 年 9 月刊、《日经建筑》2019.12.12、《建筑技术》2020 年 2 月刊

1_4 **伊那东小学** 1）木下洋介、2）《新建筑》2009 年 7 月刊

1_5 **敦贺站站前广场的雨棚** 1）坂本宪太郎、冈山俊介、2）《建筑技术》2016 年 4 月刊、3）BCS 奖

1_6 **明治神宫博物馆** 1）田村惠子、2）《GA JAPAN》162

1_7 **那须盐原市图书馆 Miruru** 1）重田幸乃、2）《GA JAPAN》167、《新建筑》2020 年 11 月刊、《日经建筑》2020.12.10

1_8 **高知县立须崎综合高中体育馆** 1）野田贤

1_9 **沼津 Kiramesse** 1）冈山俊介、2）《建筑技术》2014 年 10 月刊

1_10 **国营昭和纪念公园 花绿文化中心** 1）间藤早太、涡波 Kisara、2）《GA JAPAN》78、《新建筑》2006 年 7 月刊、《日经建筑》2006.6.12、《建筑技术》2006 年 9 月刊

1_11 **青森县立美术馆** 1）坂田凉太郎、2）《GA JAPAN》82、《新建筑》2006 年 9 月刊、《日经建筑》2006.8.2、《建筑技术》2006 年 10 月刊、《近代建筑》2006 年 10 月刊

1_12 **钏路市儿童游学馆** 1）佐久间拓、2）《建筑技术》2005 年 11 月刊、3）北海道建筑奖

1_13 **ISUZU PLAZA** 1）望月泰宏、2）《建筑技术》2007 年 11 月刊、《铁构技术》2017 年 11 月刊

2_1 **内之家** 1）坂本宪太郎、2）《建筑技术》2013 年 5 月刊

2_2 **LAPIS** 1）木下洋介、2）《新建筑》2008 年 2 月刊

2_3 **三次市民中心 kiriri** 1）望月泰宏、藤田慎之辅、2）《新建筑》2015 年 2 月刊

2_4 **东京大学情报学环 福武会堂** 1）上田学、2）《GA JAPAN》92、《新建筑》2008 年 5 月刊、《日经建筑》2008.4.28、3）BCS 奖

2_5 **工学院大学 125 周年纪念 八王子综合教育栋** 1）坂田凉太郎、白桥佑二、2）《GA JAPAN》119、《新建筑》2012 年 12 月刊、《建筑技术》2013 年 4 月刊、3）BCS 奖

2_6 **热海疗养中心** 1）金箱温春、2）《建筑文化》1990 年 3 月刊、《新建筑》1990 年 3 月刊

2_7 **若狭三方绳文博物馆** 1）田村惠子、2）《新建筑》2000 年 6 月刊

2_8 **宇土市立网津小学校** 1）田村惠子、2）《新建筑》2011 年 5 月刊、3）BCS 奖

2_9 **小松科学之丘** 1）野田贤、田村尚土、2）《新建筑》2014 年 4 月刊、《日经建筑》2014.3.10、《建筑技术》2014 年 4 月刊、3）BCS 奖、IASS Tsuboi 奖

3_1 **薮原宿社区广场 笑馆** 1）辻拓也、2）《新建筑》2015 年 5 月刊

3_2 **骏府教会** 1）藤尾笃、2）《新建筑》2008 年 11 月刊

3_3 **盐尻市北部交流中心 En Terrace** 1）辻拓也

3_4 **上士幌生涯学习中心 Wakka** 1）辻拓也、2）《JIA 建筑年鉴》2019 年、3）北海道红砖奖

3_5 **八代的托儿所** 1）佐久间拓、2）《新建筑》2001 年 6 月刊、《建筑技术》2002 年 9 月刊

3_6 **Moya Hills** 1）大贺成典、2）《新建筑》1998 年 8 月刊

3_7 **鸿巢市川里馆** 1）内山裕太

3_8 **新潟市立葛冢中学校体育馆** 1）望月泰宏、3）松井源吾奖

4_1 **游泳馆** 1）须田安纪子、2）《新建筑》1997 年 5 月刊、《建筑文化》1997 年 6 月刊、《建筑技术》1997 年 6 月刊、3）JSCA 奖

4_2 **南飞騨健康促进中心** 1）长谷川大辅、2）《新建筑》2003 年 10 月刊、《建筑技术》2003 年 10 月刊

4_3 **丰富町居民支援中心 Furatto-Kita** 1）望月泰宏、2）《新建筑》2013 年 12 月刊、《建筑技术》2013 年 5 月刊

4_4 **广岛市民球场** 1）望月泰宏、坂田凉太郎、铃木芳典、2）《新建筑》2009 年 8 月刊、《日经建筑》2009.5.11、《建筑技术》2009 年 6 月刊、3）日本建筑家协会奖

4_5 **Minato 交流中心** 1）野田贤、坂本宪太郎、2）《GA JAPAN》147、《新建筑》2017 年 7 月刊、《建筑技术》2017 年 12 月刊

4_6 **长野县立武道馆** 1）辻拓也

4_7 **福井县年缟博物馆** 1）辻拓也、2）《新建筑》2018 年 11 月刊、《建筑技术》2019 年 1 月刊、3）BCS 奖、Archi-neering Design 奖

5_1 **滨松 Sala** 1）木下洋介、2）《新建筑》2011 年 1 月刊、《铁构技术》2012 年 6 月刊、3）抗震改造优秀建筑奖

5_2 **黑松内中学** 1）坂田凉太郎、2）《建筑技术》2007 年 11 月刊、3）日本建筑学会作品选奖

5_3 **自由学园女子部讲堂** 1）铃木芳典、2）《建筑技术》2012 年 6 月刊

5_4 **北九州市立户畑图书馆** 1）坂本宪太郎、2）《新建筑》2014 年 7 月刊、《建筑技术》2014 年 11 月刊、《建筑防灾》2015 年 3 月刊、3）BCS 奖、抗震改造优秀建筑奖

图纸资料提供

1-1：坂牛卓 +O.ED.A.、1-3：安田 atelier、1-4：MIKAN、1-6：隈研吾建筑都市设计事务所、1-8：环境 design 研究所、1-9：长谷川逸子建筑设计工房、1-12：Atelier BNK、1-13：坂仓建筑研究所、2-2：饭田善彦建筑工房、2-3：青木淳建筑计画事务所（AS）、2-7：横内敏人建筑设计事务所、2-8：Atelier and I、2-9：UAo、3-1：信州大学寺内美纪子研究室、3-2：西泽大良建筑设计事务所、3-3：宫本忠长建筑设计事务所、4-1：青木淳建筑计画事务所（AS）、4-6：环境 design 研究所、5-2：Atelier BNK、5-3：袴田喜夫建筑设计室、5-4：青木茂建筑工房

事务所既往员工

大贺成典、须田安纪子、佐久间拓、间藤早太、小岛重则、长谷川大辅、今村柳辅、坂田凉太郎、涡波 Kisara、上田学、铃木芳典、木下洋介、藤尾笃、坂本宪太郎、田村尚土、白桥佑二、藤田慎之辅、都丸贵文、重田乃幸、铃木一希、东乡拓真、安生仁

事务所现任员工

田村惠子、望月泰宏、野田贤、冈山俊介、内山裕太、辻拓也、樋口佑辅、润井骏司、山崎翔、小幡周平、阴山快、稻永匠悟、小岛慎平

后　　记

大约 1 年前，学艺出版社的井口夏实先生提议编写一本介绍结构设计的书。2010 年，我出版过一本名为《结构设计的原理与实践》的书，旨在通过介绍设计实例来阐明结构设计中的普遍性。而这次我决定采用同样的方法，聚焦于结构的细部设计。

我很难决定收录哪些案例。到目前为止，我负责结构设计并发表在杂志上的项目有将近 200 个。想要介绍的项目有很多，但在选择时，考虑到要囊括从小型住宅到大规模美术馆、图书馆、集会设施的项目，要避免同样的结构形式的重复，要包含各种各样结构形式的建筑，此外还要包括与众多建筑师合作的项目。最终，选出了 41 个项目。

从与建筑师的往来开始，本书尽可能收录了项目初期的想法以及过程中的困扰。对建筑师想法的描述是笔者自身的感受，也许会与建筑师的本意有所出入。但是，我认为介绍自己如何体会的、如何工作的，是有意义的。如有理解不足或误解之处，还望见谅。书中尽可能收录了草图与详图，但是有很多草图已被丢弃，有些是凭着当时的记忆画出来的。

本书介绍的项目的结构设计，均来自建筑设计事务所的委托。非常感谢能够得到这些机会，也再次为能够共同完成这些作品而感到高兴。在编写本书的过程中，照片与设计图纸等的提供也得到了大家宝贵的协助，在此深表感谢。此外，还要感谢项目的相关方的支持，如业主、设计师、施工方等。

本书介绍的项目的结构设计并不是只依靠笔者一人的力量，而是金箱结构设计事务所工作人员共同努力的成果。有时通过与员工的讨论，结构设计能够得到深化。卷末的作品信息列表中分别记载了每一个项目负责人的姓名，非常感谢。此外，在本书的编写过程中，事务所的阴山快、稻永匠悟、小岛慎平协助重新绘制了以前的详图，非常感谢。

特别感谢编辑井口夏实先生的帮助。最初，他在阅读作为样本的部分章节原稿时，指出内容虽然有趣，但是文笔有些生硬，这对后来原稿的写作提供了很大的参考。他还多次从读者的角度对于书稿和插图进行确认，我相信这一点在本书的完成质量上得到了体现。

金箱温春

图书在版编目（CIP）数据

从细部入手的结构设计 / （日） 金箱温春著 ； 钮益斐，高小涵译. -- 上海 ： 上海科学技术出版社，2025. 1. -- ISBN 978-7-5478-6818-8

Ⅰ. TU318

中国国家版本馆CIP数据核字第20240NG974号

从细部入手的结构设计

[日] 金箱温春　著
钮益斐　高小涵　译
郭屹民　　审校

上海世纪出版（集团）有限公司
上 海 科 学 技 术 出 版 社　出版、发行
（上海市闵行区号景路 159 弄 A 座 9F-10F）
邮政编码 201101　www. sstp. cn
上海光扬印务有限公司印刷
开本 787 × 1092　1/16　印张 15.25
字数 400 千字
2025 年 1 月第 1 版　2025 年 1 月第 1 次印刷
ISBN 978-7-5478-6818-8/TU · 355
定价：148.00 元